话语 · 观念 · 建筑研究论丛

"营造"：从古代本土到近现代建筑学视野下的观念演变

"YINGZAO"：THE EVOLUTION OF IT AS AN IDEA FROM THE ANCIENT NATIVE PERSPECTIVE TO THE MODERN ARCHITECTURAL ONE

U0186988

焦洋 著

中国建筑工业出版社

话语·观念·建筑研究论丛

对研究方法的自觉是现代研究区别于传统学术的重要标志之一。近现代建筑史研究经前辈开创至今逾六十载，始终保持着清晰的学术传承脉络。各位前辈在研究方法和资料搜集等经验性研究方面做出了源远流长的非凡工作，泽被和激励着后辈去努力。

本丛书以鲜明的方法意识为线索，选目的共同特点，是以话语和观念研究作为研究方法，尝试将建筑史、观念史、社会史融合，倡导多维视角下具有明确的问题意识、方法意识和本土化视角的现代中国建筑史研究。

立场与问题意识

建筑历史的研究是否是一门科学？在历史面前，"我"能够做些什么？这个看似宏大的问题对确定本论丛的立场和研究问题关系重大。对于本论丛来说，历史研究不但是"揭露真相的面纱"，还原历史的真相，更是为历史寻找一种新的解读和诠释。这种诠释由来自当下的问题意识和批判性思考所驱动和制约。

本论丛的研究基于思考"如何理解近现代建筑话语乃至建筑文化的剧变"这个问题，试图与历史文献和当代研究文献进行对话。

话语与方法意识

本论丛的共同特征之一，就是尝试将建筑史放入思想文化史的大语境中考察，将关键词和话语分析作为建筑史研究的手段。

"话语"不只是写在文献报刊中的那些语言文字，而是受社会行为的驱动，并且对社会性实践产生影响的能动性力量。"不是人在说语言，而是语言在说人。"（索绪尔）话语的意义不在于去寻找说这些话的人是谁，而是确认，在某个历史的时刻，某些话在某些场合下，被说出来了。从某种意义上说，话语，就是行动。正如维特根斯坦所说："说，就是做。"话语方法试图强调话语本身的实践性力量，而不仅是作为社会现实的被动反映。

现代与本土化视角

近现代中国的"现代"，毫无疑问与西方紧密相连。在整体来自西方移植的建筑学科中，中国问题研究的西方中心倾向是与生俱来的。然而，这也正是今天反思它的原因。中国语境下的"现代"，不应该采用某一个的西方标准，而应该在中国自身历史发展的脉络中去衡量和界定，即使学习西方一直是我们的目标。另一方面，在现代化的过程中，本土文化的传统是不可忽视的因素，甚至可以说，本土文化内部发展的需求和动力是决定外来影响作用方式和发展方向的根本因素。

总之，话语分析与建筑文化史叙述的方法相结合，外在的社会影响与建筑学科内在发展相结合是本论丛的研究策略：将语言放在它的文化、技术和社会环境中加以研究，用观念史的方法拓展建筑史研究的视野和维度。

序

在中文建筑学语境中，英文 architecture 既有"建筑"又有"建筑学"的含义。这是一种奇特的双关意义。中国古代没有西方意义上的建筑学，但这不意味着中国古代没有建筑。就此而言，建筑与建筑学并不完全是一回事。然而有趣的是，我们今天中文中所谓的"建筑"一词在中国古代语言中其实并不常见，即便"建"与"筑"在中国古代语言中确有连在一起使用的现象，但多作为动词，其含义与今天的"建筑"一词十分不同。事实上，正如有学者考证指出的，我们今天广为认识和使用的"建筑"一词是近代日本学者在西方建筑学的影响之下用汉字创造出来后传入中国的。在这样的意义上，中文的"建筑"似乎从一开始就与（西方）建筑学有着某种故有的内在联系。

与之不同，"营造"则是中国文化传统中最为本土的针对建筑行业最多使用的词语。因此不奇怪，在 20 世纪初西方建筑学进入中国的背景下，出于弘扬本国传统中与"建筑学"相对应之知识体系的目的，"营造"被赋予了前所未有的文化意义。在这方面，曾被约瑟夫·列文森（Joseph Levenson）誉为"近代中国之智慧"的梁启超也许最为典型。梁启超从小受到严格的儒家教育，又对西学有精辟的理解，这种广阔的视野以及民族国家的情怀使他坚信，中国文化拥有自我再造的能力。这自然需要体现在社会文化的方方面面。因此，尽管梁启超从未真正涉足建筑领域，但是朱启钤 1919 年在南京图书馆发现嘉惠堂丁氏影宋本《营造法式》这个中国传统建筑珍贵文献所引发的震撼，还是促使他将一本 1925 年勘印的《营造法式》寄给他远在美国宾夕法尼亚大学学习建筑的儿子梁思成。其中蕴含的对中国文化之"文艺复兴"的期盼可谓不言而喻。在当时，这一期盼无疑为发现《营造法式》的朱启钤等"国学研究"人士所共有。也正是在这样的语境中，"营造"作为一个具有特定中国文化含义的概念进入中国建筑学界的视野，进而产生一系列以"营造"为名的重要学术事件，其中当以朱启钤成立中国营造学社以及梁思成、刘敦桢等从美国和日本学成归国学者的加入最为著名。在他们的主持下，中国营造学社以研究中国"营造"为己任，既对其历史档案进行梳理，也对其观念内涵进行重新阐释，形成新的理解和认识，并通过这些理解和认识对建筑理论研究及工程实践产生影响。可以认为，"营造"之所以在近现代受到国内学者的重视，不仅在于其内涵体现了国人对传统"土木之功"的故有认识和理解，而且还承载了中国近现代建筑学在如何与西方建筑学建立关系问题上的不同态度和立场。然而尽管近一个世纪已经过去，这个问题似乎并没有真正得到厘清。相反，从 1998 年《香山宣言》对弗莱彻"建筑之树"表露的"西方中心主义"的批判，呼吁将中国建筑传统的"营造"之学作为一个"世界性的新的研究课题"，到进入 21 世纪之后"文化自信"说的兴起，以及呼之欲出的"中国本土建筑学"的"营造"主张，这个问题似乎变得更为迫切和尖锐。相应地，中国传统文化意义上的"营造"与"建筑"的关系也就成为中国现当代建筑学研究不可回避的一个重要主题。

焦洋博士的《"营造"：从古代本土到近现代建筑学视野下的观念演变》正是针对这一主题的研究成果。这是一部在作者的博士论文基础上精心修改而成的学术专著。它以"文本"分析为研究方法，从观念史的角度系统梳理"营造"在古代本土和中国近现代建筑学视野中的起源和演变。值得指出的是，这一梳理并非平铺直叙，而是以古代本土观念为起点，以中国营造学社为代表的近代中国重要建筑学术事件中的"营造"内涵演变为转折点，以进入 21 世纪后在中国建筑学话语中兴起的"建构"议题为当下的落脚点，分析和阐述"营造"和"建构"之于"建筑"在东西方文化中的关系，其成果对于中国建筑学基础研究，特别是打通长期以来处于分裂状态的中外／中西建筑学科无疑具有着深刻的历史理论价值和重要的现实意义。

　　毋庸讳言，纵横古今中外的研究领域对作者的历史理论视野和素养是一个不小的挑战。同样，作为这篇博士论文的导师，笔者也曾经为这一挑战感到棘手和茫然。即使在这篇论文经过作者的精心修改已经成为一部令人期待的学术专著的今天，这种挑战似乎仍然在学识和学理上难以应对。这意味着一部专著的出版不是终点而是新的起点，它激励我们在学术探究的道路上继续奋勇向前。

　　是为序。

王骏阳

2019 年 10 月 31 日于江苏常州

摘 要

　　"营造"这一词汇起源于古代土木建造活动的文字记载之中,自"营"与"造"的含义初步得到确立,到"营造"在当今成为建筑学者们研究的议题,在漫长的历史进程中,关于"营造"的内涵,曾经产生出各种各样不同的理解和诠释,这些认知层面的传承与创新深刻地影响着当时的理论与工程实践,因而使"营造"之内涵在每一特定语境中分别具有了指导实践的观念性质。本书以"文本"中呈现出的古代、近代以及当代对于"营造"这一词汇内涵的认识为研究对象,运用文本分析的方法考察"营造"作为观念从逐步确立到渐趋发展演变的过程,着重讨论在不同历史时期,通过对"营造"内涵的解读而形成的各种关于古代"土木之功"传统之价值的认知,并就这些认知对于理论与工程实践所产生的影响做出讨论。

　　由于在不同历史时期对于"营造"内涵的认知视野及其目的具有明显的区别,"营造"作为观念的文本形式也相应地有着各自鲜明的特征,因此本书将大致经由三个阶段来展开相关讨论:第一阶段以古代本土的视野下对于"营造"内涵的认识为主要内容,首先通过对"营造"的词源考辨,了解其内涵逐步确立并初步成为观念的过程,而后分别从不同文化层面中的"营造"以及特定于"土木之功"相关著作中的"营造"这两个角度探讨"营造"在不同领域中的内涵。第二阶段以近代建筑学视野下对于"营造"内涵的认识为主要内容,着重讨论"营造"之内涵在近代若干学术事件中的发展演变状况。20世纪初叶在以"科学"之精神发扬"国粹"的学术风气的影响下,伴随着"建筑学"进入中国这一学科环境的形成,以《营造法式》的发现为契机,国内学者开始有意识地开展对于古代"土木之功"传统的研究,由此促成了一系列以"营造"为名的重要学术事件,"营造"在这些学术事件的命名中所具有的不同含义,体现出对于古代"土木之功"价值的不同认知,由这些认知所构成的观念深刻地影响了当时的理论、教学及工程实践。第三阶段以当代建筑学者对于"营造"内涵的认识为主要内容,着重讨论"营造"内涵在当代研究议题中的发展演变状况。近十多年来,在西方建筑理论日益多元化并被大量引入国内的背景下,一些国内学者出于由传承发展传统进而推动中国建筑学的现代化进程的这一目的,开始重新审视"土木之功"传统的价值,于是作为能体现出"土木之功"本质的词汇——"营造"成为了研究的议题。这些学者从各自的关注点出发对于"营造"的含义做出了不同的阐释,形成了众多不同于以往的新观念,在此指导下的建筑理论、教学与工程实践都取得了为人瞩目的成果。通过对上述三个阶段中出现的各种关于"营造"认识的梳理,本书就"营造"内涵在历史演变中的几个特征进行了概括总结,并就对于"营造"内涵进行传承与发展的意义做出阐发。

　　对不同历史时期中"营造"所承载之观念的演变状况展开讨论,为重新认知"土木之功"传统的核心价值,以使其在当下的相关理论研究与实践拓展中发挥作用提供了新的思考维度与认知途径。由是者,"营造"在中华土木建造传统中的标识意义将进一步地得到突显,这一传统也将有望不断地得以强旺自新,而这正是本书的主旨所在。

目录

第一章

绪 论

不论是否从事或了解建筑学专业，"营造"对于每一位中国人来说都不陌生。在各类媒体的书面用语中，从"营造喜庆欢乐的节日氛围"到"营造温馨宜人的家居环境"，有关"营造"的用语可以说已经遍及社会的方方面面。而具体到建筑学这一特定的学科环境之中，"营造"更是从古至今被广泛地使用和演绎着，诞生于北宋的《营造法式》与近代的"中国营造学社"都如此为人所熟知，以至于一提起它就不由得会联想起这些光辉的历史史实和置身于其间的杰出人物。那么，对这一人人耳熟能详的词汇，本书为何要凝聚起注意力给予其高度的关注呢？

1.1　问题的提出：为什么关注"营造"？

自 20 世纪初"建筑学"引入中国直至今日的百年历史进程中，"本国传统"与"现代化"作为两个基本的命题，它们之间的关系一直在深刻地影响着"中国建筑学"的发展道路，为了有效地定位传统与现代化之间的关系，近代以来许多建筑学者孜孜以求，通过各种途径试图寻找出二者自身所存在着的某些可以实现相互沟通的因素，值得注目的是，他们的探索与寻求在很多情况下不约而同地指向了"营造"这个传承久远且依然生机勃勃的词汇。

在中国古代的语言中，曾经存在着为数众多的涉及造房屋、筑城郭、修桥梁等从属于"土木之功"❶（按：此处的"功"为"事"之意，在本书中有时也将"土木之功"简称为"土木"。）范畴的词汇，这些词汇有的反映出中国人对待土木建造的观点，有的体现出了从事土木建造时的方法，还有的彰显出人们在监督管理此类活动时的才智，这些涉及土木建造领域各个方面的思想观念是中华优秀传统文化的重要组成部分，而词汇本身则相应地成为中华传统文化的典型标识。在这之中，"营造"一词以其丰富的内涵，旺盛的生命力，以及广博的影响成为这一领域内的代表性词汇。在语言与实践交互影响的漫长历史过程中，从"营"与"造"的独立使用各具含义，到二者搭配使用时语义及用法的变迁，"营造"在社会文化的各个层面逐渐衍生出丰富的内涵，在"土木之功"的相关著作中也曾对"营造"的内涵进行过详尽的阐述。（按：在本书中所称的"土木之功"相关著作，指的是那些以"土木之功"为全部内容或重要内容的著作，属于前者的有《营造法式》《工部工程做法》等，后者有《考工记》等。）

近代以来，在西方"建筑学"进入中国与国内有识之士重燃起对于本国文化研究热情的时代背景下，"营造"引发了特定学科视野下的关注并成为许多具有深远影响力的学术事件的名称（如"中国营造学社"的成立，"营造学"的提出，"中国营造法"课程的设置等），这些命名的由来本身

❶ 注：古代各类文献记载表明，至少从魏晋南北朝时期，"土木之功"一词就开始作为房屋、城郭、桥梁、堤坝等建造工程的代称，而这种用法一直贯穿了其后封建社会的始终，这一观点在梁思成先生的《〈中国古代建筑史〉（六稿）绪论》中曾有过明确的表述。对于本书中所关注的词汇在历史中的语义演变状况来说，为了避免语境的时空错杂，在"建筑"概念传入中国之前的古代各章节中，均以"土木之功"作为造房屋、筑城郭、修桥梁等建造工程的代称（不包括引述中他人著述的"建筑"用语）。

就包含着众多关于"营造"含义的新观点，在这些观点的指导下，学者们开展了一系列的理论研究与工程实践探索。

21世纪以来的近十多年间，在更为多元化的西方建筑理论被引入中国的背景下，许多学者开始从重新审视中国"土木之功"传统本质的角度去反思建筑学在国内近一个世纪以来所走过的道路，于是，在这些学者心目中最能体现出中国传统"土木之功"本质的词汇之一——"营造"就成为研究的议题，他们从各自的研究视角出发对于"营造"的含义做出过不同的阐释，有的还努力寻找其与新近引入国内的外国理论间的内在联系，由此形成了许多不同于以往的新观念，这些观念对于建筑理论研究与工程实践都具有重要的指导意义。

上述从古至今形成的"营造"的各种含义，反映出人们对于"营造"认识的多样性与丰富性，在这些林林总总、互有不同的认识中，"营造"的含义发生了怎样的演变？是什么原因导致了这一演变？"营造"在古代社会文化的各个层面中有着怎样的内涵？为什么"营造"在近代以来会受到建筑学者们的高度关注，近代以来对于"营造"的关注是如何实现本国传统与现代化间的沟通与协调的？关于"营造"内涵演变过程的回顾与反思对于当今的建筑学理论与实践又会产生哪些重要意义？这些问题都是引起关注并促发研究的重要缘由。"营造"在当今保持着旺盛生命力的事实表明，关注并研究"营造"之内涵作并非是为了"发思古之幽情"，而是意图通过对其在历史上的演变状况的梳理，不断地发掘"营造"所承载的近代以来中国建筑学在如何与西方建筑学建立关系问题上的各种态度和立场，进而从中汲取出对于今日中国"建筑学"之发展道路依然具有显著意义的价值，所谓"观今宜鉴古，无古不成今"，"营造"的内涵虽然出自于过往的历史，然而促使它不断发展演变的思想动力却始终是着眼于当下并指向于未来的。

1.2　研究对象的界定：当"营造"作为观念

一个词汇的语义在不同历史时期的变化反映出了人们对于它所指涉的事物或活动的思想认识上的变化，这些不同的认识经过各种形式的记录即形成了关于这一事物或活动的观念，在记录的同时，观念也能对人的思维与行为发挥主动影响。而在建筑学的视野下，以某一词汇的语义变化为对象，去揭示一种观念从初始到成熟以至流变的过程，是建筑理论中日益兴起的比较有效的研究策略。本书中所进行的研究（按：以下简称本研究）即以由古及今，历史上各个时期关于"营造"这一词汇语义的各种认识所构成的观念为对象。观念作为形成于人的头脑中的思想意识的产物，其存在的形式大致包括图像、物质实体、口头表述以及"文本"等,其中"文本"是书写的产物,亦即文字记录的各种形式,是承载观念最为直观且有效的形式之一。本研究即选取"文本"作为研究对象的载体,并相应辅之以对其他观念载体形式的考察,因此对于本研究来说,"营造"作为观念指的是,在"文本"中呈现出的,针对"营造"这一词汇的语义所产生的各种认识与观点,涉及对于该词表征之行为活动的内容、方法、意义等诸多方面的理解与诠释,其涵盖的范围包括:"营"的含义、"造"的含义、"营"与"造"连言时的含义以及"营造"作为名词时所指代的对象等。

在本研究中之所以将各种关于"营造"的认识称为"观念"而非"概念",在于"观念"与"概念"虽然都属于思想意识的范畴,但是两者之间存在着明显的区别,对此当代学者高瑞泉教授曾做出过辨析:

> "第一,观念的范畴比概念宽泛,它不一定是经过严格推理和论证得出的,可以包含更多的感性的内容。与概念的客观、理性相比,观念通常包含了体现出主观态度和倾向的评价。第二,概念作为一个结构,不具有矛盾性,而用观念来表示的思想却可以有矛盾。"❶

❶ 高瑞泉.观念史何为 [J]. 华东师范大学学报,2011 (2): 5.

出于上述两点,笔者认为将各种关于"营造"的认识视为"观念"更为合适,理由在于,从古至今形成的众多有关于此的认识,有的是经过比较严谨理性的论证后形成的,有的则是出于对普遍语言现象的感性理解,但两者都包含了不同程度上对于"营造"内涵的价值认同,也就是说,关于"营造"的认识都是基于一定的主观态度的。此外,在这些关于"营造"的认识之间有时也会存在着矛盾性,其中包括古今认识间的冲突,同一时代不同观点间的差异等等。因此,"营造"在其演变的过程中,很少以一种内部完整、协调的结构形态存在过,更多的是呈现出多样化、不确定性的特征,并不断地与外部相关领域发生着联系。再者,由于针对"营造"的认识视角各有不同,使得很多认识多偏重于"营造"内涵的某一方面,因而不具有全面、完整分析的概念性质。综合上述几项原因,关于"营造"的种种认识更适合于称之为"观念"而非"概念"。

将"营造"一词置于观念的层面进行研究,这一研究对象的界定显著的有别于在社会文化中乃至建筑学领域内渐成积习式的对于"营造"的认知视角,即"营造"不再仅仅是作为与本国传统建造技术相关的用语,(按:据笔者经由各类中文检索系统的不完全统计,2000 ~ 2017 年在建筑学各类研究论文的题名中出现"营造"者,与"技术"或"技艺"相连而成为习惯用语的现象十分普遍,其中含"营造技术"者有 115 篇,含"营造技艺"者有 96 篇,并且这些用语还呈现出逐年递增的态势,这或可在一定程度上反映出对于"营造"内涵的习惯性定位。)而是将其推至更为丰富的认知领域,力求发掘出蕴含于其中的更加广泛而深刻的文化内涵,这些文化内涵既与技术保持着联系,又并不完全受到技术的制约。将"营造"作为观念并将其置于历史发展演变进程之中的研究,较之于将其作为单纯技术用语的研究,既更有利于揭示出技术所依托的思想方法基础,又有助于突破技术本身的藩篱,去探寻那些同样值得继承与发扬的广博而深邃的思想认识内容。

因此,本书所确立的将"营造"作为观念的研究就显示出在视野上的创新之处,即不再仅仅将对"营造"的研究限定于古代及传承自古代的建造技术的层面上,而是将研究推至从古至今人们通过认识"营造"、诠释"营造"所形成的观念之历史演变过程的层面上。也就是说,本书在关注古人怎样"营造"的同时,更加注重的是古人怎样认识"营造",近人及今人又怎样去诠释"营造",注重这种系之于"营造"内涵的观念发展演变历程对于当今之建筑学所具有的意义。如果说,在古代由"营造"内涵所形成的观念是出自于自发状态下的认识的话,(按:这里所谓的"自发"状态,在本书中,指的是一种缺乏确切学科环境制约却又受到来自多方面因素交互影响的状态,而将这种状态下所产生的观念演变称为古代本土视野下的观念演变。)那么在近代"建筑学"引入中国后,在"建筑学"视野下由"营造"内涵所形成的观念则更是推动对于传统的传承并促发其向现代化转化的关键所在。由此,本研究对于关键词"营造"内涵历史演变的梳理并不仅仅限定于古代本土的视野之下,而是将其拓展到了近代以来建筑学的视野之下,不过对于近代以来所形成的各种关于"营造"内涵的认识,本研究在案例选取时既不选择那些对于历史中某些观点做简单复述的个案,又不选择那些脱离历史土壤仅作自我演绎的个案,而是着重关注那些对于"营造"的认识既根植于历史,又立足于现实的典型案例,在这些典型案例中关于"营造"的诠释以各自应对的问题为导向,对于过往历史做出再次的审视,并主动与其所处时代的建筑学相关理论发生联系与互动,由此形成了在传承历史积淀基础上的关于"营造"内涵的创新性认识。

1.3 研究阶段的划分

"营造"作为观念,在不同的历史时期产生于不同的文本形式之中,而且各个时期观念的形成也各有其不同的背景,不同的应对问题并指向不同的目的,因此有必要对研究做出阶段划分。本研究以"营造"得以初步成为观念的古代社会与近代以来"营造"受到建筑学界高度关注的两个时期作为研究的三个阶段,即以中国古代本土文化自身发展过程中形成的关于"营造"的认识为第一阶段，后两个阶段则是自"建筑学"在近代引入中国后外来文化对于本土文化产生剧烈冲击的两个时间段，分别为20世纪20～40年代的二十多年间与本世纪以来的十多年间。而之所以这样划分，理由在于，在近代"建筑学"的引入是"营造"内涵从自发状态下的认识演进为专业视野下之自觉研究的重要分水岭，而近年来对"建筑学"既有体系反思的日益增强使得关于"营造"内涵的认识在目的与方法上均与以往有显著的不同。在本书各章节中，有时也将这三个阶段分别简称为"古代""近代"与"当代"。

在此，有必要对本书各章节中的"古代""近代""当代"以及书名中的"近现代建筑学"等用语做出界定。在本书中，"古代"指的是自中华文明有文字记载的开端起至1840年间的漫长历史过程。"近代"则是指从1840年第一次鸦片战争到1949年新中国成立前的历史时期。而"当代"指的是21世纪以来，即最近的一个时期。那么，作为一个不断变化的动态时间阶段的指称，"当代建筑学"是否有必要从"现代建筑学"中明确的剥离出来？对此，可以参照几部代表性文本的观点。在潘谷西先生主编的《中国建筑史》（第六版）与罗小未先生主编的《外国近现代建筑史》（第二版）中，均未刻意从"现代"中提取出"当代"的时间界限，也就是说这两部教科书中的"现代"是包括"当代"的。其中，《中国建筑史》（第六版）之"第3编 现代中国建筑"的英文对译为"Chinese Architecture in Contemporary Era"，[1] 因此可以说包括了"当代"。而《外国近现代建筑史》（第二版）则在"前言"指出了该书内容的时间跨度为"18世纪中叶工业革命至今"，[2] 同样也可视为时间上包括了"当代"。此外，在邹德侬先生所著的《中国现代建筑史》中更是明确表达了"不必追究现代建筑与当代建筑之间的时间界限，因为社会正在发展，界限正在推移，且各人认识见仁见智。不如保持界限的模糊状态，可以争取更多的讨论时空"[3] 的观点。综合上述，笔者认为"当代"作为一个动态的发展过程，对其的观察是不能脱离"现代建筑学"这样一个总体视野的，因此书名中的"近现代建筑学视野"实际上就包括了对从近代到当代之建筑学的总体观察与认知视野。

本书研究内容三个阶段的具体划分如下：

第一阶段，在古代社会，作为观念的"营造"用语大量出现于各个文化层面的文本之中，还有些则是以专门阐述的方式出现在"土木之功"的相关著作中，这两者之间体现出观念由一般状况到特定领域中的逐渐传播过程。由于缺乏确切的专业学科环境，在古代社会中承载"营造"所蕴含之观念的文本（按：以下简称"营造"文本），基本上是在一种自发的状态下形成的。鉴于这种状况，本书将古代社会各个层面中的"营造"文本作为研究第一个阶段的内容。在此，有必要加以指出的是，较之于现代汉

[1] 潘谷西 主编.中国建筑史（第六版）[M].北京：中国建筑工业出版社，2008：421.
[2] 罗小未 主编.外国近现代建筑史（第二版）[M].北京：中国建筑工业出版社，2004：3.
[3] 邹德侬.中国现代建筑史[M].天津：天津科学技术出版社，2001：3.

语，古代汉语中的单音节词更为普遍，故此作为"营造"语义构成要素的"营"与"造"两个词汇都将在这一阶段被给予高度的关注。

第二阶段，在20世纪20～40年代的二十多年间，从西方引入的"建筑"概念逐渐为国人所接受，与此同时，产生于留学教育中的中国最早的建筑学人才对于本国传统中与"建筑"相对应的"土木之功"的知识体系产生了浓厚的研究热情，对于这些首先接触建筑学教育而后再从事研究本国"土木之功"传统的学者来说，"营造"被视为具有强烈的本国文化色彩，且含义深刻，能够高度概括这一知识体系本质的词汇，因而对其倍加关注，并由对其内涵的不同理解促使了一系列以之命名的学术事件的产生。在这一历史时期内，"营造"以其鲜明的有别于"建筑"的特征成为复兴本国文化的一项标志。所以此一时期的"营造"文本多出现于以此命名的重要学术事件中，这些学术事件集中的发生于1920～1940年代这一东西方文化产生激烈碰撞，建筑学教育在国内初具规模的时间段内，是中国知识分子首次有意识的对于本国文化传统中与"建筑学"相对应的知识体系（以"土木之功"为主并涉及其他考工之事）进行系统研究的产物。这些命名一方面体现出他们对于本国相关知识体系核心价值的推崇，另一方面又反映出他们力求将这一核心价值融入到建筑学体系中的各项努力尝试。因此本书将这一时间段内形成的各个"营造"文本作为研究中第二个阶段的内容。

第三阶段，21世纪近十多年以来，随着国际学术交流的繁盛，许多国外新近形成的建筑理论被大量的引入国内，由此引发了对于国内既有建筑学理论体系的多方面热议。在建筑理论趋于多元化的时代背景下，一些密切关注国外建筑理论发展新动向并且对于本国"土木之功"传统抱有极大研究热情的学者，开始反思在原有建筑学理论体系的视野下对于"土木之功"核心价值认知中的种种缺陷与不足，进而致力于就"土木之功"的核心价值与国外若干理论动向间的适应性问题做出探索。在这种研究氛围中，"营造"这一词汇以其深刻的内涵再次成为这些学者们高度关注的对象，他们通过以"营造"为议题的专门研究，对其含义做出了有别于以往的阐释，并在此基础上形成了关于建筑学发展趋势的两类比较鲜明的观点：一是通过对"营造"含义的再次解读以实现创建一种有别于西方的中国本土的"建筑学"，另一类则是通过探寻"营造"含义与国外建筑学理论某些发展趋势的着眼点在本质上的共同之处，尝试引入其思想方法以促进中国"土木之功"传统的"现代化"进程。由此，当代的"营造"文本主要是以专题研究著述的形式存在的，这些以"营造"为议题的研究多出现于本世纪以来的十余年间，所以本书将这一时间段内形成的各个"营造"文本作为研究中第三个阶段的内容。

1.4 研究方法

"文本"作为观念的重要载体，故此对"文本"进行分析是本研究的一项基本方法。正如前面提到的，对于观念形态的"营造"而言，古代、近代以至当代有关于此的"文本"有着不同的特征，因而有必要采取各具针对性的方法。此外，观念最终是要付诸于实际应用的，对于"营造"而言，古今各时期形成的重要观念如何在各个实践领域中发挥作用，同样是本研究关注的重点，因此将文本中的观念与其实际应用状况结合起来加以比照分析的方法，在本研究中也显得十分必要。

在古代社会，早期散见于各类文献中的"营造"表述的累聚与传播，使"营造"初步具有了观念的雏形。随着语言的不断演进，在文化的各个层面中出现了比较确切的"营造"用语，例如在工官制度中以"营造"为名的机构以及在文学作品中以"营造"为名的题记等，这些文本或繁或简，所蕴含的关于"营造"含义的理解也有详有略，使"营造"的观念形态进一步得到确立。对于这一类的文本，需要联系具体语境对其含义进行分析。而对于在有关"土木之功"的著作中"营"与"造"含义的阐述，则需要将文字表述与相应的实物例证结合起来进行分析，以掌握观念在实际运用中的具体状况。

近代以来，以"营造"为名的学术事件的出现，标志着"营造"作为观念已经纳入到了建筑学专业的研究视野之下，对于这些学术事件命名的由来，有些在文本中进行过细致的阐释，其思想脉络十分清晰，而在另一些文本中，本身并未显示出"营造"之新观点产生的缘由，在这种情况下，要通过扩大对其背景材料的搜寻，注意发现两者间的关系，以期还原观点产生的思想脉络。在对观念进行文本分析的基础上，对于该时期某一重要观念指导下的理论研究与工程实践的案例，也将给予详尽的分析讨论。

当代学者以"营造"为议题进行的研究，是对其观念内涵的进一步深挖与丰富，不过就文本形式而言，有些比较集中于某一篇著述中，还有些则以若干思想片段的状态散见于多篇著述中，对于前者，比较容易把握其观念形成的来龙去脉，而后者则需要在摸清研究者思路的前提下对这些片段进行逻辑整理，以期呈现出该观念的比较完整的系统状态。在此基础上，同样要注意进一步讨论观念在实践中的应用。

由此看出，与见诸于古代各类文本中的"营造"均可纳入到研究中有所不同，对于近代和当代的文本，并不选取一般状况下的"营造"用语（即普遍社会文化层面中的"营造"用语或者建筑学领域内出现的"营造"的所谓常识性表述）作为对象，而重在对具有创新性质的观念文本进行分析，突出其在对"营造"认识中形成的新观点，并就这些观点在理论研究或者建筑实践中发挥的作用做出讨论与评述。

在进行文本分析时，还需力图做到对各时期不同观念之间进行横向与纵向的比较，发现彼此之间的传承或者变革关系，以使这一历史演变过程得以清晰的展现。这是因为，在前一个时期具有创新性质的观念在经历广泛的推广并深入人心后，到了后期往往已经成为习以为常的常识，"营造"作为观念的历史演变就是在一次次的突破常识、形成新知的往复进程中实现的。

1.5　研究目标

以上述研究阶段的划分为基础，采用文本分析与论述观念之实际应用相结合的研究方法，本书旨在确立以下的研究目标：以历史上各个时期文本中出现的对于"营造"内涵诸方面的各种认知为对象，通过解析其在古代、近代以至当代的演变进程，了解这一演变所反映出的不同时期对于中国"土木之功"传统中核心价值的不同认知，探寻由此而形成的各个观念之间存在的传承与发展变迁间的辨证关系，并注意探讨在观念影响下的各类理论与实践探索，以从多个角度吸取其经验，检讨其教训。在此基础上，进一步尝试去揭示"营造"内涵的传承与发展变迁对于当前中国建筑学之理论与实践领域的意义。

1.6　相关研究回顾

以词汇语义在历史中的演变为视角去透视建筑学中与之相关的理论与实践发展进程的研究，近年来在国内外日益兴起，虽然就研究成果的规模而言还远非巨硕，但是从现有研究成果来看，其认识视角与方法所具有的开拓性与有效性预示了此类研究大有可期的前景，并且对于本研究能够提供有益的借鉴，这些成果大致包括：

国外的论著有英国建筑历史理论家艾得里安·福提（Adrian Forty）的《词语与建筑：现代建筑的词汇》（*Words and Buildings：A Vocabulary of Modern Architecture*）一书，该书对现代建筑若干关键词的历史起源进行追溯，并从词汇演变的视角对现代建筑的兴起、发展的过程进行了全新的解读，这项研究中的视角与方法值得借鉴。

在国内学者的相关研究中，较早期的以路秉杰先生的《"建筑"考辨》一文最具代表性，该文将"建筑"一词如何在近代产生于日本的经过，以及随后逐步引入中国以至最终实现意义确立的过程进行了详尽的阐述，并对中国古代文化中"建"与"筑"的含义做出了解析，指出在中国古代文化中很少出现"建筑"一词，当今人们普遍认同中的"建筑"语义来源于日本。作为对此研究的部分回应与展拓，近年来又出现了一些与之相关的研究成果，例如徐苏斌教授的《中国建筑归类的文化研究——古代对"建筑"的认识》以及诸葛净副教授的《中国古代建筑关键词研究》等著述。在《中国建筑归类的文化研究——古代对"建筑"的认识》一文中，作者首先通过借助于文献检索系统，考证了"建筑"一词起源于中国，不过该词的"使用频率很低，直到清末才开始突然增加"[1]的事实。其后着重对于"建筑"在古代文化中的定位做出了新的诠释，指出古代并未有"建筑"的分类，只有从《四库全书》开始才有了与"建筑"有许多重叠之处的"考工"分类，而且这一分类的用意并不是要将建筑技术作为一个独立的学术分支，而是要将其作为辅助施政的手段或工具，即在"考工"的背后是根深蒂固的儒学文化。而在《中国古代建筑关键词研究》一文中，作者的研究主旨在于一方面要通过对古代文字的追索，从中勾勒出古人心中变化的"建筑"观，另一方面则要尝试通过对古代"建筑"的研究，提出能够揭示中国古代建筑本质的一系列关键词。[2]为此，作者选取了"建筑"与"营造"两个关键词，分别对其含义、用法等在古代各个历史时期的演变轨迹做出了深入的考证，并对两者的地位及使用范围等进行比较，得出了对于"营造"的解读，是了解中国古人如何思考与理解今日所谓之"建筑"的关键这一结论。而后，作者又对近代"建筑"与"营造"两者并立的状况做出分析，并提出了这一现象背后所反映出的东西方文化碰撞的深层次原因。总体看来，国内学者的研究虽然出发点各有不同，但均是从词汇语义演变的角度，去探寻人们对于"今日所谓之建筑"本质的认识的发展过程，因而同样可以对本研究产生重要的启示。

❶ 徐苏斌.中国建筑归类的文化研究—古代对"建筑"的认识 [J].城市环境设计, 2005（1）: 84.
❷ 诸葛净.中国古代建筑关键词研究 [J].建筑师, 2011（5）: 73.

1.7 本书内容构成

在绪论之外，主体内容分为四个部分，第二章与第三章是第一部分，内容为探析在古代文化的一般状况下，"营造"中从词源到初步成为观念时的内涵：其中第二章是对"营造"的词源以及在语言中的演化进行考辨，并对在普遍状况下初步具有观念性质的"营造"的内涵予以讨论。第三章着重将"营"与"造"各自在古代"土木之功"相关专著中作为观念的内涵进行较为详细的解析，并就其各自在历史进程中的若干演变特征做出相应的讨论。

第四章是第二部分，内容为分析论述"营造"内涵在近代学术事件命名中的发展演变状况，包括命名的缘由与目的性，"营造"在特定命名中的具体含义等，就不同观念反映出的对于中国"土木之功"传统中核心价值的不同认知做出评析，并对在不同观念影响下的理论研究、工程实践与教学实践状况做出详尽讨论。

第五章为第三部分，内容为分析论述"营造"内涵在当代学者研究议题中的发展演变状况，包括议题产生的背景，研究的主旨，"营造"在某一议题中的特定含义等，就不同观念反映出的对于中国"土木之功"传统中核心价值的不同认知做出评析，并对在此观念影响下的理论研究、教学实践与工程实践状况做出讨论。

第六章为第四部分，内容为综合古代、近代以至当代"营造"的内涵在历史中的演变状况，对其间存在的传承性与变革性做出分析，概括这一演变在古代、近代与当代的总体趋势及各自的显著特征，并讨论近代以来造成这一演变的原因及其目的性，进而尝试揭示出对于"营造"内涵进行传承与发展的意义所在以及对"营造"内涵的历史演变过程进行反思的意义所在。

第二章

"营造"考辨

作为从文本中探析"营造"内涵的起始，"营"与"造"在古代语言中的初始意义各自为何，用法如何，"营""造"又怎样逐步组合成为普遍使用的词汇——"营造"，而后"营造"的意义与用法又发生了怎样的演变，这些都是本章要着重研究的内容。此外，本章还将选取两类比较典型的文本，即官方的制度条文与文人的文学作品，从中探析在古代社会的不同文化层面中对于"营造"内涵的认识及其各自所呈现出的特征。

2.1 "营"、"造"的词源考辨

2.1.1 "营"的词源考辨

"营"在汉代许慎的《说文解字》中的释义为"帀居"，清代段玉裁所做注释为"帀居,谓环绕而居"，并列举了几种"营"的形式,如"市营曰阛,军垒曰营"等,这一释义是将"营"作为一种居住方式而言,《礼记·礼运》所谓"昔者先王未有宫室,冬则居营窟,夏则居橧巢"中的"营窟"即为此意。在先秦文献涉及"土木之功"这类活动的相关记载中,还出现了早期的将"营"作为一种"度量"行为的表述,相关的例子有:

《诗经·大雅·灵台》:"经之营之,庶民攻之。"就"经之营之"中"营"的意义,在郑玄的笺注（按:以下简称郑《笺》）以及孔颖达的疏解（按:以下简称孔《疏》）中分别有如下的解释:郑《笺》:"度始灵台之基址,营表其位",孔《疏》:"营表其位,谓以绳度立表,定其位处也。"两者的释义结合起来分析"营"可解释为"度"的意思,具体指以绳度量灵台基址的行为,所谓"营表其位"则是指在度量以后用木橛环绕基址设立表记,以确定其位置。

《仪礼·士丧礼》:"筮宅,冢人营之。"参照《周礼·冢人》中关于"冢人"职责"掌公之墓地,辨其兆域而为之图"的记载,此处的士也相应地有"冢人"掌其墓地兆域,"冢人"的行为分为两个步骤,第一步是"筮宅",第二步是"营宅"。其中"筮宅"依据《仪礼·既夕礼》:"筮宅,冢人物土"中郑《笺》:"物犹相也,相其地可葬者,乃营之。"即"相可葬之地"之意。而"营宅",则依据郑《笺》:"营犹度也。《诗》云:经之营之"为"度"之意,其具体行为在《周礼·冢人》记载为"辨其兆域",即通过度量以确定墓地基址的范围,因而"冢人营之"中的"营"的度量之意与《诗经·大雅·灵台》中"营"的度量之意接近,正因为如此,郑玄才会借用"经之营之"来解释"冢人营之"的意思。

与"冢人"对于墓地的"筮——相"与"营——度"行为类似的,《尚书·召诰》与《尚书·洛诰》也记载了在成周的建造之前同样有召公与周公分别负责"相"与"营"的两个步骤:

《尚书·召诰》:"惟太保先周公相宅,厥既得卜,则经营。"郑《笺》:"经营规度城郭、郊庙、朝市之位处。"

《尚书·洛诰》:"召公既相宅,周公往营成周,使来告卜。"郑《笺》:"召公先相宅卜之,周公自后至,经营作之,遣使以所卜吉兆逆告成王。"

根据郑玄的笺注,此例中的"营"不仅指度量各个场所与房屋的基址范围,还包括进一步的布置安排其各自的位置,含有布局之意。

归纳起来,在上述文献所记载的几项先秦时期"土木之功"的案例中,"营"的意义均可解释为"度",而"度"的行为在不同的个例中分别为:度量房屋的基址,辨识墓地兆域,以及在度量基址后布置确定城郭、场所和房屋的位处。

在"营"作为"度"之意以外,先秦文献中还有"营"其他意义的出现,例如《诗经·小雅·黍苗》:"肃肃谢功,召伯营之"中的"营"郑玄释为:"营,治也……美召伯治谢邑,则使之严整"。关于此处"治"的具体含义,可联系上文中记述召伯对于参加劳役者的劝慰与恩德的内容如"悠悠南行,召伯劳之","我行既集,盖云归哉"等等,分析得出,"治"指的是召伯在整修谢邑的工程中管理劳役的种种行为。

由此可知,在先秦文献中,"营"在"土木之功"中的意义大致可分为"度"及"治"两种。不过,通过比较文献中"营"这两种意义的使用状况可以发现,"营"用作确切、形象的度量之意远比用作宽泛、抽象的管理之意在使用中更为普遍。

在古代汉语中,"营"作为"度"之意的状况非常普遍,两者意义的接近使得"营"、"度"时常连用进而成为联绵字,如《楚辞·天问》:"圜则九重,孰营度之"中的"营度"即"量度"之意,随着语言的演化,"营度"从基础的"量度"之意外还逐步衍生出"构思"、"谋划"之意,❶在"土木之功"中指对房屋布局方式的构思与谋划:

《魏书·卷九十·李谧传》:"……虽使班、倕构思,王尔营度,则不能令三室不居其南北也。"

《宋史·卷二百七十五·刘福传》:"(刘)福既贵,诸子尝劝起大第,福怒曰:'我受禄厚,足以傔舍以庇,汝曹既无尺寸功以报朝廷,岂可营度居室为自安计乎?'卒不许。"

2.1.2 "造"的词源考辨

在《说文解字》中"造"有两种写法,其一是"造",本义为"就也",

❶[唐]韩愈《石鼎联句诗》序:"侯喜思益苦,务欲压道士,每营度欲出口吻,声鸣益悲。"(宋)苏轼《书蒲永昇画后》:"始知微,欲於大慈寺寿寧院壁,作湖滩水石四堵,营度经岁,终不肯下笔。"上述两例中的"营度"均可作"构思"解。

清代段玉裁进一步解释为"造就叠韵。《广雅》'造，诣也'"，而"诣者至也"，即"造"为"到、去"之意。另一个是古文中"造"的写法"艁"，艁与舟相连而为联绵字"艁舟"，也就是"并舟成梁"，造即为"比连"之意。此外，先秦文献中的"造"在不同的语境中还有其他的意义，例如《尚书·伊训》："造功自鸣条，朕哉自亳。"中的"造"为"起始"之意，《尚书·康诰》："用肇造我区夏"中的"造"为"创始"之意，两者虽略有区别，但均含有"为新"的意思，且从所及对象分析，"造"并不涉及具体的器物，是抽象意义中的"为新"。

而在另外一些文献中，"造"具有了之于器物的"为新"之意，即"制作、更新"。如在《诗经·缁衣》："缁衣之宜兮，敝，予又改为兮。适子之馆兮，还予授子之粲兮。缁衣之好兮，敝，予又改造兮。适子之馆兮，还授子之粲兮。缁衣之蓆兮，敝予又改作兮。适子之馆兮，还予授子之粲兮。"其中制作缁衣的三个动词"为"、"造"、"作"，据郑玄的笺注"造，为也"，"作，为也。"从而"为"、"造"、"作"三者趋于同义，均指对于衣物的制作。此外，在《礼记·玉藻》："年不顺成，君衣布，搢本，关梁不租，泽列而不赋，土功不兴，大夫不得造车马。"中郑玄将"造"注为"作新也"，"造"也是具有了制备车舆与更新马匹之意。上述具有器物制作与更新之意的"造"在语言中渐趋广泛地使用，使得"造，为也"的意义在汉代的辞书《尔雅》得以确立。[1] 这里必须指出的是，"造"具有"为"之意最初就是在同一语境中与"作"相连系而形成的，因为"作"自身就有"为"的基础意义，在《说文解字》中"作"的意义大致分为："起"与"为"二者。清代段玉裁在注释《说文解字》时对二者进行过辨析："《秦风·无衣》传曰：'作，起也。'《释言·谷梁传》曰：'作，为也。'《鲁颂·駉》传曰：'作，始也。'《周颂·天作》传曰：'作，生也。'其意别而略同，别者其因之文不同，同者其字义一也。有一句中同字而别之者，如《小雅》：'作而作'，诗笺云：'上作起也，下作为也。'"也就是说，"起"与"为"二者意义大致相同，只是因为具体的语境而略有区别。通过上述分析得知，"造"有了针对"器物"等具体实物"为新"之意，可视为"造"假借为"作"后实现了意义的增生，在涉及器物等对象时，"造"与"作"在意义上渐趋相同，联系密切，自汉代起"造"与"作"逐渐连言成为联绵字，广泛地应用于器物制备的表述中，如《汉书·毋将隆传》："武库兵器，天下公用，国家武备，缮治造作，皆度大司农钱。"《宋书·刘敬宣传》："前人多发调工巧，造作器物。"其后"造作"、"造"或者"作"不仅用于器物制备，而且也常出现在房屋等兴功时的表述中：

《后汉书·卷二十四·五行志二·灾火》："阳嘉元年，恭陵庑灾及东

[1] 参见《尔雅·释言》："作、造，为也。"

西莫府火，太尉李固以为奢僭所致，陵之初造，祸及枯骨，规广治之尤饰，又上欲更造宫室，益台观，故火起莫府，烧材木。"

《晋书·卷九十七·林邑传》："……遂教（范）逸作宫室、城邑及器械，逸甚爱信之。"

《太平御览·卷九十三·魏太祖武皇帝》："及造作宫室，缮治器械，无不为之法则，皆尽其意。"

以上分析了"营"与"造"在单独使用时，其意义逐步确立的过程，从中可以发现，"营"的早期意义之一——"度"，其意义从初始起就形成于"土木之功"的活动中。而"造"自从与"作"相联系具有"为"的意义起，也在器物、房屋等的制作施工的表述中实现了其用法的确立。对于"土木之功"的全过程来说，"营"与"造"的行为彼此独立，前后联系，基本代表了"土木之功"中两个最重要的阶段。

2.2 "营"、"造"连言后语义及用法演变的多样化

2.2.1 "营造"作为惯常搭配的确立及其语义的多样化

在"营"、"造"连言之前，在书面语言中，"营"与"作"首先连起来使用，其涉及的对象即"土木之功"，例如在《史记·秦始皇本纪》中有这样的表述："始皇……乃营作朝宫渭南上林苑中。先作前殿阿房，东西五百步，南北五十丈，上可以坐万人，下可以建五丈旗。周驰为阁道，自殿下直抵南山。表南山之颠以为阙。为复道，自阿房渡渭，属之咸阳，以象天极阁道绝汉抵营室也。"又如在《史记·高祖纪八年》中："萧丞相（何）营作未央宫，立东阙、北阙、前殿、武库、太仓。"又由于此一时期"造"与"作"二者意义的趋同，因而在此后历经魏、晋、南北朝，"营造"得以逐渐取代"营作"更为普遍地见诸于"土木之功"及各类"考工之事"（按："考工"一词初现于官制中，秦少府有"考工室"令、丞，汉时更名为"考工"，主作兵器、弓弩、刀铠之属以及主织绶诸杂工，涵盖面已比较广，至于《考工记》中所称"百工"也是对手工业者的泛指，到了清代的《古今图书集成》中则专设"考工典"，由此从文献遴选范围看，"考工"几乎涉及全部手工业领域，"考工之事"所辖范围在汉代起就大致保持稳定，故本书中所谓"考工之事"的涵盖范围亦为泛指各类手工业的"百工"之事）活动的记载中，从而确立为一种较为惯用的搭配：

《晋书·礼志》："诏曰：主者前奏，就魏旧庙，诚亦有准，然于祗奉明主，情犹未安，更宜营造，于是改创宗庙。"

《晋书·五行志》："灾火之发，皆以台榭宫室为诫，今宜罢散作役，务从节约，清扫所灾之处，不敢于此有所营造。"

《宋书·张茂度传》："……（张永）又有巧思，益为太祖所知，纸及墨皆自营造。"

《南齐书·庐陵王传》："营造服饰，皆违制度。"

《梁书·乐蔼传》："营造器甲、舟舰、军粮。"

《陈书·董引传》："为库部侍郎，掌知营造弓弩、箭等事。"

《魏书·临淮王传》："太常卿刘芳请别营造（乐器）。"

《魏书·南安王传》："复于钟离城随水狭处营造浮桥，至三月中旬，桥必克成。"

自"营"、"造"连言起，"营造"作为一种惯常搭配，其语义通常并非"营"与"造"二者意义的相加，而往往是多偏重于"造"之意，这是从单音隻意到双音隻意的词汇演化的趋势使然，不过在总体上偏重于"造"的趋势中，仍包含着两种有所差别的状况，其一是"营"本身的含义发生了向"造"的转化，其二是"营"的泛意化使得"营造"产生了新的语义：

1. "营"偏义于"造"对于"营造"含义的影响

在"营"、"造"连言成为惯常搭配后，产生了"营"在单独使用时其意义也偏近于"造"的现象，这也反映出语言演化过程中新旧语义间的彼此消长，实例可见：

《汉书·陈汤传》："成帝起初陵，数年后，乐霸陵曲亭南，更营之。"

《玉海·宫室·宫·汉甘泉宫记》："……假力于秦以营宫室，是谓林光。"

《唐六典·将作、都水监》："……凡营军器，皆镌题年月及工人姓名，辨其名物而阅其虚实。"

《玉海·宫室·堂·祥符继照堂》："初营是堂，西有井，将塞之……"

由此，在很多语境中"营造"的含义接近于"建造"、"制造"等，例如：

《旧唐书·于志宁传》："时皇太子承乾尝以盛农之时，营造曲室，累月不止。"

《五代会要·城郭》："今后凡有营葬及兴窑灶并草市，并须立标识七里外，其标识内候官中擘画定军营、街巷、仓场、诸司公廨、院务了，即任百姓营造。"

《宋会要辑稿·刑法二之一五四》："见任官敢于所部私役工匠，营造己物，依律计庸，准盗论。"

这种现象，直接影响到后世以至当代对于"营造"含义的理解，即侧重于从"造"的方面诠释其意义，尤其在当代这种观点在一定程度上成为共识，例如在 1979 年版的《辞源》中"营造"词条的释义，第一项就是"制作、建造"，即为这种共识的明证，而且在当今的建筑学领域中也时常见到将"营造"作为"专指中国传统建筑技术的用词"的观点。❶

❶ 参见诸葛净．中国古代建筑关键词研究 [J]．建筑师．2011（5）：77．

2. "营"的泛意化对于"营造"含义的影响

另一方面，由于"营"的含义在演化过程中衍生出了许多引申义，较之于早期具体的"度——度量"之意而言，"营"逐渐具有了抽象的"规度"、"谋划"之意，因此清代的段玉裁在《说文解字注》中对"营"的语义演变归纳为："凡有所规度皆谓之营"，此处的"规度"即不再是具体的"度量"，而是指宽泛的"谋划"之意。"营"的这种泛意化趋势，在普遍的社会文化层面中运用得较为普遍，形成了许多新的词汇，如"营求"、"营救"、"营办"、"营生"等：

《魏书·李崇传》："崇在官和厚，明于决断……然性好财货，贩肆聚敛，家资巨万，营求不息。"

《三国志·崔琰传》："幽于囹圄，赖殷夔、陈琳营救得免。"

《旧唐书·褚遂良传》："陛下岁遣千余人远守屯戍，终年离别，万里思归。去者资装，自须营办，既卖菽粟，倾其机杼。"

《唐大诏令集·乾符二年南郊赦》："其河南府界嵩荒地，委河南尹于税钱三分内量予免二分，勿令五路营生，聚为草贼。"

此外，作为"经之营之"的引申，"经营"也具有了"规度"、"筹划"之意，且应用之领域更加多样化，如《战国策》："夫以一诈伪反覆之苏秦，而欲经营天下，混一诸侯，其不可成也亦明矣"的"经营"可解释为政治策略的"筹划"，又如谢灵运的"六法"之"经营位置"中的"经营"则为绘画时的"谋划布局"之意。于是，"营"在其他语境中的泛意化趋势会再次影响到土木领域之中，使得当其与"造"（包括"造作"、"建造"、"修建"等）连用时，"营"已不再作为独立于"造"的一个环节，而是具有了"造"环节中的"谋划"之意，在这种情况下"营"与"造"的地位不再对等，"营"成为"造"的诸多因素之一，即"营"是以"造"为目的的"谋划"，相关实例有：

《山西通志·修尧庙记》："……今建尧祠三年有效，即河中禹庙疑亦善信所修，且经营造作非出官钱，特得请于朝而身任其事而。"

《关中奏议·一为处置马营城堡事》: "……但经营造作所费不赀,合用工力必须计处……"

《贵州通志·考试分棚疏》: "各自设棚之请,诚属允合,并声明设立考棚出自士子等踊跃共捐,应听其经营建造……"

2.2.2 "营造"的名词用法及其指代对象

在唐代以前的文献中,"营造"多作动词使用,例如"营造"宫室、宗庙、舍宅、舟桥、器甲等,当这些用法经过日积月累,成为约定俗成的习惯表述后,大致从唐代起,"营造"开始具有了作为名词的用法,成为宫室、宗庙、舍宅等"土木之功"或者舟桥、器甲等"考工之事"的代称。在此以唐代所撰两部史书对同一史实的记载中"营造"从动词到名词的转化,来说明这一转化所体现出的认识上的更新:

（唐）姚思廉撰《陈书·萧引传》: "……乃转（萧）引为库部侍郎,掌知营造弓、弩、稍、箭等事。"

（唐）李延寿撰《南史·萧引传》: "……及吕梁覆师,戎储空匮,转引为库部侍郎,掌知营造。引在职一年而器械充足。"

在上述同一时代的两处文献中,从"营造弓、弩、箭等事"的动词用法到以"营造"指代"营造弓、弩、稍、箭等事"的名词用法,这不仅是表述形式的简化,更是反映出对于"营造"新的认识的产生。

从指代"土木之功"与"考工之事"两者的出现频度上看,"营造"比较多的是作为"土木之功"的指代,这种用法又通常表述为"土木营造",或者简化为"营造"。而"营造"在特定的语境中其指代对象有时则更为具体,即专指"土木之功"中的"房屋"一类:

"土木营造"

《北史·齐后主记》: "诏土木营造、金铜铁诸杂作工,一切停罢。"

《续资治通鉴长编》: "（程）琳上疏请罢土木营造,减被灾郡县逋租。"

《宋史·食货志》: "每及前朝惜财省费者,必以为陋,至于土木营造,率欲度前规而侈……"

"营造"

《宋史·仁宗本纪》: "（天圣元年三月甲申）,诏自今营造,三司度实给用。"

《宋会要辑稿·职官四之五》: "工房掌工作之事,凡营造、鼓铸、屯田、塘濼、官庄、职田、山泽、畋猎、桥梁、舟车、川渎、河渠、工匠等,应工部、屯田、虞部、水部所上之事。"

《癸辛杂识续集》:"秦九韶……性极机巧,星象、音律、算术以至营造等事无不精究。"

上述几例在《宋会要辑稿》中对于元丰改制后尚书省所辖"工房"职责的明文规定中,有意识地将"营造"与其他"考工之事"相区别,更加凸显出"营造"作为"土木之功"代称的认识已为官方确认并强化,联系到与之年代接近的北宋官方编修著作《营造法式》的内容主要涵盖筑城与房屋,因此其名称中的"营造",同样指代的是"土木之功"。而在另外两则文献中,通过分析其上下文的内容,"营造"则较为限定地专指"土木之功"中的"房屋"一类。

在此有必要补充说明的是,在"营造"作为名词逐渐广为使用的同时,"营造"作为动词用法仍然保持并延续下来,因而"营造"的用法同样呈现出多样性并存的特征,以下列举若干"营造"在唐代以后作动词使用的实例:

(宋)李焘《续资治通鉴长编》:"(天圣元年三月)甲申诏自今传宣营造屋宇,并先下三司计度实用功料,然后给以官物。时上与皇太后宣谕辅臣曰:比来诸处营造,内侍直省宣传,不由三司而广有支费,且闻伐材采木,山谷渐深,辇致劳苦,宜检约之,乃降是诏。"

《明史·舆服制·宫室制度》:"洪武二十六年定制,官员营造房屋,不许歇山转角、重檐、重栱及绘藻井,惟楼居重檐不禁。……"

(清)《平定三逆方略》:"……(康熙十七年三月)今各路赴调之兵俱抵岳州,船舰营造已竟,乃使奏请增兵,殊属不合……"

为了进一步阐述"营造"作为名词时其指代对象的范围,以下将从历代的典章制度文本入手,对各个朝代以"营造"为名的工官机构的职能进行考察。此外古代的文学作品中也有以"营造"为名的若干实例,作为一种个性化视角中的"营造",其叙述内容的重点所在反映出文人对于"营造"内涵的独特认知,而这些大多是容易被忽视、被遗漏的部分,其作为"营造"内涵中不可或缺的组成部分,理应受到相应的关注。

2.3 从以"营造"为名的工官机构中考察其指代对象

在古代工官制度的发展演变进程中,自南宋起以至清代,在工部及内府中出现了以"营造"为名的机构,出于职官制度中的严谨措辞,这些机构的名称即指代了其职能的范围。通过探寻这些机构的职能，可以了解到在官制的特定语境中"营造"指代对象的不同侧重点，而其往往与一般认识中的"营造"有着比较明显的区别。

1. 南宋工部之"营造案"

《宋史·职官志》中记载了北宋至南宋期间，工部与将作监、少府监、军器监等机构之间关系的变迁过程，自北宋元丰改制后，工部、将作监、少府监、军器监并存，这些机构间的职能多有重叠，使得一些机构"空存虚称，皆无实事"❶，在当时已经有官员提出了变革官制的建议，直至南宋建炎三年，在战事紧迫的环境中，才诏令将作监、少府监、军器监并归于工部，这些机构并存的局面始得以改变。到了隆兴年间，工部下属的机构又进行了精简：

> "隆兴以后，宫室、器甲之造寖稀，且各分职掌，部务益简，特提其纲要焉。分案六：曰工作，曰营造，曰材料，曰兵匠，曰检法，曰知杂，又专立一案，以御前军器案为名，裁减吏额，共置四十二人。"❷

这一时期，由于建造宫室、器甲等活动的日益减少，使得工部所辖机构更趋于简化，不过从其所分各案的划分看，仍然可以大致涵盖将作监、少府监、军器监的原有职能，其中"工作案"应是负责原为少府监所掌的各类工巧器物的制作，"营造案"则是负责原为"将作监"所掌宫室等的建造。值得注意的是，"营造案"并不是担负起了将作监的全部职能，"将作监"原有的管理"材料"与"工匠"以及财物检计等职能，则分别由"材料案"、"兵匠案"、"检法案"负责❸。因此，"营造案"中的"营造"是仅就房屋等的"造作过程"而言的，因此可看作是"营造"在特定语境中的意义。在南宋隆兴年间，工部机构简化为"七案"，其中的"工作案"、"营造案"、"御前军器案"是针对不同的工事门类而设，"材料案"、"兵匠案"、"检法案"则是针对工事过程的诸阶段而设。对于"土木之功"的管理而言，将"营造"、"材料"、"兵匠"、"检法"等各案并列起来，实际上就是将"土木之功"全过程中的各个阶段分别设以管理机构。将机构进行分门别类的细节化设置是此一时期工官制度的一个显著特点。

2. 元代中书省右司工房之"营造科"

元代中统元年，于中书省下设置左右司，至元十五年时，分置左右司，左司下属吏礼房、知除房、户杂房、科量房、银钞房、应办房等，右司下属兵房、刑房、工房等，这些机构基本是对应于吏、户、礼、兵、刑、工六部的职能，在六部之上的中书省层面另设的管理部门。在右司下属工房中又分为五科，分别为：

❶[宋]李焘.续资治通鉴长编[M].卷四百八.北京：中华书局，1992：9949.

❷[元]脱脱.宋史[M].卷一百六十三"工部".北京：中华书局，1976：3863.

❸从制度条文分析，"材料案"、"兵匠案"、"检法案"的职能不仅限于"土木之功"中的材料、工匠管理与财物检计，还应包括其它工巧器物的材料、工匠管理与财物检计事项。

❶[明]李濂.元史[M].卷八十五.职官志."右司".北京:中华书局, 1976:2123.

"工房之科有五:一曰横造军器,二曰常课段匹,三曰岁赐,四曰营造,五曰应办,六曰河道。"❶

从中看出"工房五科",大致是依照"考工之事"的类型做出的划分,因此"营造科"是管理房屋等"土木之功"的机构,"营造"在此即指代"土木之功"。

3. 明代工部之"营造提举司"、"营造提举分司"

据《明史·职官志》所载,早在朱元璋称吴王时的吴元年,已设置了"将作司"这一机构,到洪武元年,将"将作司"归属于工部,又设隶属于"将作司"的"营造提举司",随着洪武十年"将作司"的裁撤,"营造提举司"也不复存在。至洪武二十五年"营缮所"的设置,才使得"将作司"的职能转为"营缮所"所有:

"洪武初,置工部及官署,以将作司隶焉。六年增尚书、侍郎各一人,设总部、虞部、水部并屯田为四属部。总部设郎中、员外郎各二人,余各一人。总部主事八人,余各四人。又置营造提举司(洪武六年改将作司为正六品,所属提举为正七品。寻更置营造提举司及营造提举分司,每司设正提举一人,副提举二人,隶将作司)。……十年罢将作司,十三年定官制,设尚书一人,侍郎一人,四属部各郎中、员外郎一人,主事二人。十五年增侍郎一人,二十二年改总部为营部,二十五年置营缮所(改将作司为营缮所,秩正七品,设所正、所副、所丞各二人,以诸匠之精艺者为之。)二十九年又改四属部为营缮、虞衡、都水、屯田四清吏司。嘉靖后添设尚书一人,专督大工。"❷

❷[清]张廷玉等.明史[M].卷七十二."职官一"北京:中华书局, 1974:1762.

基于明代工部下属各个机构间的沿革关系,使得对于"营造提举(分)司"职能的探寻,可以通过"营缮所"中有所获知。据孙承泽著《春明梦余录》卷四十六"工部之营缮清吏司条"所载,"营缮所"隶属于营缮清吏司,而"营缮清吏司"的职掌范围主要是大内宫殿、陵寝、城壕、坛场、祠庙、廨署、仓库、营房等的经营兴造,对于器物类的制造则移内府及所司治之❸,故此"营造提举司"的职能同样涵盖诸如大内宫殿、陵寝、城壕、坛场、祠庙、廨署、仓库、营房等"土木之功",而"营造"即为上述房屋一类"土木之功"的代称。

4. 清代内务府之"营造司"

清代的工部基本上承袭了明代的体制,与明代有所不同的是,清代除了在工部内设营缮司负责坛庙、宫府、城郭、仓库、廨宇、营房等"土木

❸见[明]孙承泽《春明梦余录》所载:"营缮掌经营兴造之事,凡大内宫殿、陵寝、城壕、坛场、祠庙、廨署、仓库、营房之役,鸠力会财,而以时督程之。王邸亦如之。凡卤簿、仪仗、乐器移内府及所司,各以其职治之,而一时省其坚洁,董其窳滥。……所属为营缮所,所正一员,所副一员,所丞二员,武功三卫经历等官"。

之功"以外，还于内务府中设立了"营造司"。"营造司"名称的沿革显示出它最初是为了与工部职能内外对应而设的机构：

❶ ［清］永瑢.钦定历代职官表（四库全书·史部·职官类）.卷三十七."内务府表".

"初名惜薪司，顺治十八年改为内工部，康熙十六年改定为营造司，初设郎中三人，后裁一人，员外郎六人，后曾二人。"❶

"营造司"的下属机构有"六库三作"，涉及木材的存储，铁器、竹器、烟花爆竹的制作，柴、炭的管理，以及油漆绘饰、凉棚搭建等房屋修缮事项：

❷ 同上。

"掌缮修工作及薪炭陶冶之事，所属有'六库三作'：曰木库，司物材；曰铁库，司铸造铁器；曰器皿库，司藤竹木器；曰柴库，司薪柴；曰炭库，司煤炭石灰；曰房库，司凉棚席篷口麻；曰铁作，司打造铁器，曰花爆作，司造烟火花爆；曰油漆作，司绘垩。六库各设库掌、库守，三作皆设司匠、领催，皆未入流，惟铁作司匠给八品虚衔。"❷

"营造司"的职能主要为负责紫禁城内重要工程的修缮，在履行这一职能时需要会同工部共同职掌，以便于匠、役的招募与管理：

❸ ［清］允裪等.钦定大清会典（四库全书·史部·政书类）.卷九十一."营造司".

"凡匠役均有定额，内府所属人在官执者于佐领内管领下选取，招募民匠于工部，咨取分隶于司。……凡修造紫禁城内工程，小修、大修皆会工部，大内缮完由内监匠人。皇城墙垣有应修理者，奏交工部，均由司天监诹吉兴工。"❸

除了与工部"营缮司"共同负责管理紫禁城内重要的工程以外，"营造司"还负责内务府所属的"公廨、馆、厩"的营缮与官用器物的制造，及宫殿园囿的日常维护保障工作：

❹ 同上。

"宫殿园囿春季疏浚沟渠，夏季搭盖凉棚，秋冬禁城墙垣芟除草棘，冬季扫除积雪，均移咨工部及各该处随时举行。府属公廨馆厩及官用器物有应修造者，据各该处咨文修理成造，按则报销。"❹

清代内务府的"营造司"这一机构的职掌范围不仅包括房屋的营缮，还包括器物制造等内容，因而在此处"营造"指代内容比较宽泛，除"土木之功"外，还包含铁器、竹器、油漆、烟花爆竹、陶冶、薪炭等诸多手工业领域。

以上通过对南宋至清代官制中以"营造"为名的机构职能的分析，发现与一般情况下"营造"通常指代"土木之功"有所区别的是，在这些机构中"营造"的指代内容范围大小各有不同，除了指代"土木之功"外，有的是针对房屋的造作过程而言，还有的则泛指各类的"考工之事"。这些差异反映出在不同的语境中，机构名称中的"营造"其指代对象的范围可以非常限定，也可以比较宽泛，虽然大多数都与房屋等"土木之功"有关，但在称谓上却并未刻意与其他"考工之事"区别开来。而从机构的设置分析，职掌"土木之功"与器物制作的机构时分时合，历代皆有不同（表2-1）。

历代以"营造"为名的工官机构   表2-1

朝代	机构	职掌范围
南宋	工部六案之"营造"案	屋宇、器物等的方案设计与施工
元	右司工房五科之"营造"科	土木之功
明	将作司之"营造提举司"、"营造提举分司"	土木之功
清	内务府之"营造司"	屋宇及其他考工之事

作为"土木之功"中两个重要阶段的行为"度量尺寸、布置位处"与"造作施工"，"营"、"造"二字相连进而演化出名词用法时，成为"土木之功"一类活动的代称，这一词汇的演化现象，是具有相当程度的合理性以及必然性的。"营造"由动词向名词意义的转化，显示出"营造"所指代之内容已经深入人心，成为了社会的普遍共识。而"营造"指代对象成为多数的共识，则进一步增强了其作为一种观念的完整性。对于以"营造"泛指"考工之事"或者特指"房屋、器物营造过程中的某一环节"的个例则大多仅现于措辞严谨、针对性较强的典章制度中。

2.4 从以"营造"为名的文学作品中考察其内涵

在古代的文学作品中，关于某一地域内城郭的整饬布局及屋舍的建造修缮等"土木之功"的专门记载并不罕见，不过其中以"营造"为题的作品却较为稀有。与以"营造"为名的工官机构较为注重名称与职能相对应，往往措辞严谨有所不同的是，这类文学作品虽同以"营造"作为文题，但其记载之内容可以涉及广泛，阐述之道理也较为多样，因而更能体现出针对于具体实事的不同视角与关注重点。以下通过对几篇出自南宋时期的"营造记"的分析，探寻在古代知识分子的视野中对于"营造"涵盖之内容及其目的、意义诸方面的认识和观点。

1. 李昂英《德庆府营造记》❶

南宋淳祐二年（公元1242年）朝奉大夫李昂英通过郑梦翀的书信了

❶ 注：《德庆府营造记》全文见附录1。本标题下所引文字未加注释者，均出自改文。

解到德庆府的"营造"活动的概貌，有感而发创作了《德庆府营造记》。
作者开篇即点明了这一"营造"的意义：

> "高皇帝受命中兴，亿万载鸿业基于康州，得为府，宜与国初之应天
> 府并，官府非壮丽，无以重龙。"

由于德庆府是宋高宗在做皇帝之前的封地，在当时其重要性自然不言
而喻，这一显要的地位给"德庆府"的一系列"营造"活动赋予了非同寻
常的意义。接下来，作者在回顾了百年来此地几乎无暇顾及"土木之功"
的过往后，重点提及自淳祐初年冯光任此地最高长官起，开始谋划并实施
了一系列的营造活动。此一"营造"涵盖的内容并不仅限于屋舍的建造，
而是将屋舍与周围环境连为一体，注重两者间关系的协调。此外，还涉及
了交通设施、风景规划等多方面的内容，因而可以说"德庆府"的营造活
动是在对城市整体层面进行通盘考量与谋划的基础上采取的有针对性的建
设举措。

《德庆府营造记》一文的重点即叙述"营造"的各项成果，在文中作
者采用铺陈排比的手法，将各类屋舍、构筑物及场地逐一列举，并分别描
述其样貌、环境，指明其功用所在，如表 2-2 所示：

	《德庆府营造记》所记载的各项"营造"成果	表 2-2
	样貌、环境	功用
城门	图仪门，辟棨戟，严丽谯，巍鼓角，壮外薄，雄楼悬永庆军扁，而双门其下，宣诏、颁春之亭，翼然东西向	突显德庆府的显著地位
狴院与廥仓	鼎鼎峻整	城市管理
贡院	流泉注其前，收览其胜	教育
阅武榭	地旷百亩如砥	军队操演
城隍庙	邃岩殊诡，灵赫凭依	敬神
绎邸	来迎往钱，高车大辆息焉	礼宾
华表	遂画如枰，各华表其冲，幢幢者知所趋	交通指向
亭	山西之麓，碧溪环带	邦人共乐

在文末，作者还特意对当地的主政者的才能进行了褒扬，指出其妥善
地解决了"营造"所须的资财，赢得了当地官民的交口称赞，是一项贤能
之举，并对此次"营造"发出赞叹：

> "东南旺气聚兴王地，云龙五色，常郁葱亘天。臣子任藩，翰寄铺张发挥，
> 当极其崇大，今轮奂突其干霄，珊漆辉其耀日，山川改观，可以占国祚、

灵长尊，国大节也，宜特书。"

从《德庆府营造记》中可以看出，当时的主政者已经对"营造"所涵盖的内容有了比较全面的认识，尤其重视屋舍与周围环境之间相协调的观点，在今天看来依然具有借鉴价值。

2. 魏了翁《邛州白鹤山营造记》❶

《邛州白鹤山营造记》一文所叙述的"营造"，其内容为通过对白鹤山上寺院殿宇屋舍的缮葺，以实现与原有自然风貌的相适应。作者开篇简述了白鹤山的风物概貌与兴造沿革，并提到此地寺庙殿宇年久失修的状况后，叙述了策划者间有感而发的就如何开展修葺、更新等"营造"行为所做的讨论，其后概述了营造活动的成果："（方等院）寺之后殿更其不可易者，翼之修廊，达以複道，前为法堂，后为飞阁，旁为丈室、僧庐、庖厨次第为之后"。但是从通篇看，作者的目的并非着意于对"营造"成果的描述，而是通过对这一行为来龙去脉的记述，赞颂了郭起振等人继承先人遗志，应和州民之愿，致力于义理所关，不计利害祸福，"视荒莽必除，颠危必支，苟可以从民欲者，率勇为之"的品质。故此，《邛州白鹤山营造记》的重点在于论述"营造"的意义。

3. 汪藻《靖州营造记》❷

《靖州营造记》叙述了刘、王两位地方官在绍兴十九年主政靖州后，为了改变当地的荒蛮旧貌采取了种种安抚措施，其中最重要的是开展了一系列的营造活动，其"营造"之项目，涉及屋舍（官屋、帑庾），市、朝、道、巷、门、渠之属，以及州之通衢等，文章的重点在于阐释这一系列活动"营造之因"，作者通过征引多个历史典故，从多方面论述了其中的道理所在：

"一日必葺其墙屋"：文中所提到的"昔叔孙昭子所馆，虽一日必葺其墙屋，去之日如始至，《春秋》称其贤"这一典故出自《左传·昭公二十三年》，叔孙昭子"一日必葺"的行为，作为贤者之能事，经过《春秋》的传扬，被历代继承下来并成为一种社会共识。这一共识在宋代的官方制度中也得以彰显，如北宋曾颁布诏令："（开宝元年）二月癸亥，诏曰：'三年有成，前典之明训，一日必葺，昔贤之能事。如闻诸道藩镇郡邑廨宇及仓库，凡有隳坏，弗即缮修，因循岁时，以至颓毁，及僝工充役，则倍增劳费。自今节度、观察、防御、团练使，刺史、知州、通判等罢任，其治所廨舍，有隳坏及所增修，著以为籍，迭相付授。幕职、州县官受代，则对书于考课之历。损坏不全者，殿一选。修葺建置而不烦民者，加一选。'"❸就为何要做到"一日必葺"的问题，这则诏令指出凡有廨舍的隳坏，如不及时的修理，那么到了完全颓毁之时，重新建造的人力物力劳费会更大，基于这一长远筹划的眼光，"一日必葺"行为被视为了一种防微杜渐，未雨绸缪的节约意识。

❶ 注：《邛州白鹤山营造记》全文见附录1。本标题下所引文字未加注释者，均出自改文。

❷ 注：《靖州营造记》全文见附录1。本标题下所引文字未加注释者，均出自改文。

❸ [宋]李焘.续资治通鉴长编[M].卷九.北京：中华书局，1992：200.

"桥梁、邮亭不修"与"政之能否"："桥梁、邮亭不修"关乎"政之能否"的典故出自《汉书·薛宣传》，薛惠为彭城令时，其父薛宣路过此地看到桥梁、邮亭不加修葺的状况，便由此意识到薛惠吏治能力的欠缺。

"道茀不可行"与"国之存亡"："道茀不可行"关乎"国之存亡"的典故出自《国语·周语》，单襄公假道于陈，目睹陈国道路为荒草所塞已不可通行的状况，心知其废先王"雨毕而除道，水涸而成梁，草木节解而备藏，陨霜而冬裘具，清风至而修城郭宫室"❶之礼教，进而预见到了陈国灭亡的命运。

❶[春秋]左丘明.国语（四库全书·史部·杂史类）.卷二.周语中"单襄公论陈必立"。

这两则典故都是以对营造活动的关注程度来反衬官员乃至国君的执政能力，尤其是后者，依据时节进行相应的营造活动，是统治者广施德政于天下的举措，因而不能不加以高度重视。这两则典故的教育意义同样成为靖州的"营造之因"，概括而言即"政之能否，国之存亡，皆于此而现。"

4. 陆游《灵祕院营造记》❷

❷注：《灵祕院营造记》全文见附录1。本标题下所引文字未加注释者，均出自改文。

《灵祕院营造记》是陆游受灵祕院主持德恭所托，为这座寺庙20年间屋宇营缮的告成而作，文章的主旨在于褒扬德恭和尚上承先师，下传子孙，"安居奠处"的"营造"志向，因而对于"营造"的成果并未过多着墨，仅是概述了寺院的缮葺后的面貌："宏堂杰阁，房奥廊序，楼钟之楼，楼经之堂，馆阁之次，下至疱厨、福浴无一不备，为屋谨百间。"以及寺院的周围环境的整治："自门而出，直视旁览，道路绳直，原野砥平，一远山在前，孤峭奇秀，常有烟云映带其旁。"由此，通过对这些成果的概述引发出对于德恭和尚个人品质的赞叹。文中将灵祕院之"营造"与仕宦、商贾之家"度地筑室，以奢丽相夸"的行为进行对比，突出了德恭和尚对己"食不过一箪，衣不加一称"严格自律，而对众人之事却"夕思昼营，心揆手画"倾尽全力的品质。文章借叙述"营造"的物质活动以论述为人处世之道，所谓见微知著，即对待"营造"的态度与"营造"的目的往往能显示出个人的志向与品质。

这四篇同出自南宋时期的"营造记"在叙述重点上有着显著的差异，《靖州营造记》《灵祕院营造记》与《德庆府营造记》着重于"营造"之因，《德庆府营造记》着重于"营造"之成果。不过，这四篇文学作品间也存在着一些共同之处：

首先，在四篇"营造记"中的"营造"俱为指代"土木之功"，而就其叙述的内容来说，则普遍的重在"营"的部分，即着意于阐述与基址谋划相关的内容，如《德庆府营造记》中对屋舍与周围环境协调关系的考量，《灵祕院营造记》中将寺院道路、山川等环境纳入到"营"的范畴内，《靖州营造记》与《白鹤山营造记》中关注"荒茀必除"等环境因素的影响等，将屋舍与自然环境结合起来作出协调统一的筹划，重视两者之间的和谐共处，这是古代文人自然观的真实写照因而也是几部文学作品关于"营造"诸多认识中能够给予当代最重要的启示。

第二，褒扬"营造"创始之人、彰显"营造"的意义："营造"不仅能带来物质上的便利，更具有精神上的意义，对于屋舍、道路、津梁等营造活动的重视，从个体的层面说，它能够体现出一个人的人格与品质，从社会的层面说它不仅是执政者能力的表现，而且是"从民欲"之举，进而关乎社会风气的养成与国家的长治久安，这是在四篇"营造记"中具有所论述的道理。

第三，关于"一日必葺"，"荒芜必除"，"颠危必支"等普遍共识的强调：这三者或出自历史典故的深远影响，或作为当时社会的普遍共识，就为何要重视"一日必葺"，正如苏轼在《滕县公堂记》中所发出"至于宫室，盖有所从受，而传之无穷，非独以自养也。今日不治，后日之费必倍。而比年以来，所在务为俭陋，尤讳土木营造之功，欹仄腐坏，转以相付，不敢擅易一椽，此何义也？"❶的诘问，就与前述北宋诏令中"凡有隳坏，弗即缮修，因循岁时，以至颓毁，及僝工充役，则倍增劳费"的观点不谋而合，这是导源于历史典故并为社会广泛接受的共识。而"荒芜必除"的观念则同时存在于《靖州营造记》与《邛州白鹤山营造记》中，至于"颠危必支"则是对中国木结构房屋的稳定性的补救措施，对此仍可见于苏轼《乞赐度牒修廨宇状》："见使宅楼庑，欹仄罅缝，但用小木横斜撑住，每过其下，慄然寒心，未尝敢安步徐行"的实录中。一方面，它说明了木结构房屋"颠危可支"的特征，另一方面遇到"颠危"，是"因循支撑，以苟岁月"，❷还是有所区别的"败者易之，坚者因之"的针对性措施，则是这一观念在不同条件下的延伸。

第四，四篇作品中均提到了"营造"所须资财的问题，这一问题的提及，大概是源于当时社会意识中普遍存在的对于"土木营造"的讳言，对此可参见苏轼的《滕县公堂记》与《乞赐度牒修廨宇状》中的相关表述，因而，对于这四篇作品的作者来说有必要在抒发营造积极意义的同时对财用耗费的来源有所交代，在《靖州营造记》中资财出自"官员俸禄"与四方"乐输之金"，《灵祕院营造记》为"施者自至"，《邛州白鹤山营造记》采取了"节用而不敛民"的措施，而《德庆府营造记》则是"秋毫必公家用，而财足以自办"。所以，从这几篇文学作品中可以获知与许多官方文献中立场有所区别的观点，即并不一味的着意于土木营造劳民伤财种种弊端的指摘，而是提出可以通过采取如"节用而不敛民"，"庸工而役民"的措施使之得到有效解决。

总之，在文人的视野中的"营造"往往偏重于对"营"的述说，而且在创作主旨的表达中又各自具有鲜明的个性化特征，通过对上述文学作品

❶[宋]苏轼.东坡全集（四库全书·集部·别集类）.卷三十六."滕县公堂记".

❷[宋]苏轼.东坡全集（四库全书·集部·别集类）.卷五十六."乞赐度牒修廨宇状".

的分析,可以获知在这一特定文化层面中关于"营造"所指代活动的多样观点和认识,而这些认识可作为对官方记录中被忽视或被遗漏内容的有益补充。

本章小结

本章以对"营"、"造"的词源考察以及其语义、用法在演化过程中若干特征的探析为主要内容,首先着重分析了"营"与"造"各自在古代语言中尤其是"土木之功"相关表述中的意义与用法的起源,对其中广为通行的含义进行了较为详细的诠释,明确了"营"在"土木之功"中的初始含义——"度"针对的是场所、房屋等位处的选择、尺度的确定以及布局的形成,而"造"的含义"作"则针对的是物质实体的生产加工过程这一基础认识。在此基础上,对于"营"、"造"逐步实现连用,即"营造"成为一个习惯搭配后意义与用法流变中的若干特征做了有针对性的探析,进而形成了如下的认识:"营"与"造"各自早期含义中所指代的行为是"土木之功"中两个彼此相对独立且前后衔接的重要阶段,正因为如此,两者连言后形成的词汇——"营造"在有了名词用法后,才会被普遍地用来作为"土木之功"的代称,而"营造"名词用法的出现使其作为观念的内涵更加完整。对于"营造"语义的演化趋势而言,在众多实例中其语义多发生了偏重于"造"的演化,造成这一状况的原因有所不同:有些是因为"营"的含义趋近于"造",使"营造"近乎于成为"建造"的同义语,还有些则是因为"营"的泛意化使得其成为"建造"中的"谋划"。当然,对于语言的千变万化,任何所谓的趋势都无法概括其全貌,在此亦不过是就大致状况中的若干特征而言,并不能作为绝对的判断标准。此外,本章还选取了古代社会文化中两类具有代表性的文本:严谨的官方制度条文与个性化的文学作品,分别从这两个角度考察了"营造"在不同时期意义的演变以及特定认识主体对其内涵的关注要点:在历代工官制度中的"营造"其指代对象的范围不尽一致,可以比较宽泛的指代"考工之事",也可以比较限定性地仅指"土木之功"中的"造作过程"。而在文人的视野中的"营造",一方面着重对"营"——场所、房屋与自然环境相协调的谋划进行描述,另一方面又各自阐述了对于"土木之功"意义的认识。

"营"与"造"各自及其连用时的含义,经过漫长历史进程中的不断演化,其丰富与多样性已经成为一片"意义的森林",就演变的趋势而言也并非是单向的线性发展,而是呈现出新与旧之间在各自衍生基础上的交互影响态势,对此,本书无意将其中的每一种含义及其用法进行逐一的整理以做出全景式的展现,只是希望从复杂的演化过程中搜寻出某些值得关注的特征，而之所以对其给予高度关注，在于这些特征在古代文本的一般表述以至于土木相关专著中均有较为明显的呈现，并且时至今日仍然影响着许多建筑学者对于"营造"的认识，甚至在一定程度上左右了其研究的视野。应该说在古代"营造"含义的丰富多样性是由于缺乏如"建筑学"这样一个专业学科环境所造成的，使得在中国古代未曾有过关于"营造"含义的明确界定，这是与西方的"architecture"所明显区别的，因此正如本书"绪论"中所言及的，"营造"只能作为观念去分析与解读，因其不具有权威的、稳固的、确切的内涵与外延，故而尚未达到"概念"的严谨程度，这虽然会给后来者的理解、定位带来困扰，但也为后来者对其内涵的重新阐释提供了多种的可能性，事实上近代以来有关于此的研究与讨论中的种种倾向就验证了这些可能性，并由此使"营造"作为观念在不同的领域内再次发挥出指导作用，从而在一定程度上也使其实现了振复。

第三章

探析古代"土木之功"相关著作中的"营"与"造"

作为"营造"内涵的两个组成部分,上一章从词源与两类代表性文献的角度探寻了"营"与"造"在古代语言中的初始含义及其使用演变中的多样化状况,并对其中的若干特征进行了归纳总结。这一章则将视野进一步限定于古代的"土木之功",探析在"土木之功"相关著作中的"营"与"造"的含义。对于古代的"土木之功"相关著作而言,以其编著性质划分大致可以分为官方著作与民间著作两种类型,其中官方著作有春秋至西汉逐渐增益而成的《考工记》,[1]北宋的《营造法式》、元代的《内府宫殿制作》、明代的《工部厂库须知》以及清代的《工部工程做法》等,而民间著作则主要包括北宋初年的《木经》、元代的《梓人遗制》、明代的《鲁班经匠家镜》以及清代的《工段营造录》等。为了更加接近"营"与"造"的历史面貌,本章在解读分析古代文本时,将着重经由征引古人而非近代以来学者的研究成果来作为解读文本的依据,但有时或因受制于古代资料的匮乏,或为了使论述过程以及结论不至于绝对化、唯一化,仍会将近代以来的研究成果作为必要的佐证或者反证予以列举。

❶ 关于《考工记》的成书时代,详见本章关于"匠人"身份之辨析中的相关讨论。

3.1 关于古代"土木之功"相关著作的选取原则

正如前面一章中曾提及的,由于"营"在社会文化的演进中逐渐衍生出了更为宽泛的含义,进而反过来又应用到"土木之功"相关内容的表述中,因此,在古代以"土木之功"为主要内容的著作中,"营"作为独立环节时的含义与其作为从属于"造"之因素时的含义,有时是各自体现于不同的文本中,还有时在同一文本中均有体现。特别是后者,当"营"泛指"造"环节中的种种"谋划"时,两者已经交织在一起不可分割,也就是说"思想"与"技术"很难被完全地剥离开来,不过从古代"土木之功"相关著作的大致状况来看,就"营"与"造"两者含义的叙说则往往各自有所侧重。因此,本章在对前面所提到的著作进行选取时,有必要首先确立起相应的取舍原则,具体地说,可包括以下几点:第一,著作文本中是否有比较显著且有统摄性的"营造"用语出现;第二,从所选取著作的整体来看,是否能比较全面的涵盖古代"营造"内涵的几个重要方面,且各自有所侧重;第三,是否能体现出"营造"内涵发展演变脉络的传承与变革性,即所选各著作之间在内容上应具有一定的联系性;第四,是否在古代社会产生过比较重大的影响力,就这一点而言,在通常情况下官方著作的影响力要甚于民间著作,但也有例外,比如北宋的《木经》,在当年就曾被拿来与《营造法式》相提并论,足可见其影响力之显赫。[2]

❷ 参见晁公武《郡斋读书志》所言:"将作《营造法式》三十四卷,看详一卷。晁氏曰,皇朝李诫撰。熙宁中敕将作监编修法式,诚以为未备,乃考究经史,并寻讨匠氏,以成此书,颁于郡邑。世谓皓《木经》极为精详,此书殆过之。"

在上述原则的指导下,首先从内容上着眼,应首要选取详尽叙述"营"与"造"之方式方法的著作,从著作之间的联系性上考量,则应以其间具有明显传承与演变特征的著作为宜，而从著作的影响力考量则应以官方著作为主，不过其中元代的《内府宫殿制作》已无原书传世，因而这两部著作未被纳入到本章之中。由此，本章将重点选取存在明显传承与演变关系的著作文本，并对与之相关的著作予以适当的关注，这其中既有能体现出"营"与"造"早期含义的《考工记》"匠人营国"篇与"匠人为沟洫"篇，又有能体现出"营"、"造"含义之不断演变的历代官方及民间著作《木经》《营造法式》以及《工部工程做法》等，通过对其中所涉的二者含义的探析，力求揭示出"营造"之内涵在古代发展演变过程中的若干显著特征。

3.2　探析《考工记·匠人营国》中的"营"

《考工记·匠人营国》篇是关于古代早期城邑与宫室制度最详细的文献资料，作为"营"的主要内容，城邑制度与宫室制度的形成就是"营"所包含的行为实施并得以确立的过程，因而研究"匠人营国"可以有效地了解"营"这一活动所包含的主要内容并对"营"所蕴含的意义做出分析。

在研究"匠人营国"的"营"的内容进而探寻其含义时，以 2009 年中华书局出版的清代阮元校刻的《十三经注疏（清嘉庆刊本）》中的《周礼注疏》之"冬官考工记"为底本，并在比照 1999 年北京大学出版社出版的李学勤主编《十三经注疏·周礼注疏》的基础上，将《考工记》本身文字与东汉郑玄的笺注，以及唐代贾公彦的疏解（按：以下分别简称郑《笺》、贾《疏》）置于重要的地位，这是由于现存正文在某些内容上存在有文意上的脱漏，不结合注疏就无法了解完整意义。而且，作为最早笺注《考工记》的学者之一，郑《笺》及作为对其进一步细化补充的贾《疏》大多为后世学者奉为正统诠释，其间虽然也有学者对《考工记》的解读与其观点相左，甚至对郑、贾之言进行驳斥，但无一例外地均对其保持高度的关注，而甚少刻意回避或置之不理者。此外，从历史上各个时期对于"营国制度"的实际应用中可以发现，郑《笺》、贾《疏》与原文内容被给予了同样的重视程度，因而对于本研究的着力点来说，将郑《笺》、贾《疏》与正文内容并重，是了解分析匠人"营国制度"的重要途径，更是探寻"营"的意义必要方法（按：本节"匠人营国"与下一节"匠人为沟洫"中所引用的《考工记》主体部分文字及附属之郑《笺》、贾《疏》均引自清代阮元校刻的《十三经注疏（清嘉庆刊本）》，不再另行注释）。

3.2.1 "匠人营国"中"营"的内容

1.营城邑

"匠人营国，方九里，旁三门。国中九经九纬，经涂九轨，左祖右社，面朝后市，市朝一夫。……王宫门阿之制五雉，宫隅之制七雉，城隅之制九雉。王宫门阿之制五雉，宫隅之制七雉，城隅之制九雉，经涂九轨，环涂七轨，野涂五轨。门阿之制，以为都城之制。宫隅之制，以为诸侯之城制。环涂以为诸侯经涂，野涂以为都经涂。"

"国"指的是城邑，不过对于"国"指哪一等级的城邑，却有不同的理解。根据通篇内容所述，"方九里，旁三门"理应是天子之城的规制。不过，如果"方九里，旁三门"为天子之城的规制，那么郑《笺》中"天子十二门，通十二子"，就显然与之抵牾。另外，后代学者通过比较郑玄在《周礼》其他部分中的笺注，认为其本人也存在着两种不同的理解。例如，郑玄在《春官·典命》中的笺注云："公之城盖方九里，侯伯之城盖方七里，子南之城盖方五里"，以此推算，天子之城应方十二里，对于郑玄的两种解释，孔颖达、贾公彦等人在疏解中表示了诸如"不敢执定"与"由郑两解，故义有异也"等疑惑。

1) 道路制度

"国中九经九纬，经涂九轨"中的"国中"指"城内"，"经涂"则指城内道路。"九经九纬"是城内道路的分布状况，"九轨"为经涂的尺度，"轨"即"车辙之广"，一轨为八尺，其尺寸构成为：乘车六尺六寸，每一旁加七寸（辐内二寸半，辐广三寸半，绠三分寸之二，金辖之间三分寸之一）。城内经涂宽度以车辙之广为基准，九轨共七十二尺。而"纬涂"的宽度，则依据"经纬之涂皆容方九轨"，因而南北向与东西向道路宽度均为九轨。至于"九经九纬"的道路具体如何分布，根据贾《疏》，其布局方式为："王城面有三门，门有三涂，男子由右，女子由左，车从中央。"

所谓"经涂九轨，环涂七轨，野涂五轨"，与"经涂"具有等级差别的其他两种道路，"环涂"为环城之道，"野涂"为城外的道路。三者广狭分别为九轨、七轨与五轨。这是就王城所言，至于诸侯之城与都城，其道路尺度则依据"环涂以为诸侯经涂，野涂以为都经涂"的原则各有所差。其中也有例外，依据郑《笺》："诸侯环涂五轨，其野涂与都环涂、野涂皆三轨。"故都城的"野涂"同样为三轨（表 3-1）。

"匠人营国"各级城邑道路制度			表 3-1
	经涂	环涂	野涂
王城	九轨	七轨	五轨
诸侯城	七轨	五轨	三轨
都城	五轨	三轨	三轨

2）王城内功能区划

对"左祖右社,面朝后市,市朝一夫"而言,其中以"左、右、面、后"表示王城内的功能区划间的方位关系,首先要确立居中者为何,郑《笺》所谓"王宫当中经之涂也",即王宫居于王城的南北中轴线上,由此才形成了贾公彦的疏解:"谓经左右前后者,以王宫所居处中而言之。""左、右、面、后"即为宗庙、社稷、朝、市相对于王宫的位置关系。

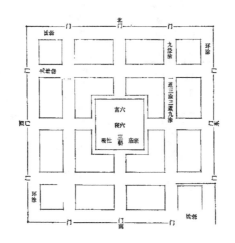

图 3-1 "王城图"
图片出处:戴震.考工记图[M].
北京:商务印书馆,1955.

关于王宫、宗庙、社稷的位置布局,此处并未提到王宫,而在下文涉及城垣制度时提到"王宫","王宫"应包括"朝"、"寝"、宗庙和社稷的哪些部分或是全体,在文中均未指明。在后世学者的研究中有将"朝"、"寝"、宗庙、社稷均置于"王宫"的范围内的观点,如清代学者戴震《考工记图》中的"王城图"（图 3-1）。而贺业钜先生在其著作《考工记营国制度研究中》则有如下的见解:"宫指的是宫城总体,其中有朝有寝,也包括了宫中宫府次舍等,……《匠人》宫廷区规划本系宫城区和宫前区两部分组成,而宫前区则是以外朝为中心,左联宗庙,右系社稷而构成的一组建筑群,宗庙既是宫前区的一个组成部分,它的位置必在宫城前方,不会在宫城内,或与宫城并列。这是《匠人》王城规划制度所决定的宫廷区规划结构的必然结果,所谓'左祖',便是指宗庙与外朝并列,位于宫前区的左侧。"[1]根据贺业钜先生的观点,王宫包括三朝中的"治朝"、"燕朝"及"寝"的部分,"外朝"与宗庙、社稷均位于宫前,外朝居中,宗庙、社稷分列左右。以此为据,"左祖右社,面朝后市"所体现的方位格局为:以王宫为中心,宫前为外朝、宫后为市,宫前左为宗庙,右为社稷（图 3-2）。

外朝、治朝、燕朝由南至北,其布局与皋门、应门、路门密切相关,贺业钜先生通过比较诸多典籍记载,理顺了其间的关系:皋门为外朝朝

[1] 贺业钜.考工记营国制度研究[M].北京:中国建筑工业出版社,1985:103.

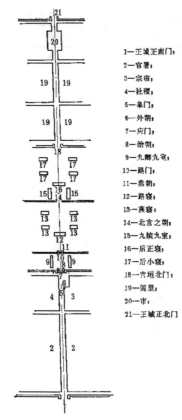

1—王城正南门；
2—官署；
3—宗庙；
4—社稷；
5—皋门；
6—外朝；
7—应门；
8—治朝；
9—九卿九宅；
13—路门；
11—燕朝；
12—路寝；
13—燕寝；
14—北宫之朝；
15—九嫔九室；
16—后正寝；
17—后小寝；
18—宫垣北门；
19—闾里；
20—市；
21—王城正北门

图 3-2 "外朝"、"治朝"、"燕朝"
与王宫位置关系
图片出处：贺业钜.考工记营国
制度研究[M].北京：中国建筑工
业出版社，1985.

① 注：参见贺业钜先生《考
工记营国制度研究》第三
章第二节"官门制度"。

门，应门为治朝朝门，路门为燕朝朝门。❶其中，路门与应门的尺度在原文中有所提及，"路门不容乘车之五个，应门二彻三个"，路门以乘车的尺度确定其跨度，为一丈六尺五寸，应门以两车辙内尺度（即轨）确定其跨度，为二丈四尺。

至于"市朝一夫"所指市、朝的规模，郑《笺》仅指出"方各百步"，其含义大致可有两种理解：其一，市（包括市曹、司次、介次）共占一夫之地，三朝（外朝、治朝、燕朝）共占一夫之地；其二，市所包含之市曹、司次、介次皆占一夫之地，三朝之外朝、治朝、燕朝皆占一夫之地。对于这两种理解，贾《疏》认为"若市总一夫之地，则为太狭"，故采取第二种理解："盖市曹、司次、介次所居之处，与天子三朝，皆居一夫之地，各方百步也。"

3）城垣制度

所谓"王宫门阿之制五雉，宫隅之制七雉，城隅之制九雉"。据贾《疏》"门阿"指的是门屋之脊。郑《笺》："宫隅、城隅，谓角浮思也"。贾《疏》认为"浮思，小楼也。"如是者，宫隅、城隅即指王宫和王城的角楼。

城垣制度的内容，包括王宫的城垣与王城的城垣两个部分，其中王宫的门阿高五雉，王宫角楼高七雉，王城角楼高九雉。制度中只言及宫隅、城隅，对于与之相应的宫墙与城垣的高度，则据许慎《五经异义》："天子之城高七雉，隅高九雉。"并依贾《疏》："不言宫墙，宫墙亦高五丈也。……不言城身，城身宜七丈。"另据贾《疏》，"门阿五丈"指"门之屋，两下为之，其脊高五丈"。综合上述，王城的城垣制度可归纳如表3-2所示。"雉"作为城垣尺度的度量单位，每一雉长三丈，高一丈，这一度量单位是基于版筑这种筑城方法的基础上的，这种筑城方法简言之就是用绳子将两块木模"版"束紧，中间填土并用杵捣实，进而一版一版地叠摞起来。每一"版"高二尺，长一丈，五版为一堵，每一"堵"高一丈，长一丈，三堵为一"雉"，故每一"雉"高一丈，长三丈。

王城城垣制度				表 3-2
王宫门阿(门屋)	宫隅	宫墙	城隅	城身
五雉	七雉	五雉	九雉	七雉

关于"门阿之制，以为都城之制。宫隅之制，以为诸侯之城制"，指的是城垣的等级制度，划分为王城、诸侯城与都城三个级别，郑《笺》:"（都城）城隅高五丈，宫隅、门阿皆三丈。……（诸侯）其城隅制高七丈，宫隅、门阿皆五丈。"其城垣归纳如表 3-3 所示:

各级城邑城垣制度			表 3-3
	门阿	宫隅	城隅
王城	五丈	七丈	九丈
诸侯城	五丈	五丈	七丈
都城	三丈	三丈	五丈

2. 营宫室

"……夏后氏世室，堂修二七，广四修一，五室，三四步，四三尺。九阶，四旁，两夹，窗，白盛;门堂，三之二，室，三之一。殷人重屋，堂修七寻，堂崇三尺，四阿重屋。周人明堂，度九尺之筵，东西九筵，南北七筵，堂崇一筵，五室，凡室二筵。室中度以几，堂上度以筵，宫中度以寻，野度以步，涂度以轨，庙门容大扃七个，闱门容小扃三个，路门不容乘车之五个，应门二彻三个。内有九室，九嫔居之。外有九室，九卿朝焉。九分其国，以为九分，九卿治之。"

1）世室（宗庙）、重屋（王寝）、明堂

依郑《笺》:"世室者，宗庙也。……夏度以步，令堂修十四步，其广益以四分修之一，则堂广十七步半。堂上为五室，象五行也。三四步，室方也。四三尺，以益广也。木室于东北，火室于东南，金室于西南，水室于西北，其方皆三步，其广益之以三尺。土室于中央，方四步，其广益之以四尺。此五室居堂，南北六丈，东西七丈。（台阶）南面三，三面各二。每室四户八窗。以蜃灰垩墙，所以饰成宫室。门堂（门侧之堂）取数于正堂。令堂如上制，则门堂南北九步二尺，东西十一步四尺。两室与门，各居一分。"据此，将夏后氏世室堂、室、门修广尺度归纳如表 3-4 所示:

夏后氏世室"堂"、"室"、"门"修、广尺度（单位：殷尺）　　表3-4

	修	广
正堂	84	105
金、木、水、火四室	18	21
土室	24	28
门堂	56	70
室、门❶		

❶ 注：郑《笺》仅提及"两室与门，各居一分"，则"室与门"的尺度，与门堂尺度的关系不明确，故暂缺。

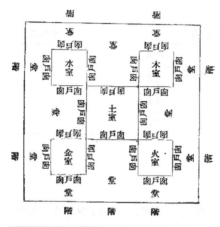

图3-3 "夏后氏世室"五室布局
图片出处：戴震.考工记图[M].
北京：商务印书馆.1955.

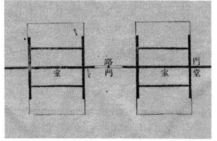

图3-4 "夏后氏世室"门堂形制
图片出处：张惠言.仪礼图（清嘉庆十年扬州阮氏刻本）"天子路寝图"局部

关于"夏后氏世室"的布局方式，"五室"作五行方位布局，为郑《笺》所增补的内容，而则戴震的《考工记图》中也有呈现（图3-3）。至于门堂与正堂的位置关系，并未言明。此外，关于"夏后氏世室"之门堂"两室与门，各居一分"的布局方式，可以从清代张惠言著《仪礼图》所绘"天子路寝图"中获知（图3-4）。

与上述理解区别明显的是，杨鸿勋先生根据考古成果，并参考历代学者与郑玄有所不同的见解，对于"夏后氏世室"的尺度与布局作出了与郑玄显著区别的解释，这些差异主要出自三方面缘由：其一，句读的不同；其二，对于错讹、脱漏的修正；其三，对于个别文字的解释的差异，以下将从这几方面逐一阐释这一研究成果。

杨鸿勋先生对原文的句读："夏后氏世室，堂修七（步），广四修一，五室，（修、广）三四步，（大室广四三尺）。九阶，四旁，两夹，窗，白盛门，堂，三之二，室，三之一。"

杨鸿勋先生对文字的释义："世室"——"夏朝的宫廷正殿称世室，王国维考释世是大的意思，世室就是大室。"❷

❷ 杨鸿勋.明堂泛论——明堂的考古学研究[C]// 营造：第一辑（第一届中国建筑史学国际研讨会论文选辑）.北京：北京出版社文津出版社，2001：23.

"旁"、"夹"——与贾《疏》："五室，室有四户，四户之旁皆有两夹窗，则五室二十户，四十窗也"大相径庭的，"旁"、"夹"作为室内空间的称谓："旁"——在主体空间"堂"之旁；"夹"——位于夹角，古文与"个"、"介"

同音，都读作 ga，所以也写作"个"或"介"。比较这两种解释，联系上下文，均是就空间尺度而言，故"旁"、"夹"似乎释为空间更为合理。从字面上

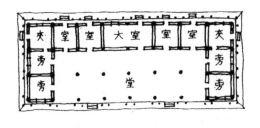

图 3-5 "夏后氏世室"复原平面图
图片出处：(引自杨鸿勋.明堂泛论——明堂的考古学研究 [C]// 营造（第一辑）.北京：北京出版社，文津出版社，2001.

看，两种释义的差异因句读不同而生，郑玄与贾公彦的释义，将"旁"、"夹"作为表示"户"与"窗"方位的定语，"户"即为衍文，若非有实例佐证，其意义衍生成分也很明显。

"堂"、"室"、"旁"、"夹"的布局与尺度：在偃师二里头遗址 F1 主体殿堂考古成果的基础上，杨先生将文献比照遗址对"夏后氏世室"进行复原，室内的空间划分，可作前堂后室：一堂相对五室，中间为一大室；堂占进深的三分之二，室占进深的三分之一，在堂的两旁，各有二"旁"室，在两夹角处各有一"夹"室❶（图 3-5）。

杨先生依据其他古代学者的研究，认为"堂修二七"，实为"堂修七"，"广四修一"并非"广益以四分修之一"，而是"广为修的四倍"之意，另外通过与偃师二里头遗址 F1 主体殿堂实测数据的比照，将"三、四步"解释为"室的修、广为三步或四步"，"四三尺"即"太室之广为四十三尺"。综合起来，杨先生的观点是："堂"修七步，广为修的四倍。"室"、"旁"、"夹"的修、广为三步或四步，太室广四十三尺。❷与此相比，郑玄将"四三尺"解释为"广"增加的尺寸，其"三步益以三尺，四步益以四尺"的理解与原文语序显然相悖，如果不是有实物佐证的话，很难让人信服。

出现古今理解差异的原因，还部分由于对于"堂"的释义的不同。"堂"在古代可以指房屋的台基，也可以作为某一形式室内空间的称谓。此处，在三代宫室制度中的"堂"显然是指台基，而非室内空间。依据在于：第一，郑《笺》提到五室与正堂的关系为"堂上为五室。"因此，"堂"应为五室的台基。对于门堂、门、室的关系，贾《疏》提到"此室即在门堂之上作之也"。同样，门堂也是室的台基。第二，殷人重屋中的"堂"修七寻与周人明堂中的"堂"崇一筵均是指台基而言。第三，关于周人明堂的布局方式，贾《疏》以"周人殡于西阶之上"为例指出："南北七筵，三室居六筵，南北共有一筵，一面惟四尺半，何得容殡者？"这一台基尺寸的计算方法，说明"堂"南北七筵就是指台基的尺寸而言。

对于"殷人重屋，堂修七寻，堂崇三尺，四阿重屋"来说，郑《笺》云："重屋者，王宫正堂若大寝也。其修七寻（五丈六尺），放夏周，则其广九寻（七丈二尺）也。五室各二寻。崇高也。四阿，若今四注屋。重屋，复笮也。"

"殷人重屋"的尺度仅提及"修"而未及"广"，郑玄参照夏、周之法，

❶ 参见杨鸿勋.明堂泛论——明堂的考古学研究 [C]// 营造：第一辑（第一届中国建筑史学国际研讨会论文选辑）.北京：北京出版社，文津出版社，2001：28.
❷ 同上。

即"放夏周"——偏放夏法，兼放周法，补充了"广"的尺寸，并增加了五室的尺寸。这种推算方法，为杨鸿勋先生所基本认可，他认为："殷人重屋"的"堂、室等安排和尺寸，记得非常简略，只提到'堂修七寻，堂崇三尺'，这意味着其他方面与前朝没有大的区别。"●

● 杨鸿勋.明堂泛论——明堂的考古学研究 [C]// 营造第一辑（第一届中国建筑史学国际研讨会论文选辑）.北京：北京出版社文津出版社，2001：37.

关于"四阿"的释义，依据贾《疏》："《燕礼》云，设洗于东霤，则此四阿，四霤者也。""重屋"的释义，依据贾《疏》："若《明堂位》云：复庙重檐屋。郑注云：重檐，重承壁材也。则此复筍亦重承壁材，故谓之重屋。"杨鸿勋先生认为："所谓四阿重屋，即四注水（四面坡），两重檐。也就是在主体屋盖下，周围再加防雨披檐。"❷两种观点大体一致。

❷ 同上。

而所谓"周人明堂，度九尺之筵，东西九筵，南北七筵，堂崇一筵，五室，凡室二筵"之意，依据贾《疏》，周人明堂中五室的尺度"凡室二筵"意即"或五室皆方二筵"，至于五室的布局方式，虽未明言，但依据贾《疏》："周人殡于西阶之上"的举例，似乎周人明堂的五室同样以五行方位布局。

"夏后氏世室"、"殷人重屋"与"周人明堂"间尺度与布局方式的关系：依郑《笺》："此三者或举宗庙，或举王寝，或举明堂，互言之，以明其同制"。并贾《疏》："云同制者，谓当代三者其制同，非谓三代制同也。"此二者意即夏之宗庙、王寝与明堂，三者同制；殷之宗庙、王寝与明堂，三者同制；周之宗庙、王寝与明堂，三者同制，三代之间并不同制。此处的所谓"同制"或"异制"均是就尺度而言。而夏后氏世室、殷人重屋与周人明堂的布局方式，则均有五室作五行方位布局。其他诸如夏后氏之门堂，殷人之四阿重屋，是否为周人明堂所具有，并未明言。

贾《疏》中在比较夏、商、周三代中五室的尺度时，曾有"如郑意，以夏、周皆有五室十二堂，明殷亦五室十二堂"之言，"十二堂"最初见诸于《吕氏春秋》，是否为夏、商、周三代的制度，并无定论。

2）庙门、闱门、路门、应门

关于文中的"庙门容大扃七个，闱门容小扃三个，路门不容乘车之五个，应门二彻三个"之意，依郑《笺》，闱门位于庙门之内，闱门、庙门作为祭祀场所的入口，理应满足礼器——鼎的通过，因而其尺度以大扃、小扃（扃：贯穿两耳的横杠）的尺寸（分别长三尺、二尺）为准确定。关于路门、应门的位置，依郑《笺》，路门为大寝之门。应门则指正门，即朝门也。如前所述，贺业钜先生认为路门、应门自内而外分别为燕朝、治朝之门，两者都需要满足乘车通过，因而以乘车之广或者车辙之广作为确立其尺度的标准。庙门、闱门与路门、应门，这两组门互为对应，以、内外格局划分其广狭窄，以功能要求确定其尺度。

3）九嫔九室与九卿九室

所谓"内有九室，九嫔居之。外有九室，九卿朝焉。九分其国，以为九分,九卿治之",郑《笺》云:"内,路寝之里也。外,路门之表也。九室,如今朝堂诸曹治事处。九嫔掌妇学之法以教九御。六卿三孤为九卿。"即路寝之内有王燕寝,后寝等,路门之外为治朝,所以"内有九室,外有九室"的布局可视为宫室制度中,男(卿)与女(嫔)、外(朝)与内(寝)的明确划分。

关于"九卿九室"与"九嫔九室"的具体位置与布局方式,贾《疏》指出"九卿九室"为"正朝之左右为庐舍者也",而未涉及"九嫔九室"的具体位置与布局方式,只是提到九室不但是九嫔所居之处,"亦是治事之处","是教九御之所也",并且其"与六宫不同"。至于"九分其国,以为九分,九卿治之",则是就政治的权利分配方式而言。因郑《笺》:"九分其国,分国之职也"。贾《疏》:"郑恐九分其国分其地域,故云分国之职也。"故此,与"匠人营国"之"国"的意义不同,此处的"国"不是地域的概念,"九分其国"不是将王城在地域上分为九个部分,而是指将行政职权分为九个方面,每一"卿"执掌其一。就其内容来说,"九分其国,以为九分,九卿治之",是对于"九卿九室"这一布置方式的做了政治层面的注解。

3.2.2 "匠人营国"中"营"的含义

"匠人营国"中"营"的含义是什么? 郑《笺》云:"营谓丈尺其大小"。可见,尺度的确定是"营"首要的含义,而从通篇看来,"营城邑"与"营宫室"的内容中关于道路、城垣、房屋等的一系列数据主要涉及两个方面:一是尺度的确立(诸如方九里,经涂九轨,市朝一夫,堂修二七等),二是布局的形成(诸如左祖右社、面朝后市,五室、九室等)。其中尺度的确立又包括通过以"物"度其尺寸以满足功能需求和广狭、崇卑之类与等级相关的要求;而布局的形成则受到包括礼制、政治、文化等多方面的思想观念的影响。尺度的确立与布局的形成这两方面构成了"匠人营国"中"营"的意义核心。

1. "营"——以物"度"其尺寸

《考工记》中的"室中度以几,堂上度以筵,宫中度以寻,野度以步,涂度以轨"就表明了"营"的方法:城邑中的道路、广场以及宫室中的门、堂、室等各类场所与屋宇,其尺度的确定,都不是简单地以度量仪器确定尺寸,而是密切结合其使用功能,以合于应用之"物"或"人"的尺度为准确定上述尺度,即郑《笺》所言"各因物宜为之数",具体而言:室内就座时需要布置几案,以几案的大小与数量来确定室的修广;堂上举行仪式是要铺设筵席,以筵席的大小与数量来确定堂的修广;在宫中合院之内无几无筵,故用两臂舒展之长度——"寻"作为确定合院内修广的度量标准。这是就一般情况而言，实际上，依据上下文所述，室中不仅可以度以几，也可度以寻、筵。堂上不仅可以度以筵，也可度以步。至于城外之野，其里数的确定，皆度以步。而道路虽然分为车行与人行的三道，但仍然以中央车行道的使用尺度为准，三道皆度以车辙之广。同样的，闱门、庙门分别位于大庙的内部及入口，作为祭祀场所，以礼器——鼎之扃，度其尺寸；路门、应门则以乘车及车辙，度其尺寸，也是遵循着"各因物宜为之数"的原则。总之，"各因物所宜"而度，鲜明的体现出以满足实际应用为目的的设计理念，这即是"匠人营国"中"营"最重要的含义之一。

2. "营"——尺度与等级

如《考工记》原文所述，"环涂以为诸侯经涂，野涂以为都经涂"。以及"门阿之制，以为都城之制。宫隅之制，以为诸侯之城制。"从中可以了解到这一套尺度等级划分的构成形式。在道路与城垣制度中，道路广狭与城垣高下的确定不仅与功能及施工技术有关，同时与城邑的三个等级：王城、诸侯之城、都城的地位相联系。如前面所分析的，在每一等级的城邑中，道路与城垣根据其功能需求，尺度相应有所区分，例如王城经涂、环涂、野涂以宽度划分为一、二、三等；城隅、宫隅、门阿以高度划分为一、二、三等。在其下一级的诸侯城中，又分别以王城之第二等级的环涂与宫隅尺度作为自身的第一等级，而更下一级的都城又以诸侯之城第二等级的尺度作为自身的第一等级。虽然，如前文列举的数字所示，每一等级的城邑中其道路与城垣的广狭与高下并不完全满足数字的级差关系，但总体上三个等级城邑的级差关系仍然十分明显。

3. "营"——布局与礼制、政治、文化

"匠人营国"制度两部分内容"城邑"与"宫室"中，城内的功能区划的形成与王宫内的朝、寝格局以及明堂类宫室形制的确立，同样与礼制、政治及文化等思想观念密切相关，这也是"营"所具有的含义之一。

王宫位于王城的南北中轴线上，即"王居当中经之涂"，这一择中而立的布置，体现出王权的核心地位，这即为《吕氏春秋·慎势》中"古之王者，择天下之中而立国，择国之中而立宫，择宫之中而立庙"的礼制思想。

"三朝"：外朝、治朝、燕朝及分别作为其入口的皋门、应门、路门，明确的区分了宫城内外举行各类仪式、活动的场所，这是礼制的要求。外朝，即"面朝后市"中所指的"朝"，位于宫城正前方，其作为献俘等仪式以及处理狱讼、颁布法令等与国人生活有关的活动，是天子王权与民众诉求间产生联系的场所；治朝，为天子朝见群臣以及群臣治事之所；燕朝作为路寝前的廷，为天子与群臣议事及礼宾活动的场所。这种自外而内，功能逐渐由行政化过渡到生活化，仪式感逐步弱化的布局方式，同样是礼制所决定的，譬如以下各例：

"左祖右社"，宗庙与社稷分列宫城前方的东、西两侧，这一布局方式则与东方——春季，主生发；西方——秋季，主收获的文化观念相一致。

"内有九室，外有九室"的布置同样与"男女有别，内外有别"的礼制思想有关，正如《墨子》所言："宫墙之高足以别男女之礼"，故此男性官员与女性官员治事之所的内外有别。

"九分其国，以为九分，九卿治之"，揭示出"九室"位于治朝内两侧，这一九卿治事之所的布局方式蕴含的政治体制方面的观念。

对于"夏后氏世室，殷人重屋，周人明堂"中的"五室"以五行方位布局，此说虽然出自后人的笺注，是否三代同为此制仍无定论，但其体现出的对于自然界物质的认知及与自然规律相适应等文化层面的考量深刻地影响了后世的明堂制度。

3.2.3 "营"的行为主体——"匠人"身份的辨析

在研究了"匠人营国"中"营"这一行为的内容及其所蕴含的意义之外，有必要对"营"这一行为活动的主体——"匠人"的身份作出辨析，因为这关系到，究竟是什么样身份的人在进行着"营"这一活动的重要问题。以下分别从"匠"的意义流变及"匠人"与其他攻木之工的比较两个方面进行辨析，并尝试解释如下的问题："匠人"是手工业劳动者还是负责"土木之功"的官员，"匠人"是否就是"攻木之工"其中之一。

1. "匠"之含义的时代性

先秦——"匠"的基础含义：《周礼·地官司徒·乡师》："……及葬，执纛以与匠师御匶而治役。及窆，执斧以莅匠师。"[1]《仪礼·既夕礼》："遂、匠纳柩车于阶间。"[2] 参照其他先秦各家学派文献中关于"匠"的表述，诸如《孟子·滕文公下》："梓、匠、轮、舆，其志将以求食也；君子之为道也，其志亦将以求食舆？";《孟子·尽心下》："孟子曰：'梓、匠、轮、舆能与人规矩，不能使人巧。'"等。以及《墨子·天志上》："子墨子言曰：'我有天志，譬若轮人之有规，匠人之有矩。'"《墨子·节用中》："是故古者圣王制为节用之法，曰：'凡天下群百工，轮、车、鞼、匏、陶、冶、梓、匠，使各从事其所能。'";《墨子·非儒下》："然则今之鲍、函、车、匠，皆君子也。"《荀子·荣辱》："可以为工匠，可以为农贾。"此外，《庄子·徐无鬼》："郢人垩慢其鼻端，若蝇翼，使匠石斲之，匠石运斤成风，听而斲之。尽垩而鼻不伤。"《庄子·人间世》："匠伯不顾，遂行不辍。"综上文献，可以约略知晓，在先秦时期，"匠"的含义并无显著的拓展，仍然与梓、轮、车等同属于从事木料加工的手工业者的范畴。

两汉——"匠"含义的拓展：在两汉时期，"匠"之含义有了相当程度的拓展，例如，王充《论衡·量知》中所述"……能削柱梁，谓之木匠；

[1] 李学勤主编.周礼注疏（十三经注疏）[M].北京：北京大学出版社，1999：289.
[2] 李学勤主编.仪礼注疏（十三经注疏）[M].北京：北京大学出版社，1999：732.

能穿凿穴坎，谓之土匠；能雕琢文书，谓之史匠"反映出在当时的社会观念中，"匠"已经不再限于手工业者的范畴，而是产生了具有比喻色彩的意义，可称为"匠"的人物身份延伸到了文学艺术者以至于官员中。

2. "匠人"的身份

攻木之工中的匠人、梓人、轮人等是否属于工官体系内？是被临时征召的雇佣者还是官职的称谓？《考工记》所述之"匠人"，从其负责执掌的范围来看，显然不是通常意义上的"工匠"，而更像是一种统领性的官职，与其他"攻木之工"产生了显著的地位差别。

在宋烜先生的《〈考工记·匠人〉成书年代析》一文中，曾明确指出其"行文风格的不一致，说明其成书年代的不一致。"包括"叙述城建制度，文字整齐，对偶华丽，文人味足，不乏虚拟空泛的内容"以及"叙述比较质朴，类似于工匠口述"的内容，"两者不但文风各异，内容也虚实有别"。[●] 这是从文学风格角度进行分析的。如果暂时抛开行文风格不谈，仅从叙述内容来看，《考工记》中"攻木之工"也存在如下几点疑问：

第一，"攻木之工"是否为官职：作为"攻木之工"的轮人、舆人、弓人、庐人、匠人、车人、梓人是官名还是手工业劳动者的称谓呢？在《十三经注疏》之《周礼·考工记》中有郑玄及贾公彦如下的注疏，郑《笺》："百工，司空事官之属。……司空，掌营城郭、建都邑，立社稷、宗庙，造宫室、车服、器械，监百工者。……"郑《笺》："其曰某人者，以其事名官也。其曰某氏者，官有世功，若族有世业，以氏名官者也。……郑司农云：轮、舆、弓、庐、匠、车、梓，此七者攻木之工，官别名也。"[❷] 贾《疏》："王公及士大夫、百工并官，其商旅、农夫、妇功非官。"[❸] 贾《疏》："陶、匠、梓、舆，据上三十工，并是官名。"[❹] 如此，既然是官名，这里面就存在一个问题，为何这七类司空的属官，与前述诸如司徒所属之封人、遗人、遂人等不同（按：比如《地官·司徒》："封人，中士四人，下士八人，府二人，史四人，胥六人，徒六十人。"），没有明确的属员辖隶体系呢？对此，沈长云先生曾进行过详细论述："……前五篇都是讲官制，某官职掌如何，《考工记》却全不讲官制，全篇没有一句话提到司空职掌如何，更可怪者，连'司空'二字都找不出来。将《考工记》与司空之职联系在一起，完全是后人主观所为。"[❺]

关于"司空"属官，当下的一些研究中也曾进行过推测，因与本研究关涉并不紧要，故不在此征引（按：可参见河北师范大学李晶的硕士学位论文《春秋官制与〈周礼〉职官系统比较研究——以〈周礼〉成书年代的考察为目的》中的相关部分）。参照表述过"梓、匠、轮、舆"的其他先秦文献诸如《孟子·滕文公下》："梓、匠、轮、舆，其志将以求食也；君子之为道也，其志亦将以求食与？"；《孟子·尽心下》："孟子曰：'梓、匠、

❶ 宋烜.《考工记·匠人》成书年代析 [J]. 南方文物，1998（2）：98.

❷ 李学勤主编. 周礼注疏（十三经注疏）[M]. 北京：北京大学出版社，1999：1063.

❸ 李学勤主编. 周礼注疏（十三经注疏）[M]. 北京：北京大学出版社，1999：1058.

❹ 李学勤主编. 周礼注疏（十三经注疏）[M]. 北京：北京大学出版社，1999：1065.

❺ 沈长云. 谈古代司空之职——兼说《考工记》内容及作成时代 [C]// 中华文史论丛（总第 27 辑）. 上海：上海古籍出版社，1983：217.

轮、舆能与人规矩，不能使人巧。'"等。以及《墨子·天志上》："子墨子言曰：我有天志，譬若轮人之有规，匠人之有矩。"《墨子·节用中》："是故古者圣王制为节用之法，曰：'凡天下群百工，轮、车、鞼、匏、陶、冶、梓、匠，使各从事其所能。'"；《墨子·非儒下》："然则今之鲍、函、车、匠，皆君子也。"可以看出在儒家看来 "梓、匠、轮、舆" 是与 "君子" 有别的，而墨家站在批判儒家的立场上观点正相反。不过，对于儒家思想占统治地位的官吏系统来说，"梓、匠、轮、舆" 是否能作为官称纳入到这一体系中，是值得质疑并需要认真考究的。显然，这种矛盾性只能说明一个事实，即《考工记》中的 "匠人" 如果是官称的话，那么这一称谓不应该是西周时期司空的属官，因为在那时，"匠" 还不具备超出手工业者的意义，"匠人" 只有作为后世的官称才较为合理。

　　第二，匠人的执掌范围明显超出了 "攻木之工" 的范畴，甚至超越了手工业的范畴："轮人为轮盖，舆人为车舆，弓人为六弓，庐人为柄之等，匠人为宫室、城郭、沟洫之等，车人为车，梓人为饮器及射侯之等。"❶ 从匠人建国、匠人营国、匠人为沟洫三部分内容看，虽然匠人营国部分有宫室空间平面即立面等尺寸的叙述，但关于城墙广与厚的叙述，城内道路尺寸的叙述则很难纳入到 "攻木之工" 从事的范围内，更不用说匠人建国及匠人为沟洫的内容了。对此，《考工记》"有虞氏上陶，夏后氏上匠，殷人上梓，周人上舆" 辞曰："官各有所尊，王者相变也。……禹治洪水，民降丘宅土，卑宫室，尽力乎沟洫而尊匠。……" 也表明沟洫属于匠人的执掌范围。

❶ 李学勤主编.周礼注疏（十三经注疏）[M].北京：北京大学出版社，1999：1064.

　　第三，匠人与其他 "攻木之工" 执掌层面的显著差异："匠人" 所从事的宫室等显然与车舆、饮器等不在一个层级上，而且对于城郭、宫室等形制的叙述比较概括。与此相比，梓人、舆人等所从事之具体对象形制的叙述则细致入微。此外，营宫室、社稷、宗庙等内容还包括着许多不属于木工范畴内的工种。总体来看，"匠人" 的内容表明此工官处在规划设计层面上并且还要指挥协调各工种进行操作，这是与其他 "攻木之工" 的地位有差异的。更有甚者，《考工记》中所述 "匠人" 的执掌层面似乎还要高于西汉时期的 "将作大匠"，几乎与东汉时期 "司空" 所掌主要内容等同。如果这确属西周史实的话，显然是令人费解的。

　　通过上述对于 "匠人" 与《考工记》中其他 "攻木之工" 的比较分析，并且在吸取前辈学者研究成果的基础上，笔者做如下的推想：第一，若《考工记》主体成书于春秋，如今看到的 "匠人篇" 在内容本身及其表述方式上显然与其他 "攻木之工" 相去甚远，且已经超出了 "攻木之工" 涉及的范围，显然非《考工记》原有之 "匠人篇"。第二，若 "匠人篇" 为后世增补，则其时代的确定，通过比较西周制度中的 "司徒"、"司空"

等官职与"匠人"以及西汉时期"将作大匠"与"匠人"的职掌范围后，可以大致明确，"匠人营国"的内容与"将作大匠"的职掌范围类似，所以，这应是一个杂糅融合了各个时期多项内容的《匠人》篇，最晚的部分形成于西汉，因为它无法完全脱离所处时代大环境的影响。由此，结合上文中关于"营"含义的分析可知，"匠人"的职责不仅包括城邑中道路、城垣、广场等尺度，宫室中房屋、台基等尺度的确立，还负责在礼制、文化甚至政治体制等思想观念作用下的空间布局的形成，作为掌握如此重要的职权的"匠人"，理应是负责城郭、都邑、宗庙、社稷、宫室等"土木之功"的最高等级的工官。至于"匠人"这一官职与"匠人营国"所述为夏、商、周制度之间所反映出的时代差异性，从原文行文中自外于夏、商、周三代的语气分析，似应为假托当代（西汉）工官（匠人）之口对于古代制度的追溯。

由于"匠人"身份的西汉时代特征，使得有必要附带将《考工记》的成书年代作简要讨论，目前学术界就该问题主要有几种观点：一是以郭沫若先生的观点为代表，认为该书为春秋时的齐国官书，❶ 至于春秋时期的明显特征，自唐代贾公彦及清代江永对《考工记》中用语以及地名的考证起，此后学者不断增补相关佐证，使这种认识在相当时期内占据主导地位；二是以沈长云先生的观点为代表，认为其成书应在秦汉时期，这类观点较前者形成较为晚近，但亦愈发引起学术界的关注，且支持者也渐趋众多。对于第二种观点，在古代同样有相似的看法，例如孔颖达为《礼记》作疏曾云："汉孝文帝时，求得《周官》，不见《冬官》一篇，乃使博士作《考工记》补之。"既然这两种观点各有其确凿依据，因此对于本研究的内容"匠人"而言，笔者将其视为从春秋至西汉逐渐增益而成（按：至少从"匠人营国"的内容分析，有着明显的西汉时期特征，此外也有学者从其行文风格的角度论述成书非一人一时所成，而最后编成于西汉 ❷）。

本节以《考工记》之"匠人营国"篇为对象，着重论述了在兴建城邑与宫室时"营"究竟包括了哪些行为以及其含义如何的问题，通过对原文的详细分析并结合后世的注疏，逐步建立起如下的认识：在城邑、宫室等"土木之功"中，"营"主要有两方面的行为组成，一是布局的形成，二是尺度的确立。对于城邑来说，"营"主要指的是"度"各个场地的位处与丈尺；对于宫室来说，则是主要指"度"房屋的布局与尺寸。而确立尺度的方法则不仅首先要满足使用功能——"各因物为之数"，而且与相应的等级制度有关，至于形成布局的方法，则涉及礼制、政治制度与文化等诸多思想观念的领域。《考工记》"匠人营国"篇蕴含了丰富的关于"营"的观念，是了解掌握古代"土木之功"中"营"之含义的非常可贵的文本资料。

❶ 参见郭沫若. 天地玄黄 [M]. 上海：新文艺出版社，1954：605.

❷ 参见宋煊.《考工记·匠人》成书年代析 [J]. 南方文物，1998（2）：98.

3.3　探析《考工记·匠人为沟洫》中的"为"

　　《考工记·匠人为沟洫》中的"为"作动词用,表示生产劳动时的动作,其含义和与之时代接近的《诗经·缁衣》中的"为"、"造"、"作"相同,均可解释为"制作、制造",在《周礼·春官·典同》也有"以为乐器"中"为,作也"的笺注,故"为"与"造"或"作"在表示物品创制时的意思相同,另在《尔雅》中也将"造作"解释作"为也",而在"匠人为沟洫"中,郑玄亦有"造沟"❶的笺注。就全文而言"为沟洫"、"欲为渊"、"凡为防"中的"为"意思一致,即"造"之意,此外文中还有另外一种"为"的用法,如"二耜为耦"、"九夫为井"、"方十里为成"、"方百里为同"中的"为"意即"成为"。❷

　　1. "为"的重要着眼点:"土木之功"与"水"之间关系的处理

　　"匠人为沟洫"篇的内容涵盖了田间各类沟洫的挖掘,堤防的修筑以及房屋的建造等内容。原文将农田水利设施与堤防、房屋等结合在一起叙述,通过对文意的梳理,可以认识到各类沟洫尺度或与屋面坡度的确定,均源自于沟洫、堤防、房屋、墙垣等"土木之功"建造过程中的一些经久可行的成法与技术经验,而其关注的重点则都是为了处理好和"水"的关系(涉及如何排灌疏水及防治水害)从而确保设施的有效与坚固。"为沟洫、为防"首要考虑是有效地疏水,而"为屋,为仓、为城、为墙"等则首要考虑的是坚固,其中就包括如何排水的问题,瓦屋、茸屋面的不同举高设定,墙体收分以及堂前道路的断面坡度等均有关于此。

　　2. "为"的内容

　　1)农田系统各等级排灌水道的尺度

　　"匠人为沟洫,耜广五寸,二耜为耦,一耦之伐,广尺,深尺,谓之畎;田首倍之,广二尺,深二尺,谓之遂;九夫为井,井间广四尺,深四尺,谓之沟;方十里为成,成间广八尺,深八尺,谓之洫;方百里为同,同间广二寻,深二仞,谓之浍。专达于川,各载其名。"

　　据郑《笺》:"古者耜一金,两人并发之,其垄中曰畎,畎上曰伐。……今之耜,岐头两金,象古之耦也。田,一夫所佃百亩,方百步地。遂者,夫间小沟,遂上亦有径。"另据贾《疏》:"耜为耒头金,金广五寸,耒面谓之庇,庇以当广五寸,云'二耜为耦'者,二人各执一耜,若长沮、桀溺耦而耕,此二人耕为耦,共一尺,一尺深者,谓之畎,畎上高土谓之伐。……井田之法,畎纵遂横,沟纵洫横,浍注自然入川……自畎遂沟洫,皆广深

❶ "凡沟逆地肋"郑《笺》:"沟谓造沟,肋谓脉理。"

❷ 依据1979年版《辞海》中"为"字的第五种释义"成为,变为",所引实例《诗经·小雅·诗日之交》:"高岸为谷,深谷为陵"中的"为"与"九夫为井"中的"为"意思相同。

等，其浍广二寻，深二仞，若以孔安国八尺曰仞，则亦广深等。但度广以寻，度深以仞，故别言之。"畎、遂、沟、洫、浍等各类排灌水道尺度的确定，说明至迟于先秦时期，已经形成了农田水利系统分级规划的意识，并总结出一套排灌水道的尺度等级，以使之对应于不同面积的农田（表3-5）。

排灌水道的尺度及其相对应的农田面积　　　　　　　　表 3–5

	深（尺）	广（尺）
"畎"	1	1
夫（方百步）间为"遂"	2	2
井（方一里）间为"沟"	4	4
成（方十里）间为"洫"	8	8
同（方百里）间为"浍"	16	16

2）治水经验与堤防断面比例

"凡天下之地势，两山之间，必有川焉，大川之上，必有涂焉。凡沟逆地防谓之不行。水属不理孙，谓之不行。梢沟三十里，而广倍。凡行奠水，磬折以参伍。欲为渊，则句于矩。凡沟必因水势，防必因地势。善沟者，水漱之；善防者，水淫之。凡为防，广与崇方，其𥷚参分去一，大防外𥷚。"

依据郑《笺》："沟，谓造沟"，并依贾《疏》："注云'谓造沟'，则此处文中的"沟"为泛指各类水道，不是特指广、深均四尺的井间之沟。关于"凡行奠水，磬折以参伍"之意，依据郑《笺》："凡行停水，沟形当如磬，以引水者疾焉"与贾《疏》："凡行停水者，水去迟，似停住止，由川直故也。是以曲为，因其曲势，则水去直，是以磬折以三五也。"由此可知，为了导流止水，要将沟的形式修筑成如磬折之形，使水道直行与折行的长度比为3∶5，这样才能迅疾导流。而"欲为渊，则句于矩"之意，依据郑《笺》："大曲则流转，流转则其下成渊，"则指的是要想形成"深渊"的话，水道的曲度必须大于直角，则其下自然会形成"深渊"。[1] 此外，总结了衡量"沟"、"防"质量的标准，所谓"凡沟必因水势，防必因地势。善沟者，水漱之；善防者，水淫之"意即修造沟渠要顺应水势，修筑堤防要顺应地势，修造得好的沟渠，书流通畅；修筑得好的堤防，所谓为"水淫之"，依据贾《疏》："谓以淤泥淫液使厚也"，也就是说，依靠水中堤前淤积的淤泥增加堤防的厚度。其后又在"凡为防，广与崇方，其𥷚参分去一，大防外𥷚"中规定了堤防的断面比例，依郑《笺》之意，即堤防下基宽度与堤高相等，上基宽度减下基三分之一，对于较大的堤防，依郑《笺》所言"又薄其上，厚

[1] 关于"欲为渊，则句于矩"的理解，古今者注释中皆有不同，此处援引张道一先生《考工记注译》一书中的解释，比较接近于郑玄原注之意。

其下",即坡度要更趋于平缓。

3)沟防的施工管理方法

"凡沟防,必一日先深之以为式,里为式,然后可以傅众力。"

依据郑《笺》:"程人功也,"贾《疏》:"将欲造沟防,先以人数一日之中所作尺数,是程人功法式,则以此功程,赋其丈尺步数"可知,对于修筑沟防,先以一个人一天内挖掘的尺数为参照标准,又以修筑一里所需的人数及天数来估算整个工程所需的人工数,然后再付诸于实际劳作。这也是在文献中出现早期的关于调配人力,确保施工效率的管理方法,此处旨在叙说原理,并未给出具体数字,虽然无法与宋代《营造法式》中较为详备的"功限"细则同日而语,但毕竟是工程管理方法的思想雏形。

4)版筑技术的操作技能

"凡任,索约,大汲其版,谓之无任。"

据郑《笺》:"约,缩也;汲,引也。筑防若墙者,以绳缩其版,大引之,言版桡也,版桡,筑之则鼓,土不坚矣。"除了此处的修筑堤防以外,版筑技术广泛地应用于古代各类"土木之功"中,在前文述及城垣尺度单位"雉"时就曾提到这种技术,此处所叙述的是版筑时的应注意避免的问题,即用绳束板,若收板太紧,使夹板桡曲,就会筑土不实,和没有用绳束板一样。这也是为数不多的关于古代早期"土木之功"操作技术的文字记录。

5)基于技术经验的屋、仓、涂、墙等的比例与尺度

"茸屋参分,瓦屋四分,囷、窌、仓、城,逆墙六分,堂涂十有二分,窦其崇三尺,墙厚三尺,崇三之。"

关于茸屋与瓦屋屋面坡度的设定,据郑《笺》:"各分其修,以其一为峻",并依贾《疏》:"茸屋,谓草屋,草屋宜峻于瓦屋,云'各分其修,以其一为峻'者,按上堂修二七言之,则此注修亦谓东西为屋,则三分南北之间尺数,取一以为峻,假令南北丈二尺,草屋三分取四尺为峻,瓦屋四分取三尺为峻。"故其意为,茸屋的屋脊高起之"峻"为屋深的三分之一,瓦屋则为四分之一

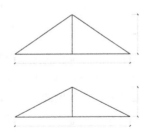

图3-6 "茸屋三分"、"瓦屋四分"示意图
(单位:尺)
图片出处:笔者绘制

（图 3-6）。不过，屋深如何度量及从何位置度量屋脊高度，原文却未予以说明，这也体现出文本表述的粗率之处。

对于"囷、仓、城"这类构筑物而言，所谓"逆墙六分"依据郑《笺》与贾《疏》，其意思是将高度分为六份，顶部厚度较之底部收杀高度的六分之一。而"窌"意为"地窖"，其收杀形式与前三者恰好相反，即底部较之顶部开口收杀高度的六分之一，所谓"口宜宽，则牢固也。"

"堂涂十有二分"之意，贾《疏》就郑《笺》作了进一步的阐释，使得文意较为周详，所谓堂涂，根据郑玄的笺注，指的是如汉代的"令甓䢁"，"令甓"即砖，"䢁"即砖道，郑《笺》"分其督旁之修"即以中央为督，从中央至道边之修（宽度）分为十二份，取一份于为中央为峻（中央高出路边的高度），这样形成中央高两旁低的坡度，是为了起到向砖道两旁排水的作用。

"窦"为宫中水道，其崇三尺，这里只对宫中水道的尺度作了明确的规定。至于"墙厚三尺，崇三之"，据郑《笺》："高厚以是为率，足以相胜"的解释，意即墙体的高厚比例应为 3 : 1，而非限定于该尺度。在宋代的《营造法式》"壕寨制度"之"筑墙之制"中有"每墙厚三尺，则高九尺"的规定，可见《考工记》中墙体的高厚之比作为经久可行之法在为后世所继承。而且结合前述"逆墙六分"，墙体顶部厚度收杀高度的六分之一，也就是说顶部厚度减底部一半，此法也同样为《营造法式》所沿袭，即"其上斜收，比厚减半"。

通过分析"匠人为沟洫"中"为"（造）的内容，可以了解到在先秦时期，人们在认识并开展"为"这一"土木之功"之生产劳作行为时的着重关注之处：第一，不论是农田中的各级水道，河流的堤防，或是屋、墙、仓等各类构筑物，其设施自身的有效性及坚固耐久性是"造"最重要的着眼点，在"匠人为沟洫"中则主要体现为如何处理好与"水"的关系，因此作为实践经验的总结，文中大量阐述了在"土木之功"中如何疏水、引水、防水、排水等从各个角度出发的治水方法。第二，在"匠人为沟洫"中关于"为（造）"之方式方法的阐述，多为比例的设定，而非限定于某一尺度，这样就可以根据实际需要造出不同尺度的构筑物。第三，关于"造"之操作技能，则点出了"版筑"操作时的注意事项，这也是在当时各类构筑物施工均以夯土技术为主的条件下如何保证工程质量坚固耐久所必须强调的。第四，文中还涉及在施工中如何调配人力以确保工程进度之管理方法的基础思想。综上所述，如"匠人为沟洫"这一早期与"土木之功"相关文本中所反映出的，关于"为（造）"的着重着眼点在于构筑物的有效性以及坚固性，其中所总结出的一些经验成法经过长期的实践检验为后世所继承，但是就"为（造）"的过程中关于如何实现其他方面需求（如审美等）的考量，在早期的"土木之功"文本中则尚未涉及。

3.4　探析《木经·营舍之法》中的"营"

《木经》（按：本节所引《木经》文字以 1957 中华书局出版的由胡道静校注的《新校正梦溪笔谈》为底本，所引原文不再另行注释）相传为北宋喻皓所作，其书三卷，在沈括《梦溪笔谈》中所见者应为摘录自原书的部分内容。如果《木经》作者确为喻皓的话，那么依据喻皓生活之年代在北宋初年即 10 世纪末与 11 世纪之交，则该书也大抵作于此时，即距沈括编写《梦溪笔谈》之年代相差一个世纪，若为后人假托喻皓之名所作❶，当也不晚于 11 世纪中叶❷。后世有将《木经》与《营造法式》相比较者，认为《木经》虽极为精详，但《营造法式》仍能超过之❸，而从两部著作的成书时间看，两者相距最短约为四、五十年，最长则约一个世纪。目前所能见到的《木经》仅有《梦溪笔谈》中所录之片断，即所谓"营舍之法"，其内容是就屋舍三分（梁以上为上分，地以上为中分，阶为下分）的比例与类型等问题所作的阐说。

《木经》"营舍之法"开篇所言"屋有三分"中的"分"，是关乎全文的关键词，由于在古代文献中缺乏相关的解读，因而有必要借助于近代以来的相关研究成果来理解。其意有不同的解释，如李约瑟的《中国科学技术史》解释为"比例的基本单位"，《〈梦溪笔谈〉选注》解释为"部分"，而夏鼐的《梦溪笔谈中的喻皓木经》一文中比较了这两种解释，认为前者"虽稍嫌晦涩，但基本正确"，后者则"译错了"，并提出了如下的观点："分"与《营造法式》中的"材分"之"分"意思相同，即比例的基本单位，但是《木经》中的"材分制"只是泛指建筑物的几个主要部分间的比例❹。对此笔者认为，要准确解释《木经》中"分"的意思，必须做通篇的文意中考虑，如果理解为"比例的基本单位"，则"自梁以上为上分，地以上为中分，阶为下分"显然无法解释得通，如理解为"部分"，即份，则符合原文意思，而且文中的"下分——阶级"并未规定确切的比例。在《梦溪笔谈中的喻皓木经》一文中将《木经》之"分"与《营造法式》中的"材分制"相联系，依据不足，《木经》中虽然规定了一些屋舍组成部分间的比例，还提到了其他构件间比例关系的存在，但尚未发展到如"材分制"的程度，且在《营造法式》中同样有"分"作"份"，但与"材分制"无关的例子❺，因而"分"不应解释为"比例的基本单位"，所谓"三分"，实际上是指组成屋舍的三个部分，即"自梁以上为上分，地以上为中分，阶为下分"。这也是目前所见到的建筑史研究中的共识。❻

❶ 此观点可参见夏鼐先生在《梦溪笔谈中的喻皓木经》一文中所言："我怀疑所谓《喻皓木经》，可能像《鲁班经》一样，是一部无名氏的著作，李格非《洛阳名园记》'刘氏条'仅提及《木经》书名，没有作者姓名，后来民间传说把它归到喻皓名下而已。"

❷ 据沈括所言"近岁土木之工，益为严善，旧《木经》多不用"，表明《木经》距《梦溪笔谈》大致的写作时间（1086-1093）已有相当长的时间跨度。

❸ 参见（南宋）晁公武《郡斋读书后志》"卷一"："熙宁初敕将作监编修《营造法式》，诚以寻未有备，乃考究经史，寻访匠人，以成此书，颁于列郡，世谓喻皓《木经》极为精详，此书盖过之。"

❹ 夏鼐.梦溪笔谈中的喻皓木经 [J].考古.1982（1）：74.

❺ 参见《营造法式》"卷五"之"举屋之法"："如楼阁殿台，先量前后橑檐枋心相去远近，分为三分，从橑檐枋背至脊槫背举起一分"之"三分"、"一分"中"分"的意思。

❻ 参见潘谷西、何建中先生的《〈营造法式〉解读》一书中关于上份、中份、下份的认识。

1. "上分"、"中分"：基于技术经验的比例设定

"上分"："凡梁长几何，则配极几何，以为槫等。如梁长八尺，配极三尺五寸，则厅堂法也，此谓之上分。"

此处的"梁"应是位于最下端的主梁，"极"在《说文解字》中释为"栋也"，清代段玉裁注："极者，谓屋至高之处。引申之意凡至高至远处皆谓之极。"故"极"在此宜理解为屋舍最高处的"栋"，也就是"脊槫"。关于"以为槫等"之意，现有的研究中存在着两种相去甚远的理解，一种解释是"根据梁的长度来决定梁到脊檩的高度，以此来确定椽子等构件的尺寸"[1]。不过，"以为槫等"在后文述及"楹"与"阶基"的比例时又出现了一次，如果再作上面的解释就不通了。因此，"以为槫等"引发了另一种理解，即夏鼐先生认为原文有误，"槫等"应为"等衰"，即"依照大小比例而等差"[2]。这种解释前后文均可适用，故笔者也以此为准，"凡梁长几何，则配极几何，以为槫等"就是说屋舍的主梁长度与脊槫高度之间应保持一定的比例，依照这个比例不同尺度间各有等差。

如果将"营舍之法"中的脊槫高度与梁长之比，与《考工记·匠人为沟洫》中的"瓦屋四分"以及其后同为宋代的《营造法式》之"举屋之法"中关于"厅堂"举高的规定进行比较，会了解到专门著作中体现出的春秋至北宋这一漫长历史进程中关于"瓦屋面坡度"之规定的大致概况，《考工记》中的"瓦屋四分"与《营造法式》"举屋之法"中关于厅堂的规定大致相同，都是将举高定为屋深的四分之一，略有区别之处在于《营造法式》中将"举高"增加了一个细小的修正值[3]。而《木经》的举高与梁长之比为1:2.29，与这两者明显不同，屋面坡度过于陡峻。对此，夏鼐先生认为原文数字或许有误，似应为"配极二尺五寸"[4]。此外，《营造法式》"举屋之法"的规定中就屋深及举高的度量方法，不同类型屋舍的举高设定等问题做出了明确而细致的逐一叙述，确实较《木经》"益为严善"，因此更具实际应用的价值。

"中分"："楹若干尺，则配堂基若干尺，以为槫等。若楹一丈一尺，则阶基四尺五寸之类，以至承拱、榱、桷，皆有定法，谓之中分。"

关于"楹"（檐柱）与"阶基"的高度之比，《木经》规定为2.44:1，这一比例的设定包括所列举之"阶基"的高度数字可能都是当时比较通行的做法，与此接近的，在稍后的《营造法式》"立基之制"中对于"阶基"的高度设定了一个范围，即从材的五倍到材的六倍，当选用第一等

❶ 上海师范大学等.《梦溪笔谈》选注 [M].上海：上海古籍出版社，1978：132.
❷ 夏鼐.梦溪笔谈中的喻皓木经 [J].考古.1982（1）：75.
❸ 参见《营造法式》"举折"之"举屋之法"："如楼阁殿台，先量前后橑檐枋心相去远近，分为三份，若余屋或不出跳者，则用前后檐柱心。从橑檐枋背至脊槫背举起一份。如屋深三丈，即举起一丈之类。……如（甬瓦）瓦厅堂，即四份中举起一份，又通以四份所得丈尺，每一尺加八分；若（甬瓦）瓦廊屋及瓪瓦（按：即板瓦）厅堂，每一尺加五分；或瓪瓦廊屋之类，每一尺加三分。"
❹ 夏鼐.梦溪笔谈中的喻皓木经 [J].考古.1982（1）：76.

材至第四等材时的"阶基"高度均接近四尺五寸,《营造法式》中以"材份"作为"阶基"高度的单位,具有将"材份"这一基本模数加以推广运用的用意,因为从建造技术的角度看,"阶基"与"材份"并无直接的关系。至于"承拱、檐、桷,皆有定法"的意思,似乎还是就比例而言,不过"皆有定法"指的究竟是斗栱之各组成构件之间的比例,还是斗栱与其他构件之间的比例(如斗栱与柱高之比),柱高,椽子自身的比例或者不同椽子之间的比例(如飞子与檐椽伸出的比例关系)等,原文却语焉不详。尽管如此,值得称道的是,"中分"内容中关于柱与阶基比例的规定已经具备了如同"建筑学"立面设计时各部分比例控制方法的思想意识。

2. "下分": 基于人的行为方式的类型划分

"下分":"阶级有峻、平、慢三等,宫中则以御辇为法:凡自下而登,前竿垂尽臂,后竿展尽臂为峻道;荷辇十二人:前二人曰前竿,次二人曰前绦,又次曰前胁;后一人曰后胁,又后曰后绦,末后曰后竿。辇前队长一人,曰传倡;后一人,曰报赛。前竿平肘,后竿平肩,为慢道;前竿垂手,后竿平肩,为平道;此谓之下分。"

《木经》中关于"下分——阶级"的内容与"上分"、"中分"有明显不同,区别在于"下分"并不涉及"阶级"的比例,而是叙述了"阶级"的三种等级——"峻、平、慢",对于"下分"内容的意义与价值,当下的一些著述基于不同的视角提出了各自的看法,如《中国古代建筑技术史》对其中蕴含的设计思想给予了高度的评价:"……这正是建筑设计以人的活动作为基本尺度的原则。这是科学的、合理的设计方法。"[1] 而《中国古代建筑史(宋、辽、金、西夏建筑)》则从"建筑某一部位做法不统一或者不科学",难以规定工料定额的角度对其评价为:"……像这样的规定带有相当随意成分,御辇长度可能有变化,人的手臂长短也有变化,无法说出台阶的准确坡度,当然也就难以规定工料定额。"[2] 应该说这些评价都有合理的成分,但如果想要真正揭示这部分内容的意义,则首要的应着力于去分析《木经》叙述这一内容的目的所在,换言之,即原文通过叙述人的行为方式(抬御辇上阶级)的不同特征以说明"阶级"的三种类型,其"目的"是为了讲述"阶级"的设计方法,还是另有它意? 如果是为了设计方法的话,那么完全可以用确切的尺寸或者比例关系来表明,就如同《营造法式》"石踏道"与"砖踏道"制度的内容那样,明确规定每一级踏步的高度和宽度,"石踏道"每一踏厚五寸,广一尺,"砖踏道"每一踏高五寸,广一尺。通过叙述行为方式来表达设计方法,既不直观更无法直接付诸实际,所以其内容距离方法还有一定的差距。

[1] 中国科学院自然科学史研究所. 中国古代建筑技术史 [M]. 北京: 科学出版社, 1985: 913.

[2] 郭黛姮. 中国古代建筑史(第三卷) [M]. 北京: 中国建筑工业出版社, 2003: 614.

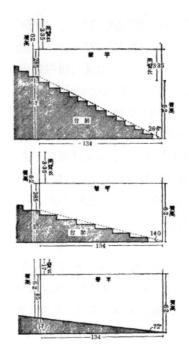

图3-7 《木经》"峻道"、"平道"、
"慢道"的坡度推算
图片出处：夏鼐.梦溪笔谈中的
喻皓木经[J].考古.1982（1）.

近代以来的著述如《中国科学技术史》与《梦溪笔谈中的喻皓木经》等通过借鉴《黄帝内经》中的人体尺度，并约度了御辇长度，从而计算出"峻、平、慢"三种踏道的坡度，根据其推算，"峻"、"平"、"慢"的坡度比分别为 $1:2$、$1:4$、$1:7.8$，[1]（图3-7）其中与《营造法式》制度相合者为"峻"道。可见，《木经》所叙述的三类踏道应为当时殿宇之"阶级"真实状况的写照，比《营造法式》中的规定要灵活得多。因为从实际应用看，"平"、"慢"两种踏道在抬御辇时更为便捷，至于为何将踏道划分为"峻、平、慢"三等的原因，推想大致不外乎两种原因，一是出于从礼制上的考虑，即有些殿宇对踏步

❶ 夏鼐.梦溪笔谈中的喻皓木经[J].考古.1982（1）：78.

的数量有要求；二是受到殿庭场地面积的限制。而《营造法式》中接近于"峻"这一类"踏道尺寸"的规定则应视为是一种踏道坡度设定的极限值，由此而言，《木经》叙述"下分"内容的目的似是为了向工匠讲述一些宫廷殿宇中所常见的现象，若用当今的建筑学用语来说，类似于"建筑概论"中介绍某种建筑功能的内容所具有的意义。因此就《木经》中"下分"内容的意义而言，《中国古代建筑技术史》所总结出的虽然较符合当时的主旨，但是原文之用意尚未达到"建筑设计以人的活动作为基本尺度的原则"如此深刻的程度，似应看作是旨在以人的行为方式作为类型划分的大致依据，较为接近原意。

3.《木经·营舍之法》中"营"的含义

通观全文，"营舍之法"中的"营"其含义比较丰富，这也是"营"发展到宋代含义更加多元化的表现：一方面，作为建造过程中长期技术经验的总结，"营"具有建造中的谋划、设计之意，即"营"是从属于"造"的一个因素，例如，对于屋舍"上分"、"中分"各部分比例关系的考量；另一方面，与建造的环节无甚关联的，"营"仍然传承了"匠人营国"中"营"作为独立之环节的含义，并且有所发展，即从着眼于依照具体使用方式来确定房舍、道路、宫门的尺度——"各因物宜为之数"，发展到了"各因事宜而别其类"，这也是"营"从度量尺寸，布局位处进一步衍生出了更为宽泛的谋划之意。此外，在古代著作中也有将《木经》之"营舍之法"称为"造舍之法"的情况，如南宋时江少虞《事类聚苑》中同样引用了《木

经》的这段文字，然而却将条目标题改为了"造舍之法"。古人摘录前人著作时，往往并非一字不差的抄写，而是常根据自身理解做出文字上的若干调整，因此从"营舍之法"到"造舍之法"的这一变化也反映出辑录者对于"营"与"造"两者含义趋于接近的一种认识，这种认识在上一章曾有所提及。

综上所述，"营"之含义的演变大体呈现出这样的趋势，即"营"从"土木之功"中的初始含义与用法，逐渐延伸到更为宽泛的文化层面，并从中引申出针对于各类行为的比较宽泛的"规度"、"谋划"之意，这种含义在广为普及之后反过来又再次影响到"土木之功"中，因而也造就了"营舍之法"之"营"的含义的丰富性。

3.5　探析《营造法式》中的"造作"

正如前面一章曾提到的，在北宋时期"营造"作名词时指代"土木之功"的用法已经非常普遍，在这种文化背景下编纂的以筑城、造屋之"法式"为重要内容的《营造法式》（按：本节所引用的《营造法式》文字，均出自 2001 年中国建筑工业出版社出版的收录在《梁思成全集》（第七卷）的《营造法式注释》一书，不再另行注释），书中所涉及的建造活动即从属于一般意义上的"土木之功"的领域，因此《营造法式》书名中的"营造"应视为"土木之功"的代称。除了"总释"之外，《营造法式》的内容大致分为制度、功限、料例三部分，而从"土木之功"各个阶段分析，则着重以"造"为主，兼顾"修"（如功限中的"拆修、挑、拨舍屋功限"），而未涉及诸如房屋尺寸、布局等属于"营"的内容。就此观点，古今皆有与之相近的认识。如在《营造法式》颁行十余年后于政和五年展开的"明堂制度"的讨论过程中，"明堂使"蔡京就曾援引该书"石作制度"中的"殿阶螭首"作为明堂殿阶做法的参考案例，值得注意的是，蔡京将该书称为《修造法式》，一字之差，恰显示出当时人对于《营造法式》内容的认识。❶ 在现有的对于《营造法式》的研究成果中，也曾有学者对于《营造法式》究竟是否规定了房屋的开间尺寸做出过讨论，有的还试图从斗栱分布间距的角度去探寻所谓的标准开间尺寸。不过，在潘谷西、何建中两位先生的著作《〈营造法式〉解读》中，就明确表述了如下的观点：

> "《法式》对间广、进深、柱高不作丈尺或材分。规定，是有其原因的。
> 　　首先，作为建筑工程预算定额，《法式》的任务，是为各种建筑部件制定用料，用工标准，以利"官方物料"，至于建筑空间尺度的控制，则不属于它的职责范畴。

❶ 参见《宋会要辑稿》礼二四之七四："修造法式，殿基用石螭首。此於历代无闻，唯唐有起居郎、舍人乘笔随宰相入，分立殿下，直第二螭首，和墨濡笔，皆即坳处，时號螭頭。舍人殿设螭头，盖见于近世，其制非古，不可施用。"

其次，官式建筑的间数、间广、进深、架数、柱高等尺度，事官功能、礼制及形象需要，历来都有朝廷或主事官员确定，尤其是一些重要的殿宇，还有廷议、凑准等过程。例如宋徽宗政和五年建明堂，廷议其制度时对各堂、室的深、广甚至都以筵（九尺）为单位计算。南宋高宗永思陵上、下宫门、殿均直接定出间广与柱高的丈尺。而间数、间广、进深、柱高等还和当时的财力及材料供应能力直接有关。" ❶

因此，《营造法式》并未涉及诸如"匠人营国"中"营"之含义的内容，而从内容所占比重看，"造"的内容是《营造法式》全书的重心。至于如"营舍之法"中作为"造"环节的因素之一，基于技术经验的"营——谋划"之含义在《营造法式》中则有比较多的体现。"造"作为完整、独立意义的词汇，在《营造法式》中也通常以"造作"的形式出现，在古汉语中，作为动词使用的"造"与"作"当二者都是指物品创制的行为时，其意义相同，如上一章在分析"造"的词源时所引述的《诗经·缁衣》中的"造"与"作"的含义就是一个典型的例证，在语言的演化过程中"造"、"作"经常连用而组成一个联绵词"造作"，意思不变，如《尔雅》所释"造，为也"，"造"与"作"两者可以互释，"造亦作也" ❷。（按：有必要指出的是，当"造"与"作"作为名词使用时，二者的含义就大为不同了。例如"石作"、"大木作"中的"……作"是专业技术分工所形成的"工种"的意思，至于"……造"的含义将在下文详释。）"造作"在表示物品创制的用法在北宋时期非常普遍，以至于官方机构中就有以"造作"为名者，如"后苑造作所"，该机构不仅"掌造禁中及皇属婚娶名物" ❸，而且也负责禁中殿宇的修造。❹《营造法式》中的"造作"在各卷中有着不同的含义：在各作制度中，"造作"的使用与含义均比较宽泛，涵盖了构件的加工、安装应用等内容，如卷三"石作制度"之"造作次序"指的就是石构件加工的一个工序；又如在卷四"大木作制度"之"造平坐之制"的条文"……（平坐）其铺作宜用重栱及逐跳计心造作"中的"造作"指的是斗栱各构件的组合安装，因而各作制度实际上可视为各作的"造作制度"，并普遍表述为"造……之制"以及"用……之制"等。与之有所区别的，在各作功限的条文中，"造作功"则各有不同的指代，例如在"石作功限"中的"造作功"专指加工成石构件基本形态所用功，与构件进一步的艺术处理——"雕镌功"，构件的组合安装——"安砌（立）功"相区别。在"大木作功限"中，"造作功"则专就木构件的制作而言，可视为"造作名件功"的简称，与安勘、绞割、展拽、卓立、搭架等组合安装过程功相区别。在"小木作功限"中，"造作功"同样是就名件制作而言，与拢裹功、安卓功等相区别。总之，在各作制

❶ 潘谷西，何建中.《营造法式》注释 [M]. 南京：东南大学出版社，2005：60.

❷ 符定一. 联绵字典 [M]. 北京：中华书局，1954：4235.

❸[清]徐松 辑. 宋会要辑稿 [M]. 职官三〇之七二. 北京：中华书局，1957：3107.
❹[清]徐松 辑. 宋会要辑稿 [M]. 职官三〇之七六. 北京：中华书局，1957：3109.

度与各作功限中,"造"的含义分别侧重于"如何造"与"如何管理造"这两个层面。以下将着重探析《营造法式》各作制度中"造作"的内涵。

3.5.1 "造作制度"内容的构成

对于《营造法式》"制度"中"造作"内涵的研究,大致分为三个方面内容:第一,分析各作制度中订立"造作制度"基准条目的特点;第二,研究各作中"造作制度"的内容构成;第三,在上述两方面内容的基础上,以大木作为例,探寻"造作制度"内容的几个特征。

1. 分析订立制度基准条目的特点

对订立制度基准条目的特点进行分析,就是以各作制度中的每一个条目为一个基准单位进行考察,研究其订立条目时选取对象的特点,亦即是以一个独立的构件作为制度的基准条目或者是以一个具备独立功能的个体作为制度基准条目,这一研究有助于发现《营造法式》在各作之间订立制度条目时的差异及其原因。现将各作制度中的基准条目归纳如下:

壕寨制度:取正之制,定平之制,立基之制,筑基之制,筑城之制,筑墙之制,修筑屋基之制

石作制度:造柱础之制,造角石之制,造角柱之制,造殿阶基之制,压阑石之制,造殿阶螭首之制,造殿堂内地面心石斗八之制,造踏道之制,造钩阑之制,造螭子石之制,造门砧限之制,造城门石地栿之制,造流杯渠之制,造坛之制,造卷輂水窗之制,造水槽子之制,造马台之制,造井口石之制,造幡竿颊之制造山棚钅足脚石之制,造赑屃鳌坐碑之制,造笏头碣之制

大木作制度:造栱之制,造昂之制,造耍头之制,造枓之制,造平坐之制,造梁之制,造阑额之制,造角梁之制,造蜀柱之制,造搏风版之制,造替木之制,造檐之制,用柱之制、用槫之制、用椽之制

小木作制度:造版门之制,造乌头门之制,造软门之制,造破子棂窗之制,造睒电窗之制,造版棂窗之制,造截间版帐之制,造照壁屏骨之制,造隔截横钤立旌之制,造露篱之制,造屋垂前版引檐之制,造水槽之制,造井屋子之制,造地棚之制,造格子门之制,造钩窗阑槛之制,造殿堂内截间格子之制,造堂内截间格子之制,造殿阁照壁版之制,造障日版之制,造廊屋照壁版之制,造胡梯之制,造悬鱼、惹草之制,造裹栿之制,造擗帘竿之制,造护殿阁檐枓栱竹雀眼网上下木贴之制,造殿内平棊之制,造斗八藻井之制,造小藻井之制,造拒马叉子之制,造叉子之制,造楼阁殿亭钩阑之制,造棵笼子之制,造井亭子之制,造殿堂楼阁门亭等牌之制,造佛、道帐之制,造牙脚帐之制,造九脊小账之制,造壁帐之制,造转轮

经藏之制，造壁藏之制。

旋作制度：造殿堂屋宇等杂用名件之制，造殿内照壁版上宝床等所用名件之制，造佛、道等帐上所用名件之制

锯作制度：用材植之制，抨绳墨之制，就余材之制

竹作制度：造殿堂等屋宇所用竹之制笆之制，造隔截壁桯内竹编道之制，造竹栅之制，造护殿阁檐斗栱及托窗棂内竹雀眼网之制，造殿阁内地面棋文簟之制，造障日等所用簟之制，造绾系鹰架竹笍索之制

瓦作制度：结瓦屋宇之制，用瓦之制，垒屋脊之制，用鸱尾之制，用兽头等之制，

泥作制度：用石灰等泥之制，造画壁之制，造立灶之制，造釜镬灶之制，造茶炉之制

砖作制度：造踏道之制

窑作制度：造瓦坯之制，造砖坯之制，造琉璃瓦等之制

通过分析上述各作制度条目，可了解作为各作制度基准条目间的差异如下：

壕寨制度：用"定"、"立"、"筑"等表示劳作方式，均不称为"造……之制"。

石作制度：以具有独立功用的单一构件或构件组合体作为订立制度的基准条目。

大木作制度：主要以单一木构件为一制度基准条目，包括构件造作成型的制度以及该构件的应用制度。（"造檐之制"与"造平坐之制"除外）

小木作制度：以具有独立功用的单一构件或构件组合体为一个制度基准条目。

雕作制度：雕作制度所列品类，为附着于大木作或小木作上的装饰物，不称"造……之制"。

锯作制度：锯作制度内容为木料加工的及项原则，不涉及具体构件的造作。

旋作制度：以加工成型的器物名件为一个制度基准条目。

竹作制度：以具有独立功用的器物名件为一个制度基准条目。

泥作制度：以具有独立功用的器物名件为一个制度基准条目。

彩画作制度：彩画作不称"造……之制"，而称为"……之制"。

瓦作制度、砖作制度、窑作制度：瓦作与砖作较少出现"造……之制"，因其基本的构件瓦、砖的造作制度属于窑作"造瓦坯之制"、"造砖坯之制"的内容。

之所以各作制度中订立制度条目的基准对象有明显差异，是因为各作

造作过程与方式间的差异，其中比较突出的是"大木作制度"尤为细化，以构成大木结构的单一构件为基准对象，分别订立制度，因为大木作各个构件的加工方式多样，形态各有不同，组合成为构造节点以至结构体系的过程中具有层次化的递进关系，且每一构件的功用只有与其他构件结合时才能体现出来，因而为了使制度条文更加详尽，所以有必要就每一构件分别订立制度。而对于其他各作制度，例如石作中的各个制度条目，虽然彼此间可以互相结合，但其本身的独立功用却未产生变化，故此以功用作为订立制度的依据是恰当的，其他各作订立制度的依据也大多类此。

此外，壕寨制度、雕作制度与彩画作制度均未使用"造……之制"，从另一个方面反映出《营造法式》用语的严谨性，壕寨制度中的筑基、筑城等多由役夫完成，与工匠的对技术能力要求较高的劳作具有明显的区别。"雕刻"则与构件的造作属于不同性质的技术门类，因而在石作功限中明确将"造作功"与"雕镌功"加以区分，与此类似的，"彩画制度"中无"造……之制"也是出于技术门类之间的差异。

2. 分析"造作制度"的内容构成

各作制度之"造……之制"的内容虽各自有其侧重点，但大致可归为三个方面的内容："构件尺寸（分件尺寸及其组合方法）""构件加工方法"以及"应用方法"，以下分别就各作制度中的若干个例进行比较归纳：

石作制度

"造踏道之制"

构件尺寸：

踏：厚五寸，广一尺。

副子：广一尺八寸，厚同第一层象眼。

象眼：（层数、层厚、层深）随阶高定其层数，阶高4.5-5尺，三层，第一层厚五寸，第二、三层厚度逐层递减0.5寸；阶高6-8尺，五层，第一层厚六寸，以下各层递减一寸（或六层，第一层厚六寸、第二层厚五寸，第三层以下各递减半寸）皆以外周为第一层，每深二寸为一层。

土衬石：施之于踏道至平地处，广同踏。

构件加工方法：造石作次序

应用方法：长随间之广。

"造殿阶螭首之制"

构件尺寸：其长七尺，每长一尺，则广二寸六分，厚一寸七分。其长以十分为率，头长四分，身长六分。

构件加工方法：造石作次序

应用方法：其螭首令举向上二分。施之于殿阶，对柱，及四角，随阶斜出。

大木作制度

"造泥道栱之制"

构件尺寸：其长六十二分°。每头以四瓣卷杀，每瓣长三分°半。

构件加工方法：栱头上留六分°，下杀九分°，其九分°匀分为四大分，又从栱头顺身量为四瓣。各以逐分之首与逐瓣之末，以直尺对斜画定，然后斫造。栱两头及中心，各留坐枓处，余并为栱眼，深三分°。上开口，深十分°，广八分°。

应用方法：与华栱相交，安于栌斗内。

"造栌斗之制"

构件尺寸与加工方法：长与广皆三十二分°。高二十分°，上八分°为耳，中四分°为平，下八分°为欹。开口广十分°，深八分°。底面各杀四分°，欹頔一分°。

应用方法：施之于柱头。

小木作制度

"造裹栿版之制"

分件尺寸：

　　两侧厢壁版：长广皆随梁栿，每长一尺，则厚二分五厘。

　　底版：长厚同厢壁版，其广随梁栿之厚，每厚一尺，则广加三寸。

组合方式：于栿两侧各用厢壁版，栿下安底版。其下底版合缝，令承两厢壁版。

应用方法：凡裹栿版，施之于殿槽内梁栿。

"造殿内平棊之制"

分件尺寸：

　　背版：长随间广，其广随材合缝计数，令足一架之广，厚六分。

　　桯：长随背版四周之广，其广四寸，厚二寸。

　　贴：长随桯四周之内，其广二寸，厚同背版。

　　难子并贴华：厚同贴。每方一尺用华子十六枚。

　　护缝：广二寸，厚六寸，长随其所用。

　　福：广三寸五分，厚二寸五分，长随其所用。

组合方式：于背版之上，四边用桯，桯内用贴，贴内留转道，缠难子。分布隔截，或长或方，其中贴络华文。

应用方法：凡平棊，施之于殿内铺作算程方之上。其背版后皆施护缝及辐。

旋作制度

"造橡头盘子之制"

构件尺寸：大小随橡径。若橡径五寸，即厚一寸。如径加一寸，则厚加二寸；减亦如之。

竹作制度

"造地面平棊文簟之制"

造作方法：用浑青篾，广一分至一分五厘，刮去青，横以刀刃拖令厚薄匀平，次立两刃，于刃中摘令广狭一等。从心斜起，以纵篾为则，先抬二篾，压三篾，起四篾，又压三篾，然后横下一篾织之。至四边寻斜取正，抬三篾至七篾织水路。当心织方胜，或华文、龙、凤。其竹径二寸五分至径一寸。

泥作制度

"造茶炉之制"

整体尺寸：高一尺五寸。其方、广等皆以高一尺为祖，加减之。凡茶炉，底方六寸，内用铁燎杖八条。

分件尺寸：

　　面：方七寸五分。

　　口：围径三寸五分，深四寸。

　　吵眼：高六寸，广三寸。内抢风斜高向上八寸。

砖作制度

"造踏道之制"

构件尺寸：

　　踏：每一踏高四寸（两砖高），广一尺。

　　颊：广一尺二寸。

　　线道：厚二寸。若阶基高八砖，线道三周，最外一道两砖相平双转一周，其内两道单砖周匝，各向内收一寸。最内为象眼。

应用方法：广随间广。

窑作制度

"造砖坯之制"

构件尺寸：

　　方砖：二尺，厚三寸。

……

　　条砖：长一尺三寸，广六寸五分，厚二寸五分。

……

　　压阑砖：长二尺一寸，广一尺一寸，厚二寸五分。

　　砖碇：方一尺一寸五分，厚四寸三分。

　　牛头砖：长一尺三寸，广六寸五分，一壁厚二寸五分。

　　走趄砖：长一尺二寸，面广五寸五分，底广六寸，厚二寸。

　　趄条砖：面长一尺一寸五分，底长一尺二寸，广六寸，厚二寸。

　　镇子砖：方六寸五分，厚二寸。

制作方法：凡造砖坯之制，皆先用灰衬隔模匣，次入泥，以杖刮脱曝令干。前一日和泥打造。

　　综上，通过若干制度条文的列举分析，可约略了解各作中"造……之制"的内容构成，如在"石作制度"中，已将构件的造作方法于"造作次序"中作了概述，所以在后续的每项制度中就不再进行分别叙述，所含内容包括构件总体、各分件的尺寸及组合方式等，且指明施用于房屋相应部位的方法。"大木作制度"中比较全面的涵盖了构件尺寸、造作方法与应用方式，而且进一步的，在后续将其作为整体与其他部分的结合方式进行阐述，即"用……之制"。在"小木作制度"中，每项造作制度则主要包括构件总体尺寸，所属各个分件尺寸及其组合方式以及该构件的应用方式等，而大多不包括各个分件的造作方法。"旋作制度"中只包含各个名件的尺寸，而不包括造作方法，应用于随其所属的大、小木构件上。"竹作制度"包括构件尺寸、造作方法，应用方法则通过称谓可知。"泥作制度"首先列出"用泥之制"，故每一具体器物的造作制度中仅包含总体及各部尺寸，其应用方法同样显而易见，仅于"造画壁之制"中详尽叙述造作方法。而"窑作制度"中则将各类砖瓦的尺寸进行列举，并且叙述了造瓦坯、砖坯的方法以及烧变次序。由此，在各作制度中，以大木作中的"造……之制"最为详尽，涵盖内容也最全面。以下，将着重以"大木作制度"为对象，并适当兼顾其他各作制度，分析《营造法式》"造作制度"内容的几个特征。

3.5.2 "造作制度"内容的特征

1. 制度的约束性与灵活性并存

　　约束性与灵活性是《营造法式》造作制度同时具备的两个方面，在《营造法式》制度条文中，具有明显约束性的文字表述主要有"不得……"、"不可……"等，而针对具体状况可灵活应对的适应性表述，则多为"随宜"、"量宜"等。这两个方面同时存在，使得《营造法式》制度既非无章可循的空文，又不至成为呆板生硬的教条。其中约束性条文比较集中地出现于"大木作制度"中，而从其涉及的内容看，有些针对的是构件的尺寸与加工方法，有些则针对其应用方法。至于灵活适应性的条文则比较多的出现于"大木作制度"以及"石作制度"关于雕镌纹饰的运用规定中。以下将选取具体个案分别就制度中的约束性用语及灵活适应性用语进行分析：

　　1）约束性用语——"不得"、"不可"

　　卷四"总铺作次序"："当心间须用补间铺作两朵，次间及梢间各用一朵。其铺作分布，令远近皆匀。若逐间皆用双补间，则每间之广，丈尺皆同。如只心间用双补间者，假如心间用一丈五尺，则次间用一丈之类。或间广不匀，即每补间铺作，不得过一尺。"

　　"总铺作次序"中的这段话目的是限制补间铺作分布不均匀的状况，避免视觉上产生凌乱的感觉，在间广相同时，相邻两朵铺作的间距应是相同的，而在间广不匀时，相邻两朵铺作的间距差不得超过一尺。这里的间距，究竟指的是相邻两朵铺作中线到中线的距离，或是铺作间的净距离，在梁思成先生的《营造法式注释》中曾提出存疑，不过铺作间的净距离如何测定，是以慢栱头间距离为准还是以慢栱上散斗间距离为准，同样存在不同观点。在此以每一朵铺作中线到中线间距离为准，列举几座与《营造法式》年代接近，且当心间用两朵补间铺作，次间与梢间用一朵补间铺作的木构，研究其相邻铺作间距的差别状况（表3-6）。

<table>
<tr><td colspan="7" align="center">几座宋代木构的铺作间距及间距差</td><td align="right">表3-6</td></tr>
<tr><td rowspan="2"></td><td colspan="3" align="center">正面各间相邻铺作间距
（厘米）</td><td rowspan="2">与前一朵间距差
（厘米）</td><td colspan="3" align="center">各间间广（厘米）</td></tr>
<tr><td>当心间</td><td>次间</td><td>梢间</td><td>当心间</td><td>次间</td><td>梢间</td></tr>
<tr><td>苏州虎丘二山门</td><td>200</td><td></td><td>175</td><td>25</td><td>600</td><td></td><td>350</td></tr>
<tr><td>宁波保国寺大殿</td><td>187</td><td></td><td>157</td><td>30</td><td>562</td><td></td><td>315</td></tr>
<tr><td>少林寺初祖庵大殿</td><td>140</td><td></td><td>173</td><td>33</td><td>420</td><td></td><td>374</td></tr>
<tr><td>正定隆兴寺摩尼殿
殿身</td><td>190</td><td>252</td><td>220</td><td>62/32</td><td>572</td><td>502</td><td>440</td></tr>
</table>

（注：基础数据（间广、材份值）引自陈明达《唐宋木结构建筑实测记录表》）

　　通过分析此条的总体文意可知，关于"相邻铺作间距相差不得超过一尺"的规定，是有明确适用条件的：一是当心间与次间间广差距较大，即不匀的状况（假如心间用一丈五尺，则次间用一丈之类），二是当心间用两朵补间铺作，次间用一朵。如果当心间与次间间广差距较小，且当心间用两朵，次间用一朵，因不在此规定的适用范围内，故其铺作间距之差有可能超过一尺。至于当心间只用一朵，次间不用补间铺作的情况，也同样不在该规定的适用范围内。在现存实例中，间广不匀与铺作分布均符合此规定适用条件的有苏州虎丘二山门与宁波保国寺大殿，其相邻两朵铺作间距均相差不到一尺；登封少林寺初祖庵大殿心间与梢间的间广差距较小，其相邻两朵铺作间距均相差约为一尺，正定隆兴寺摩尼殿殿身各间间广差距同样较小，其相邻两朵铺作间距相差出现了超过一尺的状况，具体数据见上表，选取实例中铺作分布均为当心间用两朵补间铺作，其余各间只用一朵。

卷四"总铺作次序"："凡转角铺作，须与补间铺作勿令相犯，或梢间近者，须连栱交隐。补间铺作不可移远，恐间内不匀。或于次角补间近角处，从上减一跳。"

此条中规定了梢间补间铺作与转角铺作不能冲突，如果梢间间广较小，可以采取两种方式避免两朵铺作构件相犯，第一，当栱端接触时，采用连栱交隐的方式；第二，也可以将补间铺作的出跳数减少一跳，同样可以避免两朵铺作相犯。但是不能将补间铺作移到离转角铺作更远的位置，因为要保持梢间内铺作分布的均匀。与前一条规定类似的，此条同样是为了限制间内铺作的分布不匀而采取的构件的变通方式。在现存的与《营造法式》年代接近的实例中，梢间补间铺作与转角铺作的令栱或

图 3-8 梢间补间铺作减跳（平遥镇国寺万佛殿）
图片出处：笔者拍摄

慢栱相连的状况未见出现，不过
却有采取补间铺作减跳方式的例
子，如平遥镇国寺万佛殿等，梢
间补间铺作减两跳，为五铺作双
杪，单栱偷心造（图3-8）。

卷四"总铺作次序"："凡楼
阁上屋铺作或减下屋一铺。其副
阶、缠腰铺作，不得过殿身或减
殿身一铺。"

图3-9　下檐柱头铺作
（正定隆兴寺转轮藏殿）
图片出处：笔者拍摄

该条文限制的是楼阁的上
层、副阶与缠腰铺作出跳数不能
超过殿身铺作的出跳数，此处的殿身，指的是楼阁各层的主体部分。以下
通过列举《营造法式》接近年代的楼阁实例，如正定隆兴寺转轮藏殿与应
县佛宫寺释迦塔等，分析其实际状况与该条文的关系。

正定隆兴寺转轮藏殿（上层、下层及抱厦柱头铺作出跳数比较）[1]：

下檐柱头铺作：五铺作双杪单栱计心造，里转出双杪，下一杪偷心
（图3-9）。

上檐柱头铺作：五铺作单杪双下昂单栱计心造，此处的双下昂因第二
昂极短，未出跳，只从令栱外伸出一昂头，不能算一跳，故其只有五铺作
（图3-10）。

抱厦柱头铺作：四铺作卷头造，跳头承令栱与耍头相交（图3-11）。

此实例中，上屋铺作与下屋出跳数相同，抱厦出跳减殿身一铺，与《营
造法式》规定吻合。

应县佛宫寺释迦塔（各层柱头铺作及副阶柱头铺作）[2]：

副阶柱头铺作：五铺作出双杪单栱造

一层外檐柱头铺作：七铺作双杪双下昂

[1] 转轮藏殿铺作资料，依
据郭黛姮主编《中国古代
建筑史（第三卷）》第368页-
第369页内容。

[2] 释迦塔铺作资料，依据
郭黛姮主编《中国古代建
筑史（第三卷）》第383页-
第385页"释迦塔所用斗
栱作法明细表"内容。

图3-10　上檐柱头铺作（正定隆兴寺转轮藏殿）
图片出处：笔者拍摄

图3-11　抱厦柱头铺作（正定隆兴寺转轮藏殿）
图片出处：笔者拍摄

图 3-12 北宋太清楼"逐层副阶"（宋画《太清观书》局部）
图片出处：许万里，深爽.琼楼览胜：名画中的建筑.北京：文化艺术出版社，2010.

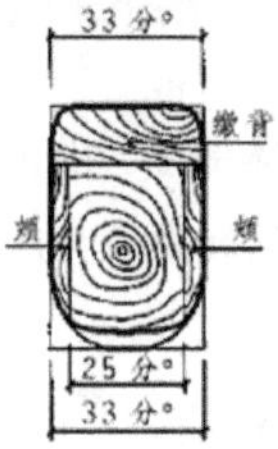

图 3-13 月梁缴、贴方法
图片出处：潘谷西，何建中.《营造法式解读》[M].南京：东南大学出版社，2005.

二层外檐柱头铺作：七铺作双杪双下昂

三层外檐柱头铺作：六铺作出三杪

四层外檐柱头铺作：五铺作重栱计心造

五层外檐柱头铺作：栌斗口内出一与替木尺寸相同的栱，其上实拍以两跳长的华栱，外跳华栱头上承令栱与批竹昂耍头相交，再上承替木及橑檐枋，出跳相当于五铺作。

释迦塔副阶铺作出跳数减一层两跳，第二、三、四、五层柱头铺作的出跳数都与其下层相同或减一跳，释迦塔为多层楼阁式塔，其铺作出跳仍然符合此规定。至于上述两例中未出现的缠腰铺作，实际上指的是楼阁上层的副阶铺作，其实例可见于宋画《太清观书》中的太清楼，太清楼位于北宋大内后苑，上下两层出四重檐，在当时属于高等级的楼阁形制（图 3-12）。

卷五"造梁之制"："凡梁之大小，各随其广分为三分，以二分为厚。凡方木小，须缴贴令大，如方木大，不得裁减，即于广厚加之，如碑槫及替木，即于梁上角开抱槫口。若直梁狭，即两面安槫栿版。如月梁狭，即上架缴背，下贴两颊，不得剜刻梁面。"

这里规定了梁的断面比例，并就加工方法进行了严格约束，即方木如果小于应有尺寸，则用缴、贴的方式补足尺寸，"缴"即上加缴背，"贴"即两侧安槫栿板。如果方木的广或厚超过了所造梁应有的尺寸，则仍按其原有大小应用，不允许裁减方木，并依照断面比例采用"缴"或"贴"的方式补足尺寸。如是从"造梁之制"中就能看出《营造法式》制度对于用材的一项原则，可概括为"小材可以大用，大材不得小用"（图 3-13）。

卷五"造檐之制"："凡飞魁，又谓之大连檐。广厚并不越材。小连檐广加栔二分至三分，厚不得越栔之厚。并交斜解造。"

这一关于大连檐、小连檐制作前方木断面广、厚尺度的规定，或许是

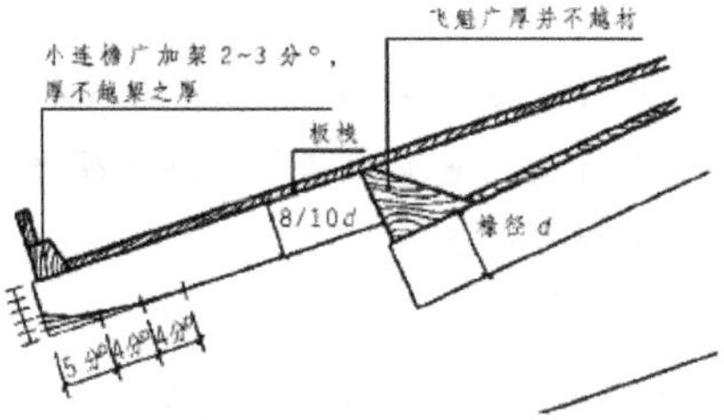

图3-14 《营造法式》大、小连檐
图片出处：潘谷西，何建中.《营造法式》解读[M].
南京：东南大学出版社，2005.

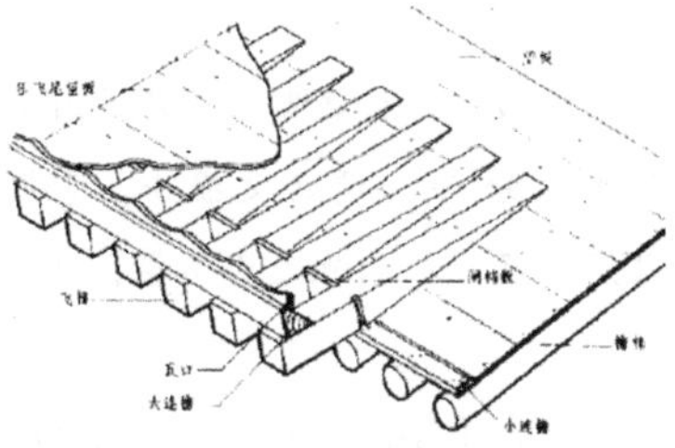

图3-15 "清式"大、小连檐
图片出处：马炳坚.中国古建筑木作营造技术[M].北京：科学出版社，1991.

出于当时比较通行的习惯做法，因为并无构造上的理由可以解释二者断面比例设定的原因，这种断面尺度与后世的清式做法有着显著的差异（图3-14）。清式做法不仅大、小连檐位置与《营造法式》相反，且形态差异明显。清式大连檐断面形态为直角梯形，高同椽径，宽为1~1.2倍椽径，小连檐断面为狭长直角梯形或矩形，宽同椽径，厚为望板的1.5倍(图3-15)。

2）灵活适应性用语——"随宜"、"量宜"

卷三"立基"："其高与材五倍。如东西广者，又加五分至十分。若殿堂中庭修广者，量其位置，随宜加高。所加虽高，不过与材六倍。"

依据该条文，殿堂阶基的高度大致范围为材高的五倍到六倍之间。至于"东西广"与"修广"，两种情况下高度的确定，因原文语义不甚明了，故只能大致推测如下：殿堂所处中庭当东西长，南北狭时称为"东西广"，而若中庭东西狭，南北长时称为"修广"，对于中庭"东西广"者，阶基高度可在五材之上加五分至十分；对于中庭"修广"者，则根据阶基所处位置，灵活掌握高度的增加，但不能超过六材。

卷三"造马台之制"："高二尺二寸，长三尺八寸，广二尺二寸。其面方，外余一尺六寸，下面作两踏。身内或通素，或迭涩造，随宜雕镌华文。"
"造笏头碣之制"："上为笏首，下为方坐，共高九尺六寸。碑身广厚并准石碑制度。其坐，每碑身高一尺，则长五寸，高二寸。坐身之内，或作方直，或作迭涩，随宜雕镌华文。"

在"马台"和"碑坐"雕镌华文时，《营造法式》中使用"随宜"一词，显示出对雕镌等级、纹样等不做限制，可依据具体情况灵活掌握。此外，在卷十一"雕作制度"中，关于华文的分布也多出现"量宜分布"的表述，意在灵活安排，使华文分布疏密得当。

卷四"造枓之制"："若屋内梁栿下用者，其长二十四分°，广十八分°，厚十二分°半，谓之交栿斗，于梁栿头横用之。如梁栿项归一材之厚者，只用交互斗。如柱大小不等，其斗量柱材随宜加减。"

对此条中的灵活性，有必要参照梁思成先生的观点，即交互斗的尺寸"通过度量柱材，随宜加减"的方法值得怀疑，因为交互斗不与柱发生直接关系，柱的大小不影响斗的大小，如果改"柱材"为"梁材"则较合理。❶

❶ 梁思成. 梁思成全集（第七卷）[M]. 北京：中国建筑工业出版社，2001：103.

卷五"造梁之制"："凡平棊方，在梁背上，广厚并如材，长随间广，每架下平棊方一道。平闇同，又随架安椽以遮版缝，其椽，若殿宇广二寸五分，厚一寸五分，余屋广二寸二分，厚一寸三分，如材小即随宜加减。"

平闇为用方椽子做成较小的网格骨架并上施素版的比较简单的天花板形式。对于其所用椽子的断面尺寸，不同等级的屋宇有着不同的规定，此处"随宜加减"指的是余屋之类中，当方椽用材断面尺寸小于广二寸二分，厚一寸三分时，可视情况"随宜加减"椽子的尺寸。

卷五"造阑额之制"："凡由额，施之于阑额之下，广减阑额二份至三份。如有副阶，即于峻脚椽下安之。如无副阶，即随宜加减，令高下得中。若副阶额下即不须用。"

在无副阶时，由额的位置可以视具体情况进行安装，以高度适中为准。由额在照壁板下，其位置高下影响着照壁板的构件高度，根据《营造法式》小木作制度"造殿阁照壁板之制"中照壁板高为五尺至一丈一尺的规定，由此可知由额的高下移动范围在六尺左右。

卷五"用柱之制"："……至角则随间数升起角柱。若十三间殿堂，则角柱比平柱升高一尺二寸。平柱谓当心间两柱也，自平柱叠进向角渐次升起，令势圆和；如逐间大小不同，则随宜加减，他皆仿此。十一间升高一尺；九间升高八寸；七间升高六寸；五间升高四寸；三间升高二寸。"

关于自平柱向角柱逐渐升起的规律，分为两种情况：第一种情况，除当心间外，其他各间间广一致时，各柱是以相同的等差渐次升高的：即三间，平柱以外，每柱升高一寸，至角柱升高二寸；五间，平柱以外，每柱

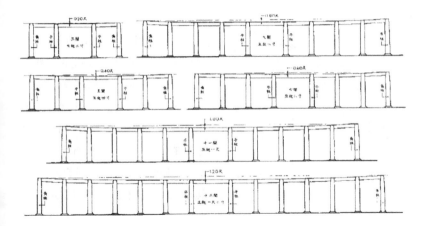

图 3-16 角柱升起之制
图片出处：梁思成.《营造法式》注释 [M]. "大木作制度图样二十一". 北京：中国建筑工业出版社，1983.

升高二寸，至角柱升高四寸；七间，平柱以外，每柱升高二寸，至角柱升高六寸；九间，平柱以外，每柱升高二寸，至角柱升高八寸；十一间，平柱以外，每间升高二寸，至角柱升高一尺；十三间，平柱以外，每柱升高二寸，至角柱升高一尺二寸。第二种情况，当各间间广不同时，各柱升高的尺寸，未作明确的规定，指出要视情况随宜增加，其所依据的原则是保持升起态势的圜和，也就是说自角柱至平柱柱头间的连线近似于一条柔和的弧线（图 3-16）。

卷五"用椽之制"："凡椽檐方，当心间之广加材一倍，厚十分°；至角随宜取圜，贴升头木，令里外皆平。"

"凡两头梢间，槫背上各安升头木，广厚并如材，长随梢间。斜杀向里，令升势圜和，与前后椽檐方相应。其转角者，高与角梁背平，或随宜加高，令椽头背低角梁头背一椽分。"

上述两条中就升头木这一构件的形态做出的规定，其一是在椽檐方上至角处安升头木，其二是在梢间槫背上安升头木。升头木的形态为斜杀向里的圜和曲线，其在转角处的高度视情况酌定，应满足里外均与与角梁背平齐，或者能满足使椽头背低角梁头背一椽分即可。

卷五"造檐之制"："……其檐自次角柱补间铺作心，椽头皆生出向外，渐至角梁；若一间升四寸；三间升五寸；五间升七寸。五间以上，约度随宜加减。"

关于近角处椽头逐渐升出的尺寸，《营造法式》规定：自近角处补间铺作的中心线起，椽头逐渐向外升出，其升出的总体尺寸依据间数分别

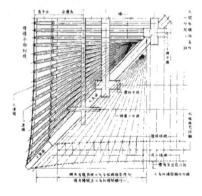

图 3-17　近角处橼头升出
图片出处：梁思成.《营造法式》注释[M]."大木作制度图样二十五".北京：中国建筑工业出版社，1983.

为，一间升出四寸，三间升出五寸，五间升出七寸，至于五间以上的情况则未作明确规定，只是说"约度随宜加减"。至于"随宜"增加的尺寸范围，从前面几项升出尺寸的变化规律看，随间数增多，均不超过橼径的约 1.7 倍，故推断当间数增至十一间时（一等材橼径约为六寸）其升出尺寸应不过一尺（图 3-17）。

"凡飞子，如橼径十分°，则广八分°，厚七分°。大小不同，约此法量宜加减。"

依据橼径的材份数确定飞子的材份，此处以橼径十分°为例，飞子广八分°，厚七分°。"量宜加减"意思是，依照此法在其他橼径材份时，飞子之广约为橼径的十分之八，其厚约为橼径的十分之七。

卷五"举折之制"："……如架道不匀，即约度远近随宜加减。以脊槫及橑檐方为准。"

在"架道"不等距的情况下，每缝所折尺寸不依据"每架自上减半"的方法，而是根据其间距的大小，每一缝所折尺寸在"上一缝所折之半"的基础上作适量增加或减少。

卷八"造楼阁殿亭钩阑之制"："凡钩阑，分间布柱，令与补间铺作相应，角柱外一与阶齐，其钩阑之外，阶头随屋大小留三寸至五寸为法。如补间铺作太密，或无补间者，量其远近，随宜加减。"

在"小木作"制度之"钩阑"做法中，除了详细叙述其包括的各个构件的式样、尺寸外，还就钩阑的布置方式做了细致的阐述，其中着重强调了望柱与楼、阁、殿、亭的补间铺作的关系，即在补间铺作分布的三种情况下，望柱间距如何设定的问题分别予以说明，第一种当补间铺作分布均匀时，望柱应与之对齐，第二种当补间铺作间距过密以及第三种当无补间铺作时，望柱间距可依据钩阑的通长尺度，做出相应的疏密得当的布置。

以上分别选取了石作、大木作、小木作制度中的表达约束性及灵活性的用语"不得"、"不可"与"随宜"、"量宜"等在具体条目中的使用，分析了《营造法式》"造作制度"中就技术问题以及由技术而衍生出的其他事项（如审美上的需求等）是如何进行考量并制定出规范的，从中可以了解到其约束性的特征保障了建造的安全可靠，而灵活性的特征又使面对不同具体状况时可以有操作中的一定自由度，这样就使得《营造法式》制度更具实践的指导意义。

2. 制度中的官式与民间特征

作为官方颁布的制度，《营造法式》的造作制度的文字表述理应是官方用语，其内容也应是官式做法，但是由于制度本身多出自"诸作谙会经历造作"的工匠，所以其来自民间的特征不可避免地出现在制度的语言使用与做法内容中，故此《营造法式》的造作制度在语言表述及做法内容中呈现出以官方语言为主，官式做法为主，以民间俗语为辅，民间做法为辅的特征。

1）官方称谓与民间俗语的会通

通过考证历代的书面用语，并经当时工匠的一一讲说，《营造法式》中将一些技术用语，如构件名称或构造做法等进行了古今书面用语与民间俗语间的比较。这部分内容有的见诸于"总释"中，有的则随制度条文出现。将两者间进行若干取舍，形成了《营造法式》中的官方称谓，即每项制度标题所用名称。官方称谓与民间俗语间的会通大致体现在两个方面，一方面用小字注解的形式将民间俗语一并保留，这样做的意义不仅在于文字层面的沟通，更是为制度中各种做法的多样性并存提供了可能。将官方称谓与民间俗语并存的实例有：

"爵头"与"耍头"

《营造法式》以《释名》所载"爵头"为官方的正式称谓，同时保留了当时比较通行的民间称谓："今俗谓之'耍头'，又谓之'胡孙头'"，以及朔方地区的称谓"蜉蝣头"。这不仅是称谓间的差异，更有可能反映出此一构件在各地做法间的差异，比如"胡孙头"与"蜉蝣头"即分别指代两种形态不同的"爵头"。在后面造作制度中，则是以"耍头（胡孙头）"为样板，对其尺寸、加工方法、应用方式分别做出规定。

"平坐"与"阁道"、"礓道"、"飞陛"、"墱"

此例中《营造法式》并未采用文学作品的名称作为官方称谓，而是将当时俗语中的称谓"平坐"作为官方称谓。原因可能在于，"阁道"、"礓道"、"飞陛"、"墱"等多是从形象角度对某一类结构体命名，意指比较宽泛，而"平坐"则较为具体的指出了楼阁中的特殊构造做法，所以直接将其作为官方的正式名称。

"枓"与"替木"

"枓"为官方称谓，"替木"是民间俗语，两者间的关系为："枓"出自《鲁灵光殿赋》："狡兔跧伏于枓侧"，《营造法式》解释为："枓上横木，刻兔形，致木于背也。"当时民间将施之于斗上的横木俗称为"替木"，"替木"不仅用于斗上，也用于栱上，如此实现了官方称谓"枅"与民间俗语"替木"的会通。

另一方面，《营造法式》也摒弃了某些民间俗语的使用，为一些构件名称、构造做法等技术用语做了"正名"，确立了其正式的官方称谓，这方面的例子有：

"欹"与"溪"

在"造栌斗之制"之制中，栌斗的上、中、下三部分分别称为耳、平、欹，《营造法式》用小注的形式对于"欹"进行了辨析："今俗谓之'溪'者，非。"即认定民间将斗的下部称为"溪"是不对的，应该称为"欹"。

"补间"与"步间"

在"总铺作次序"中对于"补间铺作"的名称也作了辨析，"补间铺作"的定义为："凡于阑额上坐栌斗安铺作者，谓之补间铺作。"其后接着用小注指出："今俗谓之步间者，非。"《营造法式》对于"补间铺作"这一称谓的正名非常必要，因为在当时将"补间铺作"称为"步间"者确有其例，如建中靖国元年修造皇太后陵寝时，在太常寺上报官方文书中，关于"献殿"的形制就表述如下："一、献殿一座，共深五十五尺。殿身三间，各六椽、五铺、下昂作事、四转角、二厦头、步间修盖，平柱长二丈一尺八寸。副阶一十六间，各两椽、四铺、下昂作事、四转角、步间修盖，平柱长一丈。"[1] 其中"步间"指的就是"补间铺作"。

2）官式做法与民间做法的并存

构件名称或者构造做法的官方称谓与民间俗语间的区别在于，前者是书面语言，后者则多呈现口语化特征，这一差别比较明显。而造作制度中做法本身的官式与民间的区别则并非显而易见，因为制度本身就是官方制定的，服务于官方的建造活动，自然其中是以官式做法为主的，但正如工匠的来源并非全部出自官方体制下的军匠，也有临时雇佣的民间工匠，因而在制度中民间做法也会偶有出现。从本质上区分，所谓官式做法与民间做法的区别很可能是某一长期服务于官方的工匠团体所采用的做法与其他做法间的区别。因而，如果官方工程中以某一地域的工匠为主，那么该地域的做法就会升格为官式做法，从而显示出与其他地域性做法的地位分别。在北宋，如遇大型的官方工程，往往调集大量东南地区的工匠，所以当时的官式做法中也多呈现出这一地域的特征。所以，在此所言及的所谓官式做法与民间做法的差异，实质上应该视为各地民间做法间的差异。与官方做法本身多样性的表述均出现于正文有所不同的是，造作制度中有时会以小注的形式透露出某些民间做法，这种表述方式的差别所反映出的官式与民间的地位差别在构件的形式或构造做法中均有所体现，例如：

❶［清］徐松 辑. 宋会要辑稿［M］. 礼三三之二五. 北京：中华书局，1957：1250.

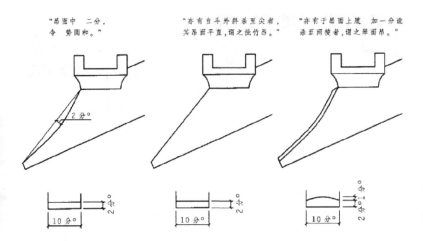

"昂面中 二分°，令 势圆和。"

"亦有自斗外斜杀至尖者，其昂面平直，谓之批竹昂。"

"亦有于昂面上随 加一分诧杀至两棱者，谓之琴面昂。"

图 3-18 凹面昂、批竹昂、琴面昂

图片出处：潘谷西，何建中．《营造法式》解读 [M]．南京：东南大学出版社，2005．

昂尖形式

《营造法式》规定的下昂昂尖的加工方式为："自斗外斜杀向下，留厚二分°；昂面中 二分°，令 势圆和。"其后又用小注指出了其他两种昂尖形式："亦有于昂面上随 加一分°，诧杀至两棱者，谓之琴面昂；亦有自斗外斜杀至尖者，其昂面平直，谓之批竹昂。"这三种昂尖形式的关系为：正文中昂面中 者昂应是当时主流的官式做法，而小注中的琴面昂与批竹昂则可能为当时民间做法中比较常见的实例，故在此予以保留。从《营造法式》所绘昂尖形式的图样看，第一种比较多见，批竹昂并未出现。而从现存的宋代木构中的昂尖形式看，昂面中 者（按：《〈营造法式〉解读》中将这种昂尖形式称为"凹面昂"。）未见实例，而琴面昂和批竹昂则比较常见（图 3-18）。

承檐做法：橑檐方与橑风槫加替木

作为承托屋檐的构造做法，《营造法式》在多项制度中都明确规定用橑檐方承檐。如卷四"总铺作次序"指出："自四铺作至八铺作，皆于上跳之上，横施令栱与耍头相交，以承橑檐方。"卷五"栋"条目中更是确立了这一做法的地位："凡橑檐方，更不用橑风槫及替木，当心间之广加材一倍，厚十分°……"等，橑檐方作为承檐构件，在《营造法式》制度中还常起到尺度定位基准的作用，因而地位十分重要。比如在"造檐之制"中规定，檐椽的出檐尺寸就是以橑檐方的纵向中心线为基准确定的。在"举折之制"中规定，凡有斗栱出跳的房屋，其屋深就是前后橑檐方竖向中心线间的距离，而房屋的举高就是脊槫背与橑檐方背间的高度，每一折尺寸都是以槫背与橑檐方背间的连线为准向下量出的。由此可以看出，在大多数情况下，用橑檐方承檐是当时官式木构的通行做法。

至于在小注中标明"更不用橑风槫及替木"的用意，前辈学者曾多有论述，梁思成先生认为：《法式》制度中似以橑檐方的做法为主要做法，

图 3-19 橑檐方承檐（登封少林寺初祖庵）
图片出处：笔者拍摄

图 3-20 橑风槫＋替木承檐（平遥文庙大成殿）
图片出处：笔者拍摄

而将'用橑风槫及替木'的做法仅在小注中附带说一句。但从宋、辽、金实例看，绝大多数都'用橑风槫及替木'，用橑檐方的仅河南登封少林寺初祖庵大殿等少数几处。"[1]潘谷西、何建中先生在《〈营造法式〉解读》中也就此注解提出了关于北宋官式木构中江南地域因素的观点："江南宋代建筑普遍采用橑檐方的挑檐结构，而在北方辽、金建筑中常用橑风槫加替木的做法，"而"这种排他性的条文，在《法式》中是很少见的，是否意味着对某种地域技法的偏见呢？"[2]结合前辈学者的观点，笔者认为，此处的注解应是意在强调官式与民间做法的区分，即官式木构中不采用令栱上承替木及橑风槫的做法，但并不否定此一做法在其它场合如民间木构的运用。因为从现存的宋代实例看，采用此种方式承檐者同样普遍，因而这可能在当时是一种民间的做法。对此作为佐证的是，在《营造法式》制度中，也不时会透露出这种民间做法的实际存在，如在转角铺作之"列栱"形制"令栱与瓜子栱出跳相列"后用小注标明："承替木头或橑檐方头。"又如"造替木之制"中指出"令栱上用者，其长一百二十六分°。"显然，替木之上承托橑风槫。两者均说明，以橑风槫及替木承檐的方式在《营造法式》成书的时代是存在的，只不过地位不及用橑檐方的做法，在官式木构中不予使用（图 3-19、图 3-20）。

3．"……造"：造作特征的指代

在《营造法式》造作制度中的"……造"的用语，分布于石作、大木作、小木作、雕木作、彩画作等制度条文中。其中，"大木作制度"与"小木作制度"中"……造"的出现频度较高，而从含义的多样性来看，则以前者相对更为丰富。为此以下将着重关注"大木作制度"中的"……造"。（按：有些"……造"的用语未现于"大木作制度"，而是出现于其他各制度中，不过亦属于大木作的范畴）这些"……造"的含义可大致分为三类，一类是诸如铺作中的偷心造、计心造、下昂造，平坐的叉柱造、缠柱造等，多是就某些构件组合方式的构造做法的特征而言，另一类如"厅堂厦两头造"，"柱梁作"等则是就房屋的结构特征而言，还有一类如飞子"两

[1] 梁思成．梁思成全集（第七卷）[M]．北京：中国建筑工业出版社，2001：153．

[2] 潘谷西，何建中．《营造法式》解读[M]．南京：东南大学出版社，2005：12．

条通造",大、小连檐的"交斜解造"等则是就构件的加工方式的特征而言的。纵观《营造法式》"大木作制度"中的"……造",大体上是以某种构造做法的特征,结构形式的特征,或者构件加工方法的特征作为其名称的,综合这三方面的内容,笔者认为"……造"即造作特征的指代,可解释为"用……的方法造作"或者"造作成……的形式",而事实上《营造法式》中也出现类似的表述,如"造平坐之制":"……其铺作宜用重栱及逐跳计心造作",若转换成"……造"方式也可表述为"……其铺作宜重栱逐跳计心造"(表3-7)。

"大木作制度"中的"……造" [1]　　　　　　　　表 3-7

房屋结构特征		厦两头造、(殿阁)转角造、柱梁作、彻上明造
局部构造做法特征	斗栱	单栱造、重栱造;偷心造、计心造、下昂造(作)
	襻间	两材造、一材造
	平坐	叉柱造、缠柱造
构件加工特征	驼峰	毡笠样造
	椽	缠斫事造、斫棱事造
	飞子	两条通造
	连檐	交斜解造

[1] 注:部分"……造"用语出现在"大木作功限"中,但仍属于大木作的内容。

　　在《营造法式》中以"……造"来指代造作特征的用语比较常见,除了"……造"这一常用表述,还有与之意思相同的"……作"(下昂造),"……事造"(缠斫事造、斫棱事造)等,至于"……造"用法的来源,可能与当时涉及造作技术的语言表述习惯有关,例如在与《营造法式》成书年份接近的建中靖国元年,太常寺的一份上报修造皇太后陵寝的官方文书中,在言及献殿的形制时,就有"下昂作事"的用语,与《营造法式》中的"下昂造"的意思一致。

　　不过也有当代学者认为"'……造'在中国古代建筑术语中用来表示定型的构造做法"[2],笔者以为该观点只适用于部分的"……造",理由在于:首先,"……造"不仅用于构造做法,还用于构件的加工方法以及结构形式的特征等;其次,对于"……造"是否能"表示定型的构造做法",也值得商榷。在有些情况下"……造"确实反映出比较确切的构造做法,如"造平坐之制"中的"叉柱造"与"缠柱造",屋内襻间的"两材造"与"一材造"等,然而还有另外一些状况却不能简单一概而论,如"偷心造"与"计心造"都是就斗栱出跳方式的特征而言,两者的区别在于跳头上是否安有横栱,因而会有"全(逐跳)计心"、"隔跳计心"等多种类型,其中的"隔跳计心"实际上就是"偷心造"与"计心造"并用的。所以,《营造法式》中出现的"……

[2] 李路珂. 初析《营造法式》的装饰观 [C]// 中国建筑史论文汇刊(第一辑). 北京:清华大学出版社,2008:112.

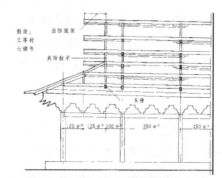

图 3-21　殿堂转角造—五间十架殿堂
图片出处：潘谷西，何建中.《营造法式》解读 [M]. 南京：东南大学出版社，2005.

图 3-22　"两厦转过一椽"（少林寺初祖庵大殿）
图片出处：笔者拍摄

❶ 梁思成 . 梁思成全集（第七卷）[M]. 北京：中国建筑工业出版社，2001：126.
❷ [清] 徐松 辑 . 宋会要辑稿 [M]. 礼三三之二五 . 北京：中华书局，1957：1250.
❸ 潘谷西，何建中.《营造法式》解读 [M]. 南京：东南大学出版社，2005：61.
❹ 同上：62.

造"只有在特定的语境下才有确切的意指，比如"凡骑斗栱，宜单用，其下跳并偷心造"，此处的"偷心造"意思完整清晰，还有些"……造"表意不很明确，如《营造法式》中的"下昂造（作）"只能判断出这一朵斗栱中使用了下昂，具体做法却不甚明了。再者如"彻上明造"指的是"屋内不用平棊，由下面可以仰见梁栿、槫、椽的做法"。❶ 因而其名称只不过是点出了这种做法在形式上的特征，并不能表示定型的构造做法。

　　而对于厅堂的"厦两头造"与殿阁"转角造"，两者虽在外观上近似，却在构造做法有所不同，不过从名称上则无法区分这一差异，只有通过对《营造法式》原文的解读才能对各自的造作方法有所了解。"厦两头"与"不厦两头"相对，是针对外观而言，当时与此意思相同的称谓还有"两厦头"❷，其做法为："凡厅堂并厦两头造，两梢间用角梁，转过两椽（亭榭之类转一椽）。"潘谷西、何建中先生对此解读为："厅堂梢间的两厦，其深为二椽，包括檐柱缝至中平槫缝的范围，中平槫以上部分，仍可按不厦两头造办理。亭榭建筑规模小，不可能转过两椽，故只转过一椽，即山面两厦范围，自檐柱缝至下平槫缝止，深一架椽。"❸ 至于殿阁"转角造"，其做法为："若殿阁转角造，即出际长随架（于丁栿上随架立夹际柱子，以柱槫稍，或更于丁栿背方添系头栿）。"因《营造法式》原文对殿阁转角造做法的叙述过于简略，潘谷西、何建中先生做出了两种推想："一种是梢间之广大于二椽，须于丁栿上立系头栿、夹际柱，柱上承槫，槫梢出际长一架椽；第二种是梢间广等于二椽，即于山面的下平槫位置施系头栿、立夹际柱，柱上承槫，槫梢出际按不厦两头造制度。"❹（图 3-21）不过，在北宋时也有殿阁结构的实例因规模近乎亭榭，两厦仅转过一椽，并于丁栿上立蜀柱，架系头栿以柱槫稍的，如少林寺初祖庵大殿（图 3-22）。

　　"……造"作为造作特征的指代在《营造法式》制度中的广泛出现，反映出宋代建造技术在高度成熟的基础上已经形成了将技术经验积累形成的造作方法和式样通过对其命名的方式使之实现规范化，并进一步可得到广泛推行的态势，因而"……造"具有了"制式"的含义，是工匠技术

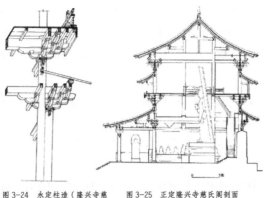

图 3-23 叉柱造(隆兴寺转轮藏殿)
图片出处:笔者拍摄

图 3-24 永定柱造(隆兴寺慈氏阁)
图片出处:中国科学院自然科学史研究所.中国古代建筑技术史[M].北京:科学出版社,1985.

图 3-25 正定隆兴寺慈氏阁剖面
图片出处:郭黛姮.中国古代建筑史(第三卷)[M].北京:中国建筑工业出版社,2003.

经验的总结与凝练。时至今日"……造"这种称谓仍显示出旺盛的生命力,在近代以来学者对于《营造法式》及现存木构实物的研究过程中,就逐步拓展了更多的关于"……造"的术语,例如关于柱子平面布局形式的"减柱造"、"移柱造",

图 3-26 正定隆兴寺慈氏阁底层前列内柱"减柱法"
图片出处:笔者拍摄

又如在楼阁平坐"叉柱造"与"缠柱造"的基础上,增加了"永定柱造",对于柱子贯穿整体结构的做法称为"通柱造"等(图 3-23、图 3-24)。以楼阁上、下两层及平坐柱子的构造做法为例,在具体的实例中,一座楼阁内可能会出现不同构造做法并存的状况。例如,正定龙兴寺慈氏阁的下层仅有后列两根内柱,直通二层梁架,是为"通柱造";前列内柱在一层省去,在前檐柱和后内柱间的大梁上,于前内柱的位置,安平盘斗,上立内柱,通二层梁架;而平坐则采用"永定柱造"的做法(图 3-25、图 3-26)。

本节着重就《营造法式》中的"造作"在各作制度中的含义进行了探析。其中首先对以"造作"为核心的各作制度订立基准条目的确立方式与内容构成特征进行了讨论,从而明确了在《营造法式》的各作制度内容中,"造作"是对于构件的加工、安装、应用接等一系列行为的指代。接下来在将条文与实例互相参照的基础上,结合前辈学者的研究成果,对以"大木作"为主,兼顾"石作"与"小木作"之"造作制度"的几个显著特征进行了比较详细的阐释,从"造作制度"中可以清晰地探寻到属于建造环节的种种"营"的因素,比如"大木作制度"中关于斗栱分布间距的考量,又如小木作制度中关于木钩阑望柱与补间铺作对位关系的要求等等,这类"营——谋划"脱始于技术经验但又不完全等同于技术本身，其在很大程度上是出于视觉审美中关于均匀分布的基本要求；此外，"……造"这一用语的普及也体现出将某些技术做法和式样加以强调以使之得到推广成为规范化"制式"的谋划思想。

3.6 探析《工部工程做法》中的"规度"

清代雍正年间的《工部工程做法》(按：关于该书的名称，清代官方文献如《皇朝文献通考》、《国朝宫史》中均称之为《工程做法》，不过北京图书馆馆藏雍正年间刻本其封面所书为《工程做法则例》，而中缝所书则为《工程做法》，为协调起见，以下均称之为《工部工程做法》。另，本节以1995年中国建筑工业出版社出版的由王璞子先生主编的《工程做法注释》为底本，下文中未加注释的引文均出自该书。) 是继北宋《营造法式》之后又一部由朝廷的主要工官机构负责编纂的官方"土木之功"著作，与《营造法式》的制度、功限、料例三部分内容相近似的是，《工部工程做法》的文字部分大致包括各作做法、各作用料及用工等三部分内容。不过与《营造法式》"海行全国"的适用范围不同，《工部工程做法》的适用范围是工部及内务府所管辖的"坛庙、宫殿、仓库、城垣、寺庙、王府及一切房屋"等工程项目。

3.6.1 《工部工程做法》"奏疏"中"规度"的释义

处在《工部工程做法》各卷之前的"奏疏"在全书中起着提纲挈领的作用，它着重阐明了编写的宗旨，并简要概述了该书的性质、内容以及适用范围。"奏疏"开篇所言"工部等衙门谨题，为详定条例，以重工程，以慎钱粮事。该臣等查得，先经工部疏称：臣部各项工程，一切营建制造，多关经制，其规度既不可不详，而钱粮尤不可不慎"，即指明这部著作的性质是工部等衙门的"条例"，而"详定条例"的目的是"重工程"与"慎钱粮事"。所谓"重工程"，在此指的是对于各类工程做法的重视，因为其关乎"经制"，故"规度不可不详"。而所谓"经制"则是指朝廷的典章制度，清朝所颁布的有关于营造工程的典章制度有《大清会典》、《大清律例》等。在《大清会典》卷七十二之"工部·营缮清吏司"中，对自亲王以至各级官员府第的等级做出了规定，其中体现出府第等级差别的最突出的一点就是关于正殿(堂屋)台基高度的规定，从亲王的四尺五寸到四品以下官员的一尺，存在着严格的等级区分。另外，在《大清律例》卷十七之"礼律·服舍违式"中也明确界定了从各级官员到庶民宅第的等级，其中区分品秩的首要一项就是房屋的间架式样。将两者结合起来分析可知，不同间架式样的房屋在面阔、进深、柱高、举高等平面及竖向尺度上必然相应地有所区别，并且和房屋台基的高度相适应。由此可见，工程中所关乎的"经制"，主要体现在工程的"等第"方面,"等第"在《工部工程做法》的"奏疏"中也有所提及,❶ 而构成等第的一项重要因素就是房屋的间架式样及与之相应的各部分尺度间的差别,在"奏疏"中使用了"做法"一词来指代这部分内容。❷ 在《工部工程做法》关于"做法"的各卷内容中虽然也包含了诸如斗科构件的安装次序,但并不涉及具体的操作加工方法,故而"做法"其主要是针对各类房屋的尺度而言,这是与《营造法式》中"造作制度"内容的一项重要区别。至于"奏疏"中所言的"规度",据同为清代的段玉裁在《说文解字注》中对"营"的语义解释——"凡有所规度皆谓之营",则可视为"营"的一种表达方式,关于"营——规度"这一泛意化的现象,上一章已经有所论述,在此不必赘言。综合起来看,"奏疏"中所表达出的该书的编写宗旨,首先是因为工程做法关于朝廷经制,所以对其"规度"不可不详,而"规度"的主要对象就是构成等第的重要因素——各类营造工程的尺度问题,在此,作为对"做法"的"规度",其显然应是从属于"造"之层面的"营"。

在"奏疏"中除了阐明关于"做法"的"规度"之外,还提及了"钱粮尤不可不慎"的问题,工程中的钱粮耗用主要涉及用工、用料等事项的支出,故各作用工与用料的估算同样纳入到了《工部工程做法》的内容之中。不过,既然该书名为"做法",显然"做法"的内容所占比重甚于"用工"和"用料"两者。

3.6.2　探析关于"做法"的"规度"

《工部工程做法》全书中关于"做法"的各卷内容大致包括各类型房屋的大木做法、斗科做法、各项装修做法、石作做法、瓦作做法以及土作做法等。对于房屋的类型,《工部工程做法》明确地提出了"小式"的称谓,如"七檩小式大木做法","六檩小式大木做法"等,指的是不带斗栱且规模较小的房屋。相对于"小式",书中仅在石作、瓦作做法中出现了"大式"的称谓。对此,近代以来的研究有将带斗栱或用材较大的房屋通称为"大式"的观点,❸ 也有将《工部工程做法》中卷一至卷二十三所列房屋类型均视为"大式",将所谓"大式"、"小式"的区别视作据"等地"高下而划分的认识。❹ 不过,若参考同样以清代官式做法之各种手抄本汇编成的《营造算例》一书(按:本节中所引《营造算例》文字均引自2001年中国建筑工业出版社出版的《梁思成全集》(第六卷)所收录之《营造算例》,不再另行注释),❺ 则发现《工部工程做法》中的楼房、仓库、亭子等似乎不应归入"大式",而应作为"杂式"专门列出。在此,以书中所列举之若干大、小式房屋的大木作为对象,其间辅以与《营造算例》的比较,分别讨论对于其"做法"进行"规度"的具体方式方法:

❶ 见"奏疏":"……其营造工程之等第,物料之精粗,悉按规定规则,逐细校定,注载做法,俾得瞭然,庶无浮克,以垂永远。……"
❷ 在《工部工程做法》各卷内容中,"做法"一词也通常指尺度而言,如卷一"九檩单檐庑殿周围廊单翘重昂都科斗口二寸五分大木做法"之"两山大额枋做法同"与"两山挑尖随梁做法同"中的"做法"就是指这些构件的尺度。

❸ 参见梁思成在《清式营造则例》之"清式营造辞解"中关于"大式"的定义:"有斗栱带纪念性或无斗栱但用材较大的建筑形式。"
❹ 参见王璧子在《中国建筑技术史》之《工程做法》评述中的观点:"……名谓分大小,数量有多少之分,并不单纯像通常所说的建筑规模大小而已,着意重点在于揭明这些建筑物从结构造型到装饰彩色,既有形制上的限制,也有物料良窳,造作精粗等质量上的差别,限制条例本于《会典》,实质精神不离根本。……"
❺ 《营造算例》为梁思成先生在1932年将营造学社所搜集到的各种清式做法手抄本如《营津大木做法》、《大木分法》、《小木分法》等汇编而成。

1. 面阔、进深尺度

对于"大式"有"斗科"的殿屋，以"九檩单檐庑殿周围廊单翘重昂斗口二寸五分大木做法"为例，其面阔、进深的确定依据如下方法：

> "凡面阔进深，以斗科攒数而定，每攒以口数十一份定宽（每斗口一寸，随身加一尺一寸为十一份）。如斗口二寸五分，以科中分算，得斗科每攒宽二尺七寸五分。如面阔用平身斗科六攒，加两边柱头科各半攒，共斗科七攒，得面阔一丈九尺二寸五分。如次间收分一攒，得面阔一丈六尺五寸。梢间同，或再收一攒，临期酌定。如廊内，用平身科一攒，两边柱头科各半攒，共斗科二攒，得廊子面阔五尺五寸。如进深每山分间，各用平身斗科三攒，两边柱头科各半攒，共斗科四攒，明间、次间各得面阔一丈一尺，再加前后廊各深五尺五寸，得通进深四丈四尺。"

在《工部工程做法》中，将斗栱称之为"斗科"，对于有斗科的殿屋，其"面阔"、"进深"的尺寸都以"斗口"为准确定，这种"规度"方式首先就蕴含着不论是整座殿屋还是具体到每一间，其斗科分布均等距这样一个基本特征，而且明间平身科攒数为偶数，即表示了明间采取以斗科间的空当坐中的形式。与《营造法式》卷四"总铺作次序"中关于斗栱布置与开间关系的大致限定相比，《工部工程做法》更加强化了斗栱布置与开间尺度间的关系，将斗栱的尺度成为确定房屋面阔进深尺度的基础，这样一种密切联系的形成，不仅有利于实际操作，而且增强了大式殿屋外观的严整性与秩序感。其次，将斗口作为面阔、进深的度量单位，其面阔、进深尺寸的尾数较为齐整（整尺或半尺），比起直接以工具丈量的方式，可以避免出现零碎尺寸，从而简化了计算过程，施工时也更为便捷。

此外，该例中虽然明间与次间面阔的尺寸是确切的，但对于梢间面阔，条文中用小字标出了其尺度的变通方法，即与次间同或比次间再减少一攒，可"临期酌定"。结合条文中并未列出通面阔尺寸的事实，似乎该例可适用于"面阔五开间周围廊"与"面阔三开间周围廊"两种形式。（按：在实例中，采用这种形制的殿宇有北京紫禁城东西六宫中的景阳、咸福两座"三开间"宫殿）。据此，对于有斗栱的大式殿屋来说，其开间尺度虽然有着确切的生成方法，但同样具有根据客观条件"临期酌定"的变通性特征，因而关于其"做法"的"规度"是原则性与灵活性兼而有之的（图3-27）。

对于"大式"无"斗科"者，以"九檩大木做法"为例，在此例中，关于"面阔"尺寸的确定是与檐柱尺寸结合在一起阐述的：

> "凡檐柱，以面阔十分之八定高低，十分之七（按：应为百分之七）

定径寸。如面阔一
丈三尺，得柱高一
丈四寸，径九寸一
分。如次间、梢间
面阔，比明间窄小
者，其柱、檩、柁、
枋等木径寸，仍照
明间。至次间、梢
间面阔，临期酌夺地势定尺寸。"

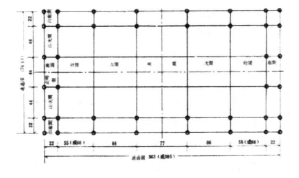

图 3-27　面阔、进深确定（九
檩单檐庑殿周围廊单翘重昂斗口
二寸五分）单位：斗口
图片出处：中国科学院自然科学
史研究所．中国古代建筑技术史
[M]．北京：科学出版社，1985.

　　无"斗科"时，明间面阔的尺寸与檐柱的高度产生一定的比例关系，在这里《工部工程做法》列举出的面阔尺寸为一丈三尺，如果比较其他各卷如"九檩楼房大木做法"中所列举的下檐明间面阔，就会发现这一尺寸不会是偶然或随意给出的，而应该是实例中所常用者。将明间面阔直接定出，着实会给人以僵化呆板的印象，但如果结合《工部工程做法》的适用范围，是形制较为严谨，程式化特征明显的"官式"殿屋，故而对应其等级限定为几种固定的尺度，应是理所当然的，认识到这一点，就不会对这类表述求全责备了。至于次间、梢间面阔采取"临期酌夺地势定尺寸"的方式，所谓"酌夺地势"应是就基地的广狭状况而言，这一表述过于宽泛，缺少操作时的必要依据。在此如果比较同样根据清式做法所编订的《营造算例》一书中的相关内容后，可以发现，后者所采用"次、梢间递减，各按明间八分之一，核五寸止，或临期看地势酌定"的换算方法，更易于付诸操作。对于"进深"，则是在阐述七架梁尺寸的确定方法时列举一项尺寸：

　　"凡七架梁以进深除廊定长短，如通进深二丈九尺，内除前后廊八尺，得二丈一尺。"

　　此例中的通进深二丈九尺，同样应是官式做法中的常用尺寸。在《工部工程做法》其它各卷中，直接列举通进深尺寸的现象也很常见，如一丈二尺、一丈六尺、一丈七尺、一丈八尺、二丈一尺、二丈九尺、三丈二尺、三丈四尺、四丈四尺等，分别应用于不同等级的殿宇或房屋。比较《营造算例》中对于"大式无斗栱者"之通进深的确定方法，"按通面阔八分之五，……如无斗栱歇山庑殿房，核五寸止，其次、梢间，临时核檩数再定，或临时看地势酌定"，虽然此处指出了与通面阔的比例关系，但是在实际的"规度"过程中，通进深与通面阔往往需要根据用地范围临机权衡，其比例并不尽如此规定，广深之比大于 2 : 1 者不乏其例。

对于"小式"房屋，以"七檩小式大木做法"为例，其面阔与进深尺度的确定方法与"大式"不带斗栱者比较接近，只是所列举的常用尺寸因间架不同而相应地有所改变：

"面阔：凡檐柱，以面阔十分之八定高低，十分之七（按：应为百分之七）定径寸。如面阔一丈五寸，得柱高八尺四寸，径七寸三分。如次间、梢间面阔，比明间窄小者，其柱、檩、枋等木径寸，仍照明间。至次间、梢间面阔，临期酌夺地势定尺寸。"通进深："如通进深一丈八尺"。

与之相比，《营造算例》的"大木小式做法"中关于"面阔、进深"的尺度有如下规度方法：

"面阔：檐柱定高按面阔一丈，得高八尺。进深：金步按廊步八扣，如廊步深五尺，金步深四尺，其廊步按柱径五份定，是廊深。"

比较两者可知，"小式"房屋的明间面阔的常用尺寸多为一丈，次间、梢间面阔"临期酌定"；而对于进深，此处则是以步架深来衡量的，廊步深与金步深之间保持 5∶4 的比例关系，且同样有常用尺寸。总之，不带斗栱的"大式"与"小式"殿屋，其面阔与进深通常直接以丈尺确定，并依其间架数分别有各自常用的尺寸，且尺寸尾数均为整尺或半尺等较为规整的数值。进而若比较不同屋架数与所列举之"明间面阔"与"通进深"的常用尺寸，可以发现其间有着较为明确的等级对应关系（表3-8）。综合上面的分析可知，《工部工程做法》的大式、小式"做法"中关于面阔、进深的规度，常采取规则阐述与常用数值枚举这两者相结合的方式，而且还会根据地形阔狭等具体状况留出一定的临机裁夺的余地。

《工部工程做法》所列"明间面阔"与"通进深"尺寸　　　　　　表 3-8

		明间面阔	通进深
大式不带斗栱	九檩	一丈三尺	二丈九尺
	八檩卷棚	一丈二尺	二丈九尺
	七檩	一丈二尺	一丈八尺
	六檩	一丈一尺	一丈六尺
	五檩	一丈	一丈二尺
	四檩卷棚	一丈	一丈二尺

续表

		明间面阔	通进深
小式	七檩	一丈五寸	一丈八尺
	六檩	一丈	一丈五尺
	五檩	一丈	一丈二尺
	四檩卷棚	一丈	一丈二尺

透过《工部工程做法》中面阔与进深的规度方法，还可以了解到其中所体现出的清代官式殿宇房屋的一些特征，例如正面各间的面阔及山面各间的进深的尺度，均是指相邻两柱中线间的距离，通面阔与通进深同样是指柱距而言，在此"面阔"与《营造法式》中的"间广"意义相同，而山面分间时的各间"进深"这一概念的出现，则表明以《工部工程做法》为代表的清代官式殿宇房屋，其内部柱列常采取纵横两个方向保持对齐的规整布置形式，"间进深"相对于《营造法式》中的"每架平不过六尺"中"架深"的概念，又增加了一个房屋尺度的衡量标准。

2. 屋架尺度

1）檐柱高度

在《工部工程做法》中，檐柱的高度依据房屋有无斗栱，分别有着不同的确定方法。对于"大式带斗栱"的殿屋，以70斗口作为檐柱通高，而其净高为通高减去平板枋及斗科的高度，平板枋高2斗口，斗科从单昂、单翘单昂、单翘重昂直到重翘重昂，高度分别为7.2、9.2、11.2、13.2斗口，故而檐柱净高分别对应为60.8、58.8、56.8、54.8斗口。与此相比，《营造算例》中"檐柱高按斗口数六十份（60斗口）"的规定似乎指的是净高，不过确定檐柱通高尺度比起确定净高尺度更易于推算其他相关构件（如金柱）的尺寸，因而更具有实际应用的价值。对于"大式不带斗栱及小式"者，则以明间面阔的十分之八定檐柱高。

2）"步架"与"举架"

"步架"与"举架"这一对概念在确定屋架高度时起着基础性的作用，"步架"深与"举架"高是一个直角三角形的"勾"与"股"的关系。《工部工程做法》中以所承桁檩数作为屋架数，所谓"步架"指的是相邻檩中线之间的水平距离，有正脊的房屋步架数为双数，无正脊的房屋步架数为单数，关于"步架"尺度的分配方法，《工部工程做法》并未明确指出，而通常直接列举具体数值，对于"大式带斗栱"的殿屋，如卷一"九檩庑殿"在"七架梁"条中所举"凡七架梁以步架六份定长，如步架六份共三丈三尺"，则上、下金步、前后脊步共计六步架每一步架均为五尺五寸，合22斗口，结合在"金柱"条中列举的"如廊深五尺五寸"的"廊步"尺寸，可见"九檩庑殿"将"通进深"均分为八步架，每一步架深 22 斗口。而卷二"九檩歇山"中，廊步深 22 斗口，其余各步深 19.6 斗口。可见，"大式带斗栱"的殿屋的步架分配方法如下，廊步均为 22 斗口，其余各步采取将房屋主体进深按步架数均匀分配。

对于"大式不带斗栱"的殿屋，在各卷中分别列举了常见的"步架"尺寸。如卷七"九檩大木做法"中直接给出了廊步四尺，其余各步为通进深二丈九尺减去前后廊深八尺后均匀分配为六步，每步为三尺五寸这样的数值。对于"小式"房屋，同样以直接列举"步架"尺寸的表述为主。结合上述数值可知，对于有廊的殿屋来说，"廊步"通常大于屋身各步，但其间并不存在确切的比例关系。

与《工部工程做法》不同，《营造算例》阐述了"步架"尺度的划分规则：

"（大式）步架：廊步按柁下皮高十分之四，其余脊步架，按廊步八扣，俱核双步，或临期按檩数再定，檩数按步架加一檩即是。"

"（小式）金步按廊步八扣，如廊步深五尺，金步深四尺，其廊步按柱径五份定，是廊深。"

在《营造算例》中，"大式"廊步按柁下皮高十分之四，即檐柱净高的十分之四，如带斗栱者檐柱净高 60 斗口，则廊深 24 斗口；如不带斗栱者，檐柱高为面阔的七分之六，如同为"九檩大木"，其明间面阔一丈三尺，则计算得廊步深约为四尺五寸，大于《工部工程做法》所列数值。"小式"廊步按柱径的五倍计算，如柱径七寸，则廊步深三尺五寸，同样比《工部工程做法》"七檩小式"之檐柱径七寸三分，廊深三尺的尺度为大。

"举架"指的是屋架每一层桁檩较下层桁檩加高尺寸的确定方法，虽然"举架"与《营造法式》中的"举折"都使屋盖形成曲面，但两者所采取的方法却截然相反，"举折"先定举高，然后自上而下确定每架槫的高度，每一折取渐趋平缓之势。"举架"则是从最下一架算起，自下而上确定每架桁檩的高度，每一步架取渐趋高峻之势。《工部工程做法》中将"举架"在列举各个构件尺寸时顺带提及，通常以"举"或"举高"的形式出现，是计算构件尺寸的一项基本数据。如卷一"九檩庑殿"在计算"金柱"高度时提到：

"凡金柱以出廊并正心桁中至挑檐桁中之拽架尺寸加举定高，（原注：每斗口三份为一拽架，得七寸五分。）如廊深五尺五寸，正心桁中至挑檐桁中三拽架，三拽架得二尺五寸五分，连廊深共深七尺七寸五分，按五举加之，得高三尺八寸七分……"

其中所叙述的就是廊步的"举架"是如何计算的，首先是举架起点的确定，对于如该例这样"带斗栱的大式"殿屋来说，以挑檐桁中线算起，挑檐桁中线至正心桁中线之间为斗栱出跳长度，每出跳一层谓之一踩，其长度称为一拽架（3斗口），单翘重昂为三拽架（9斗口），再加上廊步深五尺五寸（22斗口），共长七尺七

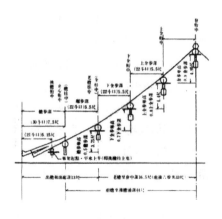

图3-28　步架、举架确定（九檩单檐庑殿周围廊单翘重昂斗口二寸五分）
图片出处：中国科学院自然科学史研究所.中国古代建筑技术史[M].北京:科学出版社,1985.

寸五分。接下来，将这一水平距离乘以0.5（五举），从而得出廊步的举架高度。其后的下金步、上金步、脊步"举架"，则分别在"柁墩"、"上金瓜柱"、"脊瓜柱"条目中作为计算构件尺寸的一项数值列出，三者依次为"七举"、"八举"、"九举"（图3-28）。

对于不带斗栱的"大式"或"小式"殿屋，举架的起点从檐桁（檩）中线算起，在《工部工程做法》卷七"九檩大式做法"中，所列廊步、下金步、上金步、脊步"举架"依次为"五举"、"六举"、"七举"、"九举"；在卷二十四"七檩小式做法"中，所列廊步、金步、脊步"举架"依次为"五举"、"七举"、"九举"；在卷二十五"五檩小式做法"中檐步、脊步中依次为"五举"、"七举"。

《工部工程做法》中"大式"及"小式"殿屋各步"举架"的分配，大致呈现出以下特征，廊（檐）步常为"五举"，"脊步"常为"九举"（七檩以下为"七举"），其余各金步"举架"介于两者之间，自下而上依次加高。

与此相比，在《营造算例》中分别列出了"大式"与"小式"举架分配的一系列数值，其中廊步与脊步举架与《工部工程做法》所载一致，其他各步略有区别。其关于举架规定的粗略之处在于并未指出有无斗栱时"廊步"举架起点的区别，而详尽之处在于又补充了每一类举架的加举因数，为实际操作时的变通提供了依据。

3）出檐

《工部工程做法》中的"出檐"（上檐平出）指的是"自正心桁中线至檐椽头外皮（飞檐头外皮）之间"的水平距离，关于"出檐"尺寸如何确定，在《工部工程做法》中常出现于"檐椽"条目中，对于"大式带斗栱"者，如卷一"九檩庑殿"之"檐椽"中所述"凡檐椽以出廊并出檐加举定长，如出廊深五尺五寸，又加出檐照单翘重昂斗科三十份……"即出檐为30斗口；卷二"九檩歇山"出檐为"照单翘单昂斗科二十七份"，出檐27

斗口，又卷三"七檩歇山"出檐为"照斗口重昂斗科二十七份"。由此可总结出上述三者中所蕴含的规律性，即出檐分为两部分计算，以 21 斗口为基础再加上斗科的出跳口数（每出跳一层为 3 斗口），其中 21 斗口实际上是自挑檐桁中至飞檐头外皮之间的水平距离。对于"大式不带斗栱"与"小式"的殿屋，《工部工程做法》相关各卷在"檐椽"条目中直接给出了出檐"照檐柱高十分之三"的计算方法。

《工部工程做法》中的"出檐"在《营造算例》中称为"上檐出"或"上檐平出"，其中对于"大式带斗栱"者的出檐有一则"算上檐平出快法"：

"凡歇山、庑殿房有斗栱者，上平出檐俱按斗栱口数并拽架。

如一拽架，每斗口一寸，得平出檐二尺四寸；如两拽架，每斗口一寸，得平出檐二尺七寸；如三拽架，每斗口一寸，得平出檐三尺；如四拽架，每斗口一寸，得平出檐三尺三寸。

俱核每多一拽架，即加三寸，俱连拽架在内。"

通过将《工部工程做法》各例中的拽架数与斗口尺寸代入计算，如"九檩庑殿单翘重昂斗口二寸五分"者，斗科向外伸出三拽架，则 $3 \times 2.5 = 7.5$ 尺，与《工部工程做法》所列尺寸相吻合，其他各例用此法计算也与所列尺寸相吻合。实际上，在《工部工程做法》卷一"仔角梁"条目中同样也注明了"出檐"的计算方法：

"出檐照斗口之数加算。如斗口单昂，每斗口一寸，出檐二尺四寸；如斗口重昂并单翘单昂，每斗口一寸，出檐二尺七寸；如单翘重昂，每斗口一寸，出檐三尺；如重翘重昂，每斗口一寸，出檐三尺三寸。"

此法与《营造算例》中的方法近乎一致，其优点在于表述更为直观，而缺点在于缺乏对方法之原理的阐述，而且似乎在"檐椽"条目提到"出檐"时并未直接运用。此外，对于"大式不带斗栱"者的"出檐"算法《营造算例》并未指出，而"小式"出檐算法为"每柱高一丈，得平出檐三尺；如柱高一丈以外，得平出檐三尺三寸"，为柱高的十分之三或三分之一，与《工部工程做法》中的算法大致相同。

3. 构件尺度

在《工部工程做法》中，"大式带斗栱"与"大式不带斗栱及小式"的殿屋在确定主要大木构件尺度时的方法区别显著。对于"大式带斗栱"的殿屋而言，主要的大木构件如柱、枋、梁、檩等大多以斗口为基准定其尺寸，而对于"大式不带斗栱及小式"的殿屋而言，通常依据某一基础原则直接给出尺寸的计算方法。两种方式各自体现出"规度"构件尺寸时的一些较为突出的特征。以下将以卷一"九檩庑殿"作为"大式带斗栱"者的范例,将卷九"七檩大木"作为"大式不带斗栱"者的范例,并对应参照卷二十四"七檩小式大木做法"的内容,通过对若干构件条文的分析对其特征进行归纳:

"九檩庑殿(大式带斗栱)"

柱

　檐柱:凡檐柱以斗口七十份定高,以斗口六份定柱径。

　金柱:凡金柱以出廊并正心桁至挑檐桁中之拽加尺寸加举定高,以檐柱径加二寸定径寸。

梁

　桃尖梁:凡桃尖梁以廊子进深并正心桁至挑檐桁中定长,再加二拽架为通长。("二拽架"为自挑檐桁向外出头长)。以拽架加举定高,如单翘重昂得三拽架深二尺二寸五分,按五举加之,得高一尺一寸二分,又加蚂蚱头、撑头木各高五寸,得桃尖梁高二尺一寸二分。以斗口六份定厚。

　七架梁:凡七架梁以步架六份定长。以金柱径加二寸定厚。以本身厚每尺加二寸定高。

　五架梁:凡五架梁以步架四份定长。以七架梁高、厚各收二寸定高、厚。

额枋

　大额枋:以面阔定长,斗口六份定高,以本身高收二寸定厚。

　由额垫板:以面阔定长,以斗口二份定高,一份定厚。

　小额枋:以面阔定长,斗口四份定高,以本身高收二寸定厚。

桁

　正心桁:以面阔定长,以斗口四份定径。

　挑檐桁:以面阔定长,以正心桁收二寸定径寸。

　老檐桁:以面阔定长,径与正心桁同

　下金桁:以面阔定长,径与老檐桁同。

角梁

　仔角梁:凡仔角梁以出廊并出檐各尺寸用方五斜七加举定长。如出廊深五尺五寸,出檐其尺五寸,得长一丈三尺。用方五斜七之法加长,又按一一五加举,共长二丈九寸三分,再加翼角斜出椽径三份,如椽径三寸五分,并得长二丈一尺九寸八分。……以椽径三份定高,二份定厚。

　老角梁:凡老角梁以仔角梁之长,除飞檐并套兽榫定长。高厚与仔角梁同。

　下花架由戗:凡下花架由戗以步架一份定长,如步架一份深五尺五寸,即长五尺五寸，用方五斜七之法加斜长，又按一二五加举，得长九尺六寸二分。高厚与仔角梁同。

椽

　　檐椽：凡檐椽以出廊并出檐加举定长，如出廊深五尺五寸，又加出檐照单翘重昂斗科三十份，斗口二寸五分得七尺五寸，共长一丈三尺，又按一一五加举，得通长一丈四尺九寸五分……以桁条径每尺用三寸五分定径。每椽空档，随椽径一份。每间椽数，俱应成双，档之宽窄，随数均匀。

　　下花架椽：凡下花架椽以步架加举定长，如步架深五尺五寸，按一二五加举，得下花架椽长六尺八寸七分。径与檐椽同。

　　"大式带斗栱"殿屋中尺寸较大的构件除檐柱以斗口定高外，桁、梁、枋的长度各依所处位置的阔狭、深浅定其长短；倾斜布置的构件如角梁、由戗等等的长度由首先将正心方向尺寸按方五斜七之法加长，然后再乘以举架加斜因数计算得出，所谓举架加斜因数，指的是由举架所形成直角三角形的正割值，《工部工程做法》中直接列举了每一种举架的加斜因数值，其往往略大于实际数值。而这些构件的横断面尺寸如直径、高、宽等皆以"斗口"为准定各自份数，只有角梁以椽径为准定其高厚。对于椽这类尺寸较小的构件，其长度以水平投影长度乘以加斜因数定长，而直径则按桁径的一定比例确定。除了上面所列构件的净尺寸外，《工部工程做法》中还列出了构件"加榫"的尺寸。

　　总体而言，《工部工程做法》"大式带斗栱"殿屋各卷中关于大木构件尺寸条文所体现出的规律性在于：首先，在不影响构件所承担结构机能的前提下，使"斗口"成为衡量构件尺度的基础模数，并尽可能的贯彻到房屋的每一部分。其次，具体到每一构件，其尺寸的规度方法大致有以下几种类型：其一，比照结构机能相关的构件确定尺寸，例如七架梁以金柱径加二寸定其厚，又如以桁径定椽径；其二，比照位置临近的构件确定尺寸，如角梁以椽径定其高厚；其三，比照同一类型的构件确定尺寸，使其尺度间保持关联性，如以檐柱径加二寸定金柱径等。而且在比照相关构件进行尺寸加减时，"二寸"常作为递变数值。概括而言，即在规度尺寸时普遍遵循就近与就便的原则。

"七檩大木（大式不带斗栱）"

柱

　　檐柱：凡檐柱以面阔十分之八定柱高，百分七定柱径。

　　金柱：凡金柱以出廊加举定高低，以檐柱径加二寸定径寸。

梁

　　抱头梁：凡抱头梁以出廊定长短，以檐柱径加二寸定厚，高按本身之厚每尺加三寸。

　　五架梁：凡五架梁以进深除廊定长短，以金柱径加二寸定厚，高按本身之厚每尺加三寸。

枋

　　檐枋、老檐枋、金枋、脊枋：以面阔定长短，以檐柱径寸定高，厚按本身之高收二寸。

　　随梁枋：凡随梁枋以进深定长短，其高、厚俱按檐枋各加二寸。

檩

　　檩：凡檩木以面阔定长短，径寸俱与檐柱同。

椽

　　檐椽：凡檐椽以出廊并出檐加举定长短。如出廊深三尺，又加出檐尺寸，照檐柱高十分之三，得二尺八寸八分，共长五尺八寸八分，又按一一五加举，得通长六尺七寸六分。以檩径十分之三定径寸。每椽空档，随椽径一份。每间椽数，俱应成双，档之宽窄，随数均匀。

　　花架椽：凡花架椽以步架一份加举定长短，如步架一份深三尺，按一二五加举，得通长三尺七寸五分。径与檐椽同。

"七檩小式大木"

柱

　　檐柱：凡檐柱以面阔十分之八定高低，百分七定柱径。

　　金柱：凡金柱以出廊加举定高低，以檐柱径加一寸定径寸。

　　山柱：凡山柱以进深加举定高低，径与金柱同。

梁

　　抱头梁：凡抱头梁以出廊定长短，以檐柱径加一寸定厚，高按本身之厚每尺加二寸。

　　五架梁：凡五架梁以进深除廊定长短，以金柱径加一寸定厚，高按本身厚加二寸。

枋

　　金枋、脊枋、檐枋：以面阔定长短，以檐柱径寸定高，厚按本身之高收二寸。如金、脊枋木用垫板，照檐枋宽、厚各收二寸。

檩

　　檩：凡檩木以面阔定长短，径俱与檐柱同。

椽

　　檐椽：以檩径十分之三定见方。每丈用椽二十根，每间椽数，俱应成双。

花架椽：凡花架椽以步架一份加举定长短，如步架一份深三尺，按一二五加举，得通长三尺七寸五分。见方与檐椽同。

比较上述"大式不带斗栱"与"小式"殿屋中主要构件尺寸的规度方法，可以了解到这两种类型的方法在大致原则上的趋同性，即均以明间面阔作为确定檐柱高度与直径的依据，并在此基础上进一步确定其他构件的横断面尺寸。因而对于"大式不带斗栱"与"小式"殿屋来说，从表面上看大多数构件以檐柱径作为确定其断面尺寸的依据，而实质上则是以明间面阔作为规度全部构件尺寸的基础数据。

在梁、柱等大木构件的"做法"之外，《工部工程做法》从卷二十八至卷四十对专门对"斗科"的"做法"做出了较为详细的阐述，其中卷二十八为各种类型斗科分件尺寸的计算方法，卷二十九为各种类型"斗科"的安装方法，其后从卷三十至卷四十又对基于各种斗口的不同类型斗科的每一分件尺寸及数量都做了详尽的说明。《工部工程做法》中的斗科大致包括（1）翘昂斗科，（2）挑金溜金斗科，（3）一斗二升交麻叶及一斗三升斗科，（4）三滴水品字科与内里棋盘板上安装品字科（5）隔架科等几种类型。除隔架科外，每一种类型又依据其位置划分为平身科、角科与柱头科。《工部工程做法》关于斗科的内容中，卷二十八具有对斗科尺寸进行规度的性质，其余各卷皆为实际应用中的固定成法，不包括对规律与变通方法的总结，因而在此着重对卷二十八的内容进行讨论。

卷二十八"斗科各项尺寸做法"开篇即明确了对于斗科各项尺寸进行规度的基础原则，"凡算斗科上升、斗、翘、昂等件长短高厚尺寸，俱以平身科迎面安翘昂斗口宽尺寸为法计算。"并依据斗口的不同尺寸，划分了从头等到十一等的用材等级。在以"斗口"为准规度各个分件尺寸这一总的原则的指导下，具体到每一分件，其尺寸常以"每斗口一寸，则长（宽、高）×尺×寸"的形式表述，例如：

"（平身科）大斗：大斗一个，每斗口宽一寸，大斗应长三寸，宽三寸，高二寸。斗口高八分，斗底宽二寸二分，长二寸二分，底高八分，腰高四分。

（平身科）单翘：单翘，每斗口宽一寸，应长七寸一分，高二寸，宽一寸。

（平身科）正心瓜栱：正心瓜栱，每斗口宽一寸，应长六寸二分，宽一寸二分四厘，高二寸。"

上述个例中着重界定的是分件尺寸与"斗口"尺寸间的比例关系，这种表述方法与《营造算例》中的"高按×口数"，或者"厚按斗口×分之一"的方法相比，虽然较为明晰精确，但不足之处在于缺乏对"斗口"作为尺度单位这一模数化"规度"方式的彰显。

3.6.3　关于"做法"之"规度"的特征

通过上述就《工部工程做法》大木作各卷中如何"规度"平面尺度(做法)、屋架尺度(做法)、构件尺度(做法)这三个方面展开讨论,可以归纳出"规度"所体现出的如下一些特征:

第一,作为"规度"对象的层次,与《营造法式》中以构件为基准单元不同,《工部工程做法》是将一座殿屋作为规度对象,这样不仅使得每一构件条文之间的关系更为密切,而且使"规度"的总体原则贯彻到构成殿屋的每一部分之中,而这一体例上的特征,很大程度上是建立在"做法"的模数化程度高度成熟的基础之上的,例如与《营造法式》中的"材"仅作为构件尺寸的模数而平面尺度与"材"的关联性并不明晰相比,《工部工程做法》中的"斗口"不仅体现出构件尺度的模数化,而且成为房屋平面尺度构成的模数单位。此外,对于不带斗栱的"大式"或"小式"殿屋,明间的面阔也成为在规度平面以致于构件尺寸时的总的基础性原则。

第二,关于"规度"的灵活与变通特征,近代以来有的研究将《工部工程做法》中关于"做法"的内容视为"将建筑的各部长、宽、高三量一件一件的记出"这般"各部分尺寸的排列",而如果"建筑物放大或缩小一分一寸,全篇便不能使用"❶,故如此呆板的体裁,不具有"举一反三"的可能性。对此观点,通过上文中对"做法"内容的分析,可以认识到其中存在着若干问题,即不仅脱离了《工部工程做法》的编纂宗旨,而且并不完全符合《工部工程做法》内容的实际状况。理由在于:首先,根据官式殿屋"等第"的要求,在《工部工程做法》中不可能出现任意放大或缩小一分一寸的现象,因为尺度的变化与"等第"有关,故必须遵照"经制"中所确立的原则,体现出一定的规律性,比如对于"大式带斗栱"的殿屋来说,其开间数的变化受到"经制"的制约,而开间尺度的变化则要以斗科"一攒"为准渐次递减,因此《工部工程做法》中的"做法"同样存在着"举一反三"的可能性,只是要受到一定原则或规律的制约。此外,书中的"做法"并非完全是"各部分的尺寸排列"这样呆板的体裁,相反在确定"做法"时,仍不时会体现出"规度"的灵活与变通之处,而这种灵活变通性在具体条文中常以"临期酌定"来表述,例如"大式带斗栱"殿屋在确定通面阔时,其灵活变通之处在于,梢间的尺寸既可以与次间相同也可以再收分"一攒",而这种变化可"临期酌定"。又如,对于"大式不带斗栱"或"小式"的殿屋,虽然列出了其常用的明间面阔尺寸,但同时也留出了次间、梢间面阔"临期酌夺地势定尺寸"这一灵活变通的余地。此外,关于某些构件(如檐椽)排布方式,"做法"在规定"每椽空档,

❶ 梁思成. 梁思成全集(第六卷)[M]. 北京:中国建筑工业出版社,2001:123.

随椽径一份"的同时，也给出了"每间椽数，具应成双，档之宽窄，随数均匀"的排布原则，同样体现出了"做法"的变通性特征。

第三，"规度"中"则"与"例"的关系。因《工部工程做法》又称为《工程做法则例》，故而对于书中的"则例"，近代以来的研究通过将其与另外一些清代文献汇编成的《营造算例》进行比较后做出了评价：

> "则例须要说明结构部分机能上的原则，归纳为例，包括一切结构部分的尺寸大小地位关系。……然而（《工程做法则例》）在则例方面，只是将各部分的尺寸排列，而不是比例的或原则的度量。……（与之相比）《营造算例》的内容都是原则算例，正是《工程做法则例》中所缺少的"则例"部分。" ❶

❶ 梁思成 . 梁思成全集（第六卷）[M]. 北京：中国建筑工业出版社，2001：123.

从中可知，该观点对于何为"则例"进行了界定，并据此认为《工部工程做法》的内容中只有诸如尺寸排列而形成的若干实例，却并无形成尺寸的"原则"，也就是说，《工部工程做法》中只有"例"而没有"则"。与之相比，《营造算例》内容中的既有原则又有算例，两者合起来可视为"则例"。应该说，这一观点指出了《工部工程做法》在体例上的一个明显缺陷，即每卷开篇均缺乏如《营造算例》中的"通例"那样针对于房屋各部分形成之原则的阐述，使得《工部工程做法》的内容看起来皆是由各部分尺寸罗列而成的"例"。然而如若仔细研究具体个例的内容，就会发现其中时常会有"原则"的融入，如步架如何分配，各步的"举架"如何确定，"出檐"如何计算这样一些关乎房屋尺度的重要原则，通常是在相关构件的做法中出现，因此，《工部工程做法》中的"则"通常是包含于"例"之中的。不过，《工部工程做法》中的"例"也并非全由"原则"指导下形成，而是相当一部分来自于经久可行的成例，在条文中即体现为若干尺寸数值（明间面阔尺寸、廊步的进深尺寸等），这些尺寸常被用来作为确定其他尺寸的基础性依据。由尺寸而得出尺寸现象在《工部工程做法》中比比皆是，这也是上述评价形成的原因所在。有鉴于此，比较全面的认识应为，《工部工程做法》中在规度"做法"时，其依据有时出自于原则，有时则基于成例，两者共同存在，而在阐述"原则"时的散乱状况，使得这一特征往往会被忽视。

诚然，《工部工程做法》关于如何规度做法的表述中还存在着诸如"缺乏图样示例，略于造作技术"❷ 这样的缺陷，但这些多是由该书的基本性质决定的，对此不必有超乎其原本宗旨的过多苛责。总体来说，《工部工程做法》中"规度"的对象由"构件"提升到了"房屋"的层次，且"规度"在种种严格的限制条件下仍具有一定的灵活之处，而在"规度"的过程中又体现出原则与成例的二者皆备，基于这些特征，《工部工程做法》中关

❷ 王璞子 . 清工部颁布的《工程做法》[J]. 故宫博物院院刊，1983（4）：54.

于"做法"的"规度"可视为"营——规度"的内涵在这一时期高度成熟且规范化的产物。

本章小结

本章以古代若干"土木之功"相关著作为对象,对其中"营造"内涵的基本组成部分"营"与"造"在各自相应文本中的含义进行了比较深入地探析与讨论:

对于"营"而言,首先分别选取了春秋至西汉渐次成书的《考工记》"匠人营国"篇与北宋的《木经》"营舍之法"为例,前者就文本中呈现出的"营"所涉及的城邑、宫室等建造活动中的基本内容,"营"在这些活动中的含义,"营"的行为主体身份等多方面展开讨论,在此基础上就"营"的方式、方法对后世实践产生的影响做出评述;后者则通过文本内容的解读就"营"在屋舍"上分"、"中分"、"下分"中的不同含义做出阐释。由此在各自内容分析的基础上将"匠人营国"与"营舍之法"相联系,探寻两者间"营"的含义所具有的既发展变迁又部分传承的特征:第一,就变迁而言,"营"不再仅仅是与"造"彼此独立的环节,而发生了指向性的变化,即成为"造"环节中的"营(谋划)",由此也使其具有了与技术密不可分之思想的特征。第二,作为"匠人营国"中"营"之含义的传承与拓展,其传承之处在于,均以人的行为方式(包括物在行为活动中的使用方式等)作为设计中的重要依据,而拓展之处在于,不再以之去确定尺度而仅是作为划分类型的依据,从而增强了设计的灵活度。接下来,作为"营"之内涵的进一步延展与演变的案例,又讨论了清代《工部工程做法》中的"规度",在这部著作中,"规度"在保持"营"的初始含义——度量尺寸的同时,又实现了内涵的延展与扩充:在朝廷"经制"的影响下,尺寸的确定首先要受到"等第"的制约,若将其与几部早期著作相比会发现,在"营"的内涵中关于人的基本使用需求部分的重要性在不断下降,而关乎精神层面需求的部分却在渐趋被提升至更高的地位。由此可以认识到,"营"之内涵不断充实的过程实际上就是文化不断附丽的过程,故而对于《工部工程做法》之"做法"中的"规度"来说,其所体现出的技术的日臻成熟与规范化特征,则往往是与官方的特定文化形态——"经制"的日益成熟与规范化密不可分的。

对于"造"而言,则分别以《考工记》之"匠人为沟洫"与《营造法式》为例,前者经由分析"为"所涵盖的内容,阐述了"为"(造)在古代早期"土木之功"中的主要着眼点;后者则经由对"造作制度"内容的构成与特征的讨论,探析了"造(作)"在《法式》"制度"部分中的含义。通过对前后两者各自的分析并将其中的某些相关内容联系起来加以比较,可以发现"造"的含义同样具有发展变迁与传承性，如关于"瓦屋四分"这一技术经验的总结，从早期的粗率规定到后世的详备细则，反映出建造技术能力的日臻成熟；更为值得注意的是，早期建造的着眼点较为单一，以实现技术的可靠性与有效性为主要目的，而后世的建造则着眼于更加广泛的层面，不仅关注技术本身，还放眼于由技术而衍生出的关于实现艺术性，推广经验范式等诸多领域的问题。

应该认识到，这一章的内容只是针对部分文本中所呈现出的古代"营造"之内涵在长期发展演变过程中的某些特征做了"片鳞只甲"式的探析，与对这一漫长而复杂的过程做出全景式的论述尚有较大的差距。然而，仅仅从对某些局部演变特征的分析与讨论中仍旧能够汲取许多对于值得传承借鉴的有益经验，例如作为独立环节的"营"所体现出的"各因物宜为之数"、"各因事宜别之类"等着眼于使用功能之基础要素——人的行为方式的设计理念，以及作为"造"之不可分割因素的"营"所体现出的建造技术中的种种涉及适应性、美观性与普及性的"谋划"等，即使以当下的建筑学标准去衡量依然具有相当的实践指导意义。

第四章

探析近代学术事件中的"营造"
(1920 ～ 1940 年代)

经过长期的发展演变，"营"与"造"及其组合而成的"营造"一词在古代社会的特定语境中具有了较为确切的内涵，但是"营造"语义的演变并未发生于特定的学科范畴内。而与之显著区别的是，近代以来，在国内外各种因素交互作用特别是建筑学进入中国后所引发的各种反应与思潮的影响下，以《营造法式》的发现与出版为契机，"营造"首次进入了中国学者的研究视野，在对"营造"内涵做出不同解读的基础上，产生了一系列以"营造"为名的具有深刻影响力的学术事件。这些学术事件集中地产生于20世纪的20～40年代，其中既有"中国营造学社"这一学术机构的成立及"营造学"这一学社总体研究思路的提出，又有在此一时期的建筑教育中的"中国营造法"、"营造法"等以"营造"为名的课程的设置，此外还出现了与"营造"内涵之解读密切相关的"营建学系"的组建，这些命名体现出丰富的思想认识，共同推动着"营造"一词的内涵不断实现拓展与充实。

"营造"这一词汇之所以在近代成为学者关注的对象，从根本而言是无法脱离当时复杂深刻的社会背景因素的，在此之前的古代社会中，由于主流的士大夫文化对于"土木之功"的轻视与排斥态度，使得难以形成与之相应的专业学科环境，所以对于"营造"来说，除了有部分专著对于"营"与"造"的若干方式方法进行过阐述外，在多数情况下"营造"仅仅是作为习以为常的语言现象透露出传统文化对于这一类活动的某些看法和观点，因此在传统文化未曾受到强烈冲击的漫长历史时期中，"营造"也就不具备从专业视角受到关注的前提基础。然而自19世纪中叶西方的坚船利炮敲开中国封闭已久的国门起，长期以来维系社会运转的文化体系开始受到剧烈的外来冲击，并随之产生了各个领域内新旧观念间的碰撞，引发出社会诸多方面的显著变革。

不过"营造"也并非从近代国门洞开的时刻起即受到关注，而是经历了一个数十年的社会演进过程后才逐步走入到研究者的视野之中的。这一过程涉及政治、经济、文化等诸多方面的背景因素，包括在政治变革及工业文明传播作用下导致的古代"土木之功"运作体系的瓦解，以及国内文化思潮的嬗变所产生的推助作用等，在这些背景因素所烘托出的社会氛围中又以"建筑学"的引入所带来的一系列深刻变化为最重要的前提，而近代中国知识分子强烈的本土文化觉醒意识则最终起到了决定性的作用。

4.1 "营造"受到关注的社会背景因素

4.1.1 古代"土木之功"运作体系的瓦解

正如前面两章讨论"营造"在古代各个层面文本中的内涵时所提到的，在封建王朝的政治制度下，"土木之功"运作体系中的两个重要环节"营"

与"造"分别由官员和工匠具体负责实施。随着封建王朝的落幕，以官员、工匠为参与主体的"土木之功"运作体系失去了赖以存在的政治制度根基，例如清朝的样式雷家族，其长期作为"掌案"供职于内务府样式房，专门为皇家工程服务，用"建筑学"术语表述（"建筑"作为一个概念，自清末起从日本引入中国，其大致过程将在后文予以阐述），"样式房"相当于"设计绘图室"，负责方案设计，按比例绘制设计图样和施工图样。❶不仅如此，"样式雷"还亲自承接室内楠木作装修的设计与制作，❷因而其兼具官员与工匠两种身份。这样一个地位显赫的家族在清朝灭亡后迅速地走向了没落，而导致其没落的主要原因就在于，国家政体的转变使得不再需要一个固定的专职机构为专制统治者的意志而效力，而且，随着民国时期建筑业行业规范的确立以及社会上大规模兴建者多为工业和民用建筑等的状况，使"样式雷"所遵循的工作方法及其所擅长的宫殿、园林、陵墓等建筑类型均失去了市场。从这个意义上来说，"样式雷"的衰落就是古代工程运作体系退出历史舞台的一个缩影。

不过，掌握传统建造技术的工匠并未就此销声匿迹，相反地，他们在工业时代潮流的冲刷下，通过一系列的建造实践很快地学会了与工业化生产的配合，并成功地转型成为新的产业工人。这其中比较典型的现象是，在深受外来文化影响的一些开埠城市中，大量出现了"营造厂"这类新兴的生产组织，"营造厂"这一名称本身就包含有继承传统的意味，"营造厂"在保留大量的旧时代工匠的同时，又与来自外国的建筑师保持着密切联系，从而使传统的建造不断地与工业化时代的设计和施工之间发生交流与磨合，并逐步实现了其向工业化设计和施工的转型。以诞生于清末的南京"陈明记"营造厂为例，其在1920年代初负责承建的金陵大学与金陵女子大学校园建筑，就清晰地体现出传统建造与工业化设计、施工间相互配合的特征。这两个校园项目中虽然建筑在大体上保持了中国传统的样式，但其结构体系与建筑材料等却是完全是西方新式的。因而对于"陈明记"来说，这无疑均是全新的课题。据主持这两大项目的建筑师、工程师回忆，在工匠们的主动配合下，建造中出现的几乎所有技术问题都被顺利地解决了，尤为值得注目的是，比较金陵大学的设计图纸和实际建造成果后会发现，两者间存在大量不尽一致的地方，而这些区别正是工匠们对设计中涉及中国建筑特征时不得要领之处加以纠正的结果。❸在此，可以附带提及的是，有资料表明"样式雷"也曾经试图在新的工业化时代继续谋求生存发展，❹虽然这一转型尝试最终以失败告终，但综合其他一些"营造厂"的运作状况，即可充分显示出了当年具有传统技艺的工匠们希冀主动顺应时代发展潮流所采取的种种努力已经形成较为普遍的趋势。

上述的事例表明，以"营造"为显著表征的"土木之功"运作体系在

❶ 参见李允鉌. 华夏意匠 [M]. 天津：天津大学出版社，2005：422.

❷ 参见汪江华. 清代晚期皇家建筑师的社会经济地位 [J]. 北京科技大学学报（社会科学版），2010（12）：160.

❸ 参见冷天. 墨菲与中国"古典建筑复兴"—以金陵女子大学为例 [J]. 建筑师，2010（4）：85.

❹ 根据王其亨教授对现存"样式雷"图档的整理研究，发现了其为山东泰安煤矿绘制的图纸。

20世纪初的社会主流层面中再也不是自然而然的，习以为常的传统（虽然其并未完全消弭），但是这一传统中的某些质素却在新的建造体系中仍然得以传承，也就是说，"营造"内涵的自发状态走向了终结，这样一来，就使得当出现与之对应的专业知识体系（建筑学）时，其就有可能成为专业视野下的认识对象。

4.1.2　社会文化中关于"现代化"认识的转变

自清朝末年，中国屡受外来侵略，遭遇深重的生存危机后，以救亡图存为目的的变革思潮成为国人上下的普遍共识，由此清政府采取了一系列学习并引进西方（包括日本）先进科学技术与文化教育的措施，以推动中国摆脱落后面貌进而走向现代化的进程，这其中就包括了建筑学教育的引入。在当时的社会观念中，所谓"现代化"基本等同于"西方化"，对于本国的优秀文化传统，则往往因缺乏足够的信心而少见到致力于将其与西方文明成果加以结合以实现其不断传承的探索。这种认识状况大致延续到民国初年，并且在当时的建筑领域中也有所呈现，即普遍出现了"凡是西方的都是好的"[1]这样一种现象，对此梁思成先生曾在其《中国建筑史》一书中有所回顾：

> "自清末季，外侮凌夷，民气沮丧，国人鄙视国粹，万事以洋式为尚，其影响遂立即反映于建筑。凡公私营造，莫不趋向洋式。……"[2]

到了1910年代末，随着第一次世界大战的结束，一些走出国门的文化学者，亲身感受到欧洲各国的种种社会危机后，开始重新审视西方现代文明并逐渐提升起对于本国文化的信心，他们以新的眼光反思传统文化之于西方之"现代化"的价值，如梁启超在《欧游心影录》中所言，"近来西洋学者，许多都想输入些东方文明，令他们得些调剂，我仔细想来，我们实在有这个资格，"他寄望国人"人人存一个爱护本国文化的诚意，""用西洋人的学问去研究他，得他的真相，""把他的文化综合起来，还拿他人的补助他，叫他起一种化合作用，形成一个新文化系统，"然后，"把这个系统往外扩充，叫全人类都得着他好处。"[3]在这里，梁启超对于传统文化之价值的立意尤为高远，他已经不再仅仅着眼于本国文化的振复，更是放眼于本国文化之于全世界的意义。这种基于本国文化之自信心基础上的远大抱负，非梁启超所独有，当时国内学者如严复、章太炎等都抱有类似的倾向。由此一种民族文化觉醒的思潮应运而生，"整理国故，再造文明"运动就是这股思潮的表现形式之一。另一方面，在此一时期中国文化也愈发引起了西方学者的兴趣，如罗素认为"中国固有之文明，如文学美

[1] 梁思成.梁思成全集（第六卷）[M].北京：中国建筑工业出版社，2001：234.

[2] 梁思成.中国建筑史[M].天津：百花文艺出版社，1998：501.

[3] 梁启超.欧游心影录[M].北京：中国社会科学出版社，1985：78.

术，皆有可观，且有整理保存之必要……往者欧洲尽力奖励生产，开发实业，力求物质文明，怠夫今日，破绽毕露，是又欧洲错误之经验，而中国不必效法者……"❶联系到他在 1920 年代初的访华曾引发全国范围内的"罗素热"，罗素对于中国文化的热情在中国文化学者中的影响力可见一斑。此外，另有一些关注中国文化并亲自来华实地考察的外国学者，如瑞典学者喜瑞仁（Osvald Siren）、德国学者鲍希曼（Ernst Boerschmann）等，他们有关中国古代文化艺术的著作相继出版，这在客观上也有助于提升国人对于自身文化传统的信心（按：关于这些西方学者的研究对于当时国内的影响，将在下文有所述及）。于是，"现代化"与本国传统文化之间的关系在许多学者的内心中发生了若干明显的变化，他们不再认为东西方文化存在着优劣的差别，所以在追求西方文化成果的同时不应丧失本国固有文化传统中的优秀成果，这一社会文化认识上的转变其影响同样波及建筑领域，使得以"洋式楼房""洋式门面"为主的局面有所改观，在最初的"少数外国专家了解重视中国美术者"及"其后本国留学欧美之诸专家"的尽力研求下，社会上日渐出现了"合并中西美术之新式中国建筑"的新风潮。虽然，属于这一风潮中的建筑物各自"中西结合"的措施不尽相同，成效亦参差不齐，但其出发点却大体趋同，即梁思成所总结的"一方面可以保持中国固有之建筑美而同时又可以适用于现代生活环境者"。❷

　　在 20 世纪初的 30 年间，关于什么是"现代化"，怎样走向"现代化"这些问题的认识在社会主流文化中发生了显著的变化，其中起到关键作用的是，经过对西方文明的重新认识以及对自身传统的再次反思，初步实现了对于本国的文化传统从自我鄙薄到逐渐重拾信心的重要转折，概括而言，即越来越多的学者认识到本国的文化传统与"现代化"之间并非对立冲突的关系，相反通过研究文化传统可以对中国"现代化"的道路产生积极的影响。

4.2 "营造"受到关注的重要前提："建筑学"进入中国

　　"营造"一词之所以受到关注除了不可或缺的社会背景因素之外，更重要的是需要一个学科专业环境作为其前提基础，这就是"建筑学"这一学科进入到中国，具体而言包括三个前提条件：第一，"建筑"作为概念被引入国内并广为国人所接受；第二，初步具有了建筑学的专业教育以及通过留学而产生的一批建筑学的专门人才；第三，外国学者对于中国建筑的研究对于国内学者产生了深刻的影响。当这三个条件同时具备时，作为能够突显出本国"土木之功"传统的词汇——"营造"，首先就有了"建筑"这样一个可供对应比照的知识体系，而且同时也具备了以"营造"为切入点开展研究的理论方法上的必要支持。由此，一旦出现促发性的契机，"营

❶ 冯崇义.罗素与中国——西方思想在中国的一次经历 [M].北京：三联书店，1994：126.

❷ 梁思成.梁思成全集（第一卷）[M].北京：中国建筑工业出版社，2001：33.

造"就可能会被作为一个典型的词汇被中国学者予以高度的关注。

4.2.1 "建筑"概念的引入

在中国古代语言中，曾出现过若干"建"与"筑"连在一起使用的现象，然而据路秉杰先生考证，"建筑"一词很少出现，❶且往往是作为动词，用于表示堡寨、城台等的施工兴造（按：因"筑"有捣土以使其坚实之意，所以"建筑"多用于土工施工），与当前普遍认识中的"建筑"大相径庭，而今天所谓之"建筑"的语义则产生于日本，即"建筑"作为名词且对应于英文的"architecture"是近代日本文化的一项创造，所以"建筑"作为概念进入中国，大致可分为两个阶段，第一个阶段是日本文化首先将"建筑学"与英文的"architecture"对应起来，使其具有名词用法的过程，第二个阶段是"建筑"这一概念引入中国的过程。

1. 日本文化中"architecture"与"建筑学"对应关系的形成

据徐苏斌教授考证，将"architecture"翻译为"建筑学"最早出现于 1862 年日本出版的《英和对译袖珍辞书》中，不过在当时这并不是固定的译法，如在《法和辞书法语明要》中将法语中的"architecture"译为"造家术"，于是因为引入来源的不同，造成一度出现了"建筑"与"造家"两者同时使用的状况。❷到 1894 年，伊东忠太发表了《论 architecture 的本意及其翻译的选定并希望更改造家学会的名字》一文，文中通过论证"architecture"的含义，强调了"建筑"的美术属性，建筑"与其说作为工艺的一科归属于工匠的手艺，还不如说认识认为是美术的一科更可信"；❸此外，"architecture"翻译为"造家学"过于狭窄，与之相比"建筑学"更为贴切，提出废止"造家"，统一使用"建筑"，正是在伊东忠太的倡议下，1897 年日本造家学会更名为建筑学会，1898 年东京大学造家学科也更名为建筑学科，自此"建筑学"成为了"architecture"的标准日译词汇。根据徐苏斌教授的研究，总体来说，此一时期在日本已经日趋成熟的"建筑"概念首要的是在英国"architecture"教育的影响下，引自英国学者多那德孙（T.L.Donaldson）所倡导的"architecture = architecture as a fine art + architecture as a science"的观点，即兼顾"建筑"的"工学"与"艺术"两大学科属性。另一方面日本又融入了本国对于"建筑"的理解，例如将"造园之术"也纳入其中。❹随后这一概念随着中国全面学习引进日本的教育体制而传入了中国。不过，在此应该注意到的一点是，伊东忠太在其《论 architecture 的本意及其翻译的选定并希望更改造家学会的名字》一文中所指出的"'architecture'一词起源于希腊，但希腊人却未用此字，罗马人始用此字，例如维特鲁威将此字用作宫殿寺庙等设计建造的艺术命名，留传至今"❺的观点中，所谓"流传至今"的说法，并未能将维特鲁

❶ 路秉杰先生认为"非但'六经无建筑'，在众多的诸子百家，稗官野史中也很少见'建筑'一词"。参见路秉杰."建筑"考辨[J].时代建筑.1991（4）: 30.

❷ "如在文部省系统使用建筑一词，而在工部系统使用造家。"参见路秉杰."建筑"考辨.时代建筑.1991.（4）: 30.
❸ 徐苏斌.近代中国建筑学的诞生[M].天津：天津大学出版社，2010: 46.

❹ 参见徐苏斌.近代中国建筑学的诞生[M].天津：天津大学出版社，2010: 30-39.

❺ 路秉杰."建筑"考辨[J].时代建筑.1991（4）: 28.

威的"architecture"与19世纪时"architecture"的含义作出区分，也就是说，中国所引入的"architecture"（建筑）是取自19世纪的含义而非古罗马时期的含义。（按：在维特鲁威的《建筑十书》中，"architecture"（建筑）概念涵盖房屋、日晷、机械等内容，较之于19世纪的"architecture"更为广泛。）

2. "建筑学"引入中国的初始概况

在未受到日本影响之前，早期向中国译介"architecture"一词的几部辞书如1847年出版的《华英英华辞书》中将"architecture"翻译为"造宫之法"，而稍后于1866年出版的《英华字典》中，则将"architecture"翻译为"工匠务，造宫之法，起造之法"，"architect"则译为"工匠，起屋建屋师傅，建造工人，泥水师傅，工匠师傅，工匠头，大工，大师傅，创始者。"可见在当时的中国并无将"architecture"与中文的"建筑"对应起来的现象。然而，在19世纪末当日本的"建筑"概念尚未引入的时候，一些来到中国在清政府部门担任官职的外国学者，如美国传教士丁韪良（William Martin）为了推行普及西方的教育体系，在其编写的《西学考略》一书中就已经尝试将"architecture"翻译为"营造之学"，"architect"则译为"营造师"，并以这种较容易为国人理解的方式去阐述"architecture"的这门学问的精要所在：

> "（营造之学）其要有三，一精算学，俾克测量，一经格化诸学，俾明水火土木金石之理，一善绘画之学，俾得作图布式。其营造师之昭著称为巨擘者，不但因才致富，且有封以显爵者，盖营造师乃工匠中将军之职也。"❶

❶[美]丁韪良.西学考略（卷下）[M].总理衙门印（同文馆聚珍版），1883: 24.

如果不考虑丁韪良来华的主要目的及其后来在八国联军侵华时的所作所为，仅仅就事论事的话，他所做的对于西方"architecture"学理的引介以及所采取的易于为国人理解的表述，确实具有开启国人心智的积极意义。虽然，他的表述并不尽切合事实，如"architect"与工匠的关系，在19世纪的欧洲早已不是一类身份了，将其解释为工匠中的"将军"或许是误解，又或许是出于方便国人理解的权宜之法。然而，这一可能会改变日后中国"建筑学"发展道路的事件在当年显然并未引发广泛的关注，设若这一译介能够引发国人关注并得到进一步研求的话，那么中国学人在其后近百年中对于"architecture""建筑""营造"三者认识上的纠结或可少产生一些误区，相反将能够以一种更为主动积极的姿态去面对、消化、接受西方不断更新中的"建筑学"观念了。正是从这个意义上来说，接下来将要发生的，即西方的"architecture"未能直接与中国文化中的"营造"发生联系，而需要经由日本文化的吸收消化与传播后，以官方引入的方式，使中国人被动地接受了一个似是而非的"建筑"概念，以至于为日后的种种质疑与纷扰埋下伏笔的这一历史过程着实是机遇错失后所造成的一大憾事。

"建筑学"作为学科的名称是随着 1902 年清政府推行新式教育时草拟的《钦定京师大学堂章程》，1903 年荣庆、张百熙、张之洞重新修订的《重订学堂章程》（又称"癸卯学制"）以及 1904 年制定的《奏定学堂章程》等一系列章程而由日本引入中国的。例如在《钦定学堂章程中》的"工艺科"中首次明确出现了"建筑学"，又如《奏定学堂章程》中"建筑学门"的课程中更是直接使用了日本课程的名称："建筑意匠""建筑历史""建筑材料"等莫不如是，而如果从整体上比较日本东京帝国大学与《奏定学堂章程》中建筑学科的课程设置，就会发现后者对于前者的参照移植非常明显，这种直接效法日本学制的做法，取决于张百熙、张之洞等人的共识，他们一致主张与其学习西洋不如学习东洋，这样既易施行，又可事半功倍。[1] 由此通过学制的引进，"建筑"这一词汇就与其所包含的日本对于"architecture"的认识一起作为相对固定的概念被引入中国。从《学堂章程》中建筑学科的课程分布看，有关"技术"方面的课程所占比重较大，而"艺术"方面的课程则相对较少，且均为补助课，这也是基于日本早期对于"建筑"教育的学科定位——"工学甚于艺术"所呈现出的一个明显特征（表4-1）。

然而，尽管此时已经引进了建筑学科的课程体系，但是直至清朝政府被推翻，在京师大学堂的建筑学科却始终未真正开办，只有在北京、天津的一些工业教育机构中开办了建筑学的教育，包括在北京的农工商部的艺徒学堂于 1910 年前后开设了建筑科，而同属农工商部的高等实业学堂则诞生了中国最早的建筑学教科书《建筑新法》，该书的著者就是在这两所学堂中担任教职的近代建筑教育的一位重要人物张锳绪。

[1] 参见张之洞《劝学篇》："西学甚繁，凡西学不切要者，东人已删节而酌改之，中东情势，风俗相近，易仿行，事半功倍，无过于此。"

东京帝国大学工科大学建筑学科与《奏定学堂章程》工科大学建筑学科课表比较

表 4-1

学年	东京大学建筑学科课程	《奏定学堂章程》建筑学科课程
1	数学	算学
	热力关	热力关
	应用力学	应用力学
	测量	测量
	地质学	地质学
	应用规矩	应用规矩
	建筑材料	建筑材料
	家屋构造	房屋构造
	建筑意匠	建筑意匠
	建筑历史	建筑历史
	日本建筑	

续表

学年	东京大学建筑学科课程	《奏定学堂章程》建筑学科课程
1	配景法 自在画 应用力学制图和演习 测量实习 制图及配景图 计画及制图	配景法及装饰法（补助课） 自在画（补助课） 应用力学制图和演习 测量实习 制图及配景图 计画及制图
2	卫生工学 装饰法 日本建筑 水力学 建筑意匠 施工法 建筑条例 制造冶金学 美学 自在画 装饰画 计画及制图 实地演习	卫生工学 配景法及装饰法（补助课） 水力学 建筑意匠 施工法 冶金制器学 美学（补助课） 自在画（补助课） 装饰画（补助课） 计画及制图 实地演习（不定）
3	地震学 装饰画 自在画 计画及制图 实地演习 卒业计画	地震学（补助课） 装饰画（补助课） 自在画（补助课） 计画及制图 实地演习（不定）

资料来源：引自徐苏斌.近代中国建筑学的诞生 [M].天津：天津大学出版社，2010

作为较早的具有留学日本经历的一位学人，[1] 在《建筑新法》的序言中，张锳绪提及了编写这部教科书的缘由在于，当年国内对西洋建筑大多"徒摹其形似，而不审其用意所在，非效法之善者也"，而建筑学在西方教育中甚为重要，"可见此学关系于吾人生活之重且要"，因此他本人在经过留学时的"稍治建筑之学"，[2] 以及归国后亲历工程实践，尤其是担负教授建筑科后，开始着手"博采东西各国建筑书籍之粹，参照著者数年以来研究之心得"[3] 编写该书。

《建筑新法》分为两卷，第一卷是总论，第二卷为分论，每卷又各自分为三章，从各章节内容看，正如作者在"凡例"中所言，该书重在实用，主要涵盖了结构、构造、设备等属于"技术"层面的内容，并且包含了"绘图布局"等"设计"方面的内容，此外，还选取了几类具有代表性的建筑物如剧场、病院、住宅、学堂、工场等从各自实际应用的角度分别说明了其设计时应注意的一些事项（表4-2）。另外，从该书书名中即可一目了然

[1] 参见徐苏斌教授在《近代中国建筑学的诞生》中对于张锳绪留学经历的叙述。
[2] 见张锳绪所作《建筑新法》"序"。
[3] 见张锳绪《建筑新法》"凡例"。

的是，所谓"新法"，理所当然其介绍的是近代建筑学领域新兴的一些科学原理和实施方法，因此并不涉及中国传统的房屋营建技术，不过各章的名称仍然沿用了传统中的称谓，例如将基础施工、墙体、门窗等归为"瓦工"，将屋顶的桁架、葺顶、楼板桁架等归为"木工"，应是为了易于理解接受而为之，这也是传统中将房屋建造视为"土木之功"这一习惯的延续。关于张锳绪本人对于中国建筑学的贡献，当代学者曾给予了高度的评价，认为"他是目前所知将建筑这一新的学科名称、学科内涵及其实际应用原理一起引入中国大学教育的第一人，"这部《建筑新法》的突出价值在于"向中国引介了一种以使用功能为出发点和以结构构造为基础的现代设计方法。"❶

❶ 赖德霖.中国近代建筑史研究 [M].北京：清华大学出版社，2007：129.

《建筑新法》各章节内容　　　　　　　　　　表 4-2

卷一 总论	第一章 瓦工	第一节 地基
		第二节 地基之材料
		第三节 土地负力之测定法
		第四节 墙壁
		第五节 求墙厚法
		第六节 门窗洞之砌券法
		第七节 门窗洞之尺寸
		第八节 墙炉
		第九节 檐头
	第二章 木工	第一节 大木工桁架
		第二节 葺顶
		第三节 楼板桁架
		第四节 隔断墙
		第五节 细木工 门窗
		第六节 楼梯
	第三章 粉饰油饰及玻璃工	第一节 粉饰
		第二节 油饰
		第三节 镶玻璃
卷二 分论	第一章 通气 采光 疏水	第一节 通气
		第二节 取暖
		第三节 采光
		第四节 疏水
	第二章 绘图布局	第一节 绘图求房高之法
		第二节 布局

续表

卷二 分论	第三章 应用问题	第一节 剧场
		第二节 病院
		第三节 住宅
		第四节 学堂
		第五节 工场

资料来源：引自徐苏斌.近代中国建筑学的诞生 [M].天津：天津大学出版社，2010

不过，在 20 世纪前 20 年间的早期建筑学教育中，虽然在章程中有了"建筑历史"的课程，但在实际教学中却没有出现有关中国建筑历史的课程，究其原因，可归结为如下的因素，首要的，在全面学习西方"现代化"成就的浪潮中，不论是官员、士大夫阶层的普遍看法，还是专职建筑教育者的主观认识中，一则认为中国文化中历来缺乏对于该项学问的研求："神州古籍，蔑视工巧，讳言匠事，周礼冬官大司空之所掌则在建邦之事，书缺简脱，汉儒纂补，考工记仅缀绪论，未能加详，马班作史，网罗万事，独未及百工，鲁班遗书，工匠崇为圭臬，而参涉谬妄等于郢书燕说，故百工之业简陋不备，无一可传，殆为神州之绝学矣。"[1]，一则认为中国自古沿袭下来的房屋建造模式既不科学又弊端丛生，如在 1920 年出版的《建筑图案》一书的序言中曾对此评述道："我国梓人只知墨守成规，不知打样为何物，测量为何物，惟古式是尚，而未能革新，既耗费又陈腐，可不慨欤？"[2] 再者，当时在国内还没有出现系统学习过西方或日本建筑历史的专门人才，因而该课程的相关理论未曾被引入国内。由此上述两种因素的叠加使得"建筑历史"只能暂时停留在办学章程中，而关于中国建筑历史的研究在国人间也未曾真正开展。

随着这一时期教育领域中对于"建筑"概念的接受，在 20 世纪初的一般社会文化层面中也实现了对此概念的普遍认同，不过在认可新概念的同时，传统中对于"建筑"的使用方法也并未完全消弭。例如在 1915 年版的《辞源》就有了"建筑物"和"建筑学"两个条目，"建筑物"解释为："如房屋、桥梁、棚厂等，凡以人工建筑者皆是"；"建筑学"解释为："研究关于建筑物事项之学，大别为普通建筑学、军事建筑学两种，单称建筑学时则恒指普通建筑学而言。"可见，两者的释义是相互关联的，若将"建筑物"的释义进行分析后可知，其中既点明了"建筑"概念的新内涵，也延续了旧有认识中将"建筑"作为动词的习惯用法，故此呈现出一种新旧并立的过渡状态，而这种关于"建筑"认识中新旧并立的状况在一定的时期内得以持续存在着，例如 1931 年落成的中山陵光化亭就镌刻有："建筑师刘士能，刘福泰监造，福州工匠蒋源成建筑"的文字，即可视为对于"建

[1] 见唐文治为《建筑新法》所作"序"。
[2] 见沈康侯为《建筑图案》（葛尚宜著）所作"序"。

图 4-1 中山陵光化亭镌刻中的"建筑"
图片出处：东南大学建筑学院．刘敦桢先生诞辰110周年纪念暨中国建筑史学史研讨会论文集[M].南京：东南大学出版社，2009．

筑"两种认识并存的又一例证（图 4-1）。

在"建筑"一词已经开始在社会文化中广泛使用的同时，作为长久习惯的沿袭，"营造"也同样保持着生命力，一时间形成了"建筑"与"营造"两者并存的局面，比如在作为行业组织机构的名称时，既有传承性的"营造厂"的存在，也有新兴的"建筑公司""建筑事务所"的出现。

4.2.2 留学教育中"建筑学"人才的出现

20 世纪初虽然在中国已经有了一些学堂开办了建筑学教育，但对于造就成规模的建筑学人才而言，却是在很大程度上得益于当年一批留学生在日本、欧洲、美国的高等学校中系统地接受了"建筑学"的专业教育。自 19 世纪后半叶起，以官费与自费用两种渠道为主，越来越多的中国学生远涉西洋或东渡日本，在英、美、法、德、日等近代工业强国的各类学校中学习先进的科学技术，他们之中主修建筑学专业或者曾选修建筑学课程的并不在少数，至于这些留学生选择建筑学作为专业的原因，从目前所见到的记载看，并未有直接可循的线索。针对这一原因，赖德霖教授曾提出疑问，既然在中国古代观念中视匠作为低下，那么为何当年又有如此多的官宦子弟、青年才俊选择建筑学作为专业呢？为此他在广泛搜集了一些可作为佐证的相关史料并采访了健在的留学亲历者后，提出了社会上观念的转变是造成这一现象的重要缘由。具体而言，即通过与西方文明在各方面的接触，诸如在北京、上海等地大量西洋建筑和西洋建筑师的涌现，引发了众人的羡慕，因而"建筑师早已不被看作是匠人了"[1]；此外，随着一些学者通过出洋考察后的亲自体验更加促使了到 20 世纪初，中国人已经认识到"建筑学作为一门科学"[2]且与现代化有着密切的关系。

中国学生留学的目的地最初以欧美诸国为主，之后到了 19、20 世纪之交，又开始出现了留日学生逐渐增加的趋势。前面曾提到的张镆绪就是较早在日本东京帝国大学学习过建筑学的留学生之一，在日本开办建筑学教育的各所学校中，东京高等工业学校的建筑科比较集中地汇聚了中国留学生，许多日后在中国国内建筑学的各个层面中发挥着开拓者作用的人才，如柳士英、刘敦桢、黄祖淼等先生就出自这所学校。在日本之外，一批通过庚子赔款留学美国的清华学生，无疑对中国后来的建筑学道路产生了最为深远的影响。特别是宾夕法尼亚大学建筑系更是荟萃了众多优秀的中国

❶ 赖德霖．中国近代建筑史研究[M].北京：清华大学出版社，2007：135.
❷ 同上：131.

留学生，如赵深、杨廷宝、梁思成、陈植、童寯等，他们在赴美之前就经过了层层的严格选拔，并且具有扎实的艺术功底，在宾大学习期间更是取得了优异的成绩，学成归国后这些青年才俊无论是在建筑学教育或是在工程实践中均成为不可或缺的中坚力量，而由他们所创建的理论体系，奠定了中国建筑学起始与发展的主导模式并一直传承至今。关于这些在留学教育中产生的建筑学人才在国内发挥的实际作用，赖德霖曾总结为如下几个方面的贡献：

> "首先，他们通过创作和宣传在中国树立了以科学性、文化性、艺术性为特征的新的建筑概念；其次，他们通过建立专业组织，确立了自身的专业资格，职业标准和道德规范；第三，这些建筑师通过研究学术，创办刊物，深化并推广了中国建筑学术；第四，通过兴办教育，为中国培养了更多专业的人才，扩大了中国建筑学的专业队伍。"❶

❶ 赖德霖.中国近代建筑史研究 [M].北京：清华大学出版社，2007：143-144.

在这几项贡献之中，"研究学术"就包括这些学者后来在中国营造学社中所从事的研究工作，而就兴办建筑学教育来说，较为鲜明的有别于清末与民初所颁布学制的是，这些学者在借鉴移入西方的课程体系的同时，结合自身的研究方向，对其进行了必要的"中国化"改造，其中最为显著的就是增加了本国建筑历史以及传统建造技术方面的课程。如是者，在"研究学术"与"兴办教育"中注意将建筑学与本国传统中的相应知识体系实现某种程度结合的各种探索，正是下文要着重讨论的在"建筑学"之"民族性"觉醒的过程中，中国建筑学者开始在诸多层面所努力践行的实际举措。

4.2.3　研究中国建筑之外国学者的影响

随着近代国门的洞开，国内若干重要的文物发现（按：以敦煌藏经洞的发现为代表）促发了西方学者们的高度兴趣，于是在欧洲兴起了研究汉学（Sinology）的又一次热潮，在无法回避的殖民心态与文化掠夺意识的驱动下，一些学者来到中国开展文物古迹的实地考察，由于有了测绘和摄影技术的支持，他们因而能取得大量的关于中国建筑艺术的早期研究成果，其中比较突出的是瑞典学者喜瑞仁和德国学者鲍希曼关于中国建筑艺术的大量著述。几乎与此同时，日本学者如关野贞、伊东忠太、常盘大定等人，也紧跟着日本对华侵略掠夺的步子，从事了大量中国古代文物的考察研究工作，他们的研究水平较之于欧洲学者更胜一筹，这些出自欧洲与日本的研究成果一经出版问世，立刻引起了国内建筑学者的注意。对此，梁思成先生曾回忆到：

"近二三年间（按：指1930年代初），近二三年间，伊东忠太在东洋史讲座中所讲的《支那建筑史》，和喜瑞仁（Osvald Siren）中国古代美术史中第四册《建筑》，可以说是中国建筑史之最初出现于世者。伊东的书止于六朝，是间接由关于建筑的文字或绘刻一类的材料中考证出来的，还未讲到真正中国建筑实物的研究，可以说精彩部分还未出来。喜瑞仁虽有简略的史录，有许多地方的确能令洋人中之没有建筑智识者开广见闻，但是他既非建筑家，又非汉学家，所以对于中国建筑的结构制度和历史演变，都缺乏深切了解。现在洋人们谈起中国建筑来，都还不免隔靴搔痒。" ❶

❶ 梁思成.中国建筑史[M].天津：百花文艺出版社，1998：508.

从这段文字的表面上看，梁思成似乎并未对于伊东忠太和喜瑞仁等人的著作予以较高的评价，但是近年来有关梁思成建筑史学思想的研究表明，喜瑞仁、鲍希曼、关野贞等人对于梁思成初期的中国建筑研究起到了相当程度的启发作用，尽管有时这种启发是来自于书中的某些缺陷之处的。❷

❷ 相关研究成果有张帆的博士论文《梁思成中国建筑史研究再探》,赖德霖的《鲍希曼对中国近代建筑之影响试论》一文，李军的《古典主义、结构理性主义与诗性的逻辑——梁思成、林徽因早期建筑设计与思想的再检讨》一文等著述。

对于当时国内的建筑学者来说，虽然有着西方教育的背景，但是他们却往往依旧不能脱离与生俱来的传统知识分子的文化根基，这就使得这些学者始终保有着复兴本国文化的深重使命感，因此在面对西方学者的研究成果时，不能不对他们的民族自尊心产生明显的刺激，从而促使他们以不甘落于他国人之后的旺盛热情投入到本国建筑的研究之中。不过，另一方面，他们也在潜移默化间收获着来自西方研究的启发，朱启钤先生就曾专门提到过这种启发的意义：

❸ 朱启钤.中国营造学社开会演词[C]// 中国营造学社汇刊.第一卷第一册，1930：9.

"吾东临之友，幸为我保存文物，并与吾人工作方向相同；吾西邻之友，贻我以科学方法，且时以其新解予我以策励。" ❸

除了上述外国学者的研究所产生的刺激与启发作用之外，在这一时期，一些外国建筑师在华的设计、建造实践大量采用中国传统建筑的样式的做法，同样受到了国内学者们的关注，由于这些建筑物普遍存在的"对于中国建筑权衡结构缺乏基本的认识" ❹ 的通病，使学者们愈发陡增了尽快开展中国建筑研究的强烈迫切感与责任心。

❹ 梁思成.梁思成全集（第六卷）[M].北京：中国建筑工业出版社，2001：234.

4.3 "营造"受到关注的必然性

"建筑"概念的引入与一批通过留学获得专业培养的"建筑学"人才的出现，为"建筑学"在中国的起步与发展奠定了基础。在本国社会文化大环境中对于"民族性"热情空前高涨的这一内在动力的驱使下，以及在欧洲、日本等国学者竞相涉足中国建筑研究这一外部力量的刺激下，探寻"建筑学"与本国相应文化传统的各种结合方式（如将建筑学理论应用于对于本国相应文化传统的研究，或者将本国文化传统中的某些成就融入到建筑学教育体系中）就极有可能成为这些学者们的共同追求。但这些均是促发"营造"受到关注的必要前提而非充分的必然性因素。在此，需要作出回答的是，为什么是"营造"而非其他的词汇成为关注的对象，其必然性又在哪里？

首先，应该认识到的是，不论是留学国外的建筑学者，还是国内出身于科举的知识分子，他们都具有较为深厚的传统文化根基，因此，他们对于古代语言中将"营造"作为"土木之功"之代称的表述习惯可以说相当的熟稔。这一点在朱启钤先生的早期著述如《重刊〈营造法式〉后序》的"营造"表述中，体现的非常明显。而在这些学者开始逐步认识"建筑学"之后，在他们的思维中，出现了"营造"即为中国古代对于"建筑"的称谓这一认识，由此在两者之间就确立起了对应的关系，"营造"与"建筑"的对应，使得只有"营造"而非其他词汇才可担负起与西方建筑学对话的重任。

第二，《营造法式》的发现与重刊强化了人们对于"营造"这一词汇的特殊情感，尽管当时关于《营造法式》的研究仍处在传统学术的框架之下，尚未引入"建筑学"的方法，但是这一具有非凡意义的事件，使本已有着强烈民族文化觉醒意识的早期建筑学者们深受鼓舞，随着对《营造法式》内容与意义的理解不断深入，更使得他们进一步认识到"营造"内涵的丰富性，而"营造"所具有的文化承载意义也达到了前所未有的高度，由此"营造"受到关注，就成为了历史的必然。而这种关注的方式，在近代时期则大多表现为将"营造"作为学术事件的名称，从而一方面突显出"营造"这一中国建筑文化最鲜明载体的地位，另一方面则使其成为关于中国建筑文化之理论研究或教学实践的有效切入点。至此，外部因素与内在动因的二者兼备，最终使"营造"这一在中国文化中源远流长，意义隽永的词汇成为专业视野下所关注的对象，而这种关注在一系列以"营造"为名的学术事件中最为凸显。

4.4　"中国营造学社"的成立与"营造学"的提出

近代以"营造"为名的学术事件中以"中国营造学社"与其所提出的"营造学"这一总体研究思路影响最为重大，并且在其指导下取得了为世人瞩目的显著成就。以下将分别就中国营造学社成立的背景、动因，其命名中对于"营造"一词含义的阐释，"营造学"所体现出的关于"营造"内涵的理解及其指导下的学术研究的代表性成果逐一展开讨论。

4.4.1 "中国营造学社"成立的背景与动因

中国营造学社是近代国内重要的学术研究组织，它的成立是在当时社会中学术研究的普遍趋势背景下由一些直接动因促成的，对这些背景因素与直接动因的回顾，可以为探寻学社命名以及总体研究思路中的观念内涵等一系列问题提供认识的基础。

朱启钤先生在《中国营造学社缘起》一文中开篇即阐述了中国营造学社产生的缘由及其学术背景：

> "中国之营造学，在历史上，在美术上，皆有历劫不磨之价值，启钤自刊行李明仲《营造法式》，而海内同志始有致力之涂辙，年来东西学者，项背相望，发皇国粹，靡然从风。方今世界大同，物质演进，兹事体大，非依科学之眼光，作有系统之研究，不能与世界学术名家，公开讨论。启钤无似，深惧文物沦胥，传述渐替，爰发起中国营造学社，纠合同志若而人，相与商略义例，分别部居，庶几绝学大昌，群材致用。" [1]

❶ 朱启钤. 中国营造学社缘起 [C]// 中国营造学社汇刊. 第一卷第一册, 1930:1.

在探究营造学社成立的动因与背景时，这段文字中有几个关键词可作为非常有力且鲜明的线索，即："营造学"、《营造法式》、"国粹"与"科学"。在当时的时代背景下，这些关键词都具有特定的内涵。例如"营造学"为朱启钤先生首先提出，虽然作者并未就"营造学"这一概念做出诠释，但是却指明了"营造学"与《营造法式》间的关系，即《营造法式》为研究"营造学"之"涂辙"。至于"国粹"与"科学"，则与今天一般认知中的"国粹"与"科学"内涵有较大差异，因而必须回到当年的语境中，通过对这些概念的追溯，才能大致了解营造学社成立的背景与动因。其中，作为"营造学"研究的途径——《营造法式》的刊行可视为学社成立的直接动因，而这一学术事件的发起者，朱启钤先生的个人经历与学术素养，虽然在文中未提及，但同样决定了学社孕育的进程。就其他两者而言，对于"国粹"的推崇与对于"科学"的重视，则可视为学社成立的社会文化背景。由此，通过对《中国营造学社缘起》一文中若干要点的分析，得出从文化背景与直接动因两方面去探寻营造学社成立的缘由，应是一种可以施行的研究路径。

1. 营造学社成立的背景："国粹"与"科学"

1）保存"国粹"的热情

在《中国营造学社缘起》一文中，朱启钤先生把《营造法式》及"营造学"作为中华民族的"国粹"对待，认为必须将其发扬光大的观点，是受到当时文化界保存"国粹"的研究热潮影响的。在 19、20 世纪交替的年代，中国文化学者们面对着来自西方文明各方面的强大压力，在民族危机的紧迫环境中，在深感震惊与不安的同时，转而向传统学术中寻求信心与力量，迸发出了对本民族传统文化的空前热情，从自身文化传统中寻找救亡图存的出路，这是中国文化学术界在内外交困中的一种不得已的选择。

据当代学者考证，"国粹"一词来源于日本，在日本明治维新时期，面对过度欧化的现象，日本学者发起政教社，倡言国粹保存，以维护民族自尊，承续民族传统，政教社所说的国粹，指一种无形的民族精神，一个国家特有的遗产，一种无法为其他国家模仿的特性。❶这些主张伴随着"国粹"的概念一经传入中国，即在与日本同样经历西方文化冲击的中国学者中间引起共鸣。于是在国内，以国粹研究为目的的学术组织先后发起形成，他们以千百年来的固有学术——"国学"为国粹的基本内容，将研究国学、保存国粹提升到事关民族存亡的精神高度，虽然在后来的新文化运动中，往往被指责为"抱残守缺"的文化保守主义立场，但是从其主观意图看，这些学术组织并不是简单地要复封建之古，而是试图追慕西欧文艺复兴革故鼎新的道路，在中国发起一场新的国学复兴文化运动。❷在这场运动中，随着研究的深入，学者们对于"国粹"的范围，从传统意义上的国学——"经史之学"向着更广阔的民间学术领域延伸开来，一时间，方言、民俗、口头文学等来源于民间的材料引发了学者们极大的研究兴趣，并诞生出许多新的学术门类与学术名家。由此，联系到朱启钤先生在清末民初已经开始注意访求民间匠师智慧的行为，不能说不是融入到这一在保存国粹的过程中重视民间材料的研究的时代趋势中了。

2）"科学"精神的引入

在《中国营造学社缘起》一文中，朱启钤先生提出以"科学"的眼光研究中国营造学的观点，这里的"科学"在当时的时代背景下，有着特定的涵义，对此学社亲历者罗哲文先生曾有过论述："当时所谓的科学，不是指具体的自然科学中的数理化，而是指一种科学精神，这种科学精神的实质就是实事求是的精神，这也是受当时实证主义哲学思想影响的结果。所以我们要注意对当时科学涵义的理解，不然，我们就不能理会为什么科学这一术语首先是由北京大学的一些文人学者先提出来。"❸在 20 世纪初的中国学术界，将来自西方的科学精神，引入到中国传统史学及其他学术领域中已经成为了一种趋势，这中间涌现出众多成就突出的学术名家。在此仅以王国维、胡适、梁启超等人为例，简要概述其学术思想中的"科学"精神及在此指导下的方法创新。

王国维是一位在中国新史学的产生过程中发挥过卓著作用的人物，他通过比较东西方在思维方式上的差异，认为应努力借鉴吸收西方研究方法的优势，以完善中国的既有方法，提出了将西方现代史学中的实证方法与中国的文献考据传统两者相结合的理论创见——"取地下之宝物与纸上之

❶ 秦弓. 整理国故的动因、视野与方法 [J]. 天津社会科学，2007（3）：107.

❷ 崔勇. 中国营造学社研究 [M]. 南京：东南大学出版社，2004：31.

❸ 崔勇. 中国营造学社研究 [M]. 南京：东南大学出版社，2004：277.

遗文相互释证"，即"二重证据法"。这一研究方法上的创新被后来者广为遵循，并奠定了王国维作为"新史学开山人（郭沫若语）"的地位。

胡适作为"整理国故"运动的主要倡导者，首倡用科学的研究方法去做国故的研究，指出要有一个"为真理而求真理的态度"[1]。为此，他提出了"整理国故"的具体方向："第一，用历史的眼光来扩大国学研究的范围。第二，用系统整理来布勒国学研究的资料。第三，用比较的研究来帮助国学材料的整理与解释。"[2] 这些观点可以说是源于杜威"实验主义"的学术思想，也就是胡适对其总结出的两个步骤，第一是历史的态度，第二是实验的方法，"系统"与"比较"即属于此。虽然胡适的这种尝试受制于他对于西方史学文化背景认识的局限，但是仍然在方法上为新史学的发展注入了活力。

梁启超同样是一位重视史学研究方法创新的学者，特别是对于东西方文化优势与不足的深刻反思，使其着力于构建自己的史学研究框架。当时刚结束不久的第一次世界大战，给欧洲文明造成了巨大的破坏，使得许多曾经竭力主张效仿西方模式以改造中国社会的知识分子开始重新反思中国古代文化的价值和意义。梁启超就曾于这期间访问欧洲，他目睹了欧洲社会的种种危机和凋敝景象后，重新恢复了对于东方文明的自信心，并且提出将东西方文化结合起来，创造一种"综合主义"的现代文化的见解。回国后，梁启超撰写的《中国历史研究法》一书就是将西方近代史学理论与中国史学方法相结合的产物，在书中梁启超就史学的意义、范围，过去中国史学界的反省，史学的改造，史料的搜集与鉴别，史迹之论次等诸多问题做出了广泛的论述，其中关于如何搜集史料，总结出了两种途径：第一，文字记录之外的史料来源，第二，有文字记载的史料。对于前者，又可分从三种渠道获得，即现存之实迹，传述之口碑，遗下之古物。[3] 这一理论创见或可看作是对于王国维史学思想在方法论上进一步细化的产物。

在新旧世纪交替，西学东渐的时代背景下，王国维、胡适、梁启超以及与之同时代的一大批学术巨匠力图通过以西方的科学精神改造中国传统的治学方式，他们的种种努力与作为，一经广为认同便逐渐演化成文化学术界的普遍风气。营造学社成立缘起中强调"科学眼光"的重要性，显而易见是受到了这一风气的影响。

2. 营造学社成立的直接动因：必然因素与偶然因素

在中国营造学社成立的动因中，学社发起人朱启钤先生的个人经历与学术素养无疑是极为重要的基础因素，而1919年《营造法式》的发现与重刊则为要件，进一步成为组建营造学社的重要契机。关于这两者对于推动学社成立所起的作用，在营造学社的亲历者罗哲文先生的一次访谈中曾经有过如下的回顾："……朱启钤先生有意要创办一个学术专门机构研究

[1] 胡适.胡适文存（2）[M].上海：上海三联书店，2014：286.

[2] 胡适.《国学季刊》发刊宣言.国学季刊.第一卷第一号，1923.

[3] 梁启超.中国历史研究法[M].南京：凤凰出版传媒集团、江苏文艺出版社，2008：45.

中国古代建筑，这可以说是历史选择了朱启钤先生，也可以说朱启钤先生选择了历史，这也是历史必然与偶然统一的结果。说其必然，是因为朱启钤先生为官的时候曾经主持过水利工程，有实践工作的经验和体会，而且对中国传统历史文化有深厚的情感；说其偶然，是因为朱启钤先生在政治上下台后想做一些实事，而且在南京发现了李明仲的《营造法式》一书……" **❶** 由此可见，《营造法式》的发现作为朱启钤先生长期以来亲历工程实践并着意于古代建筑等经历中的一个节点，两者各自的偶然性与必然性，共同推动了学社的诞生，因而在讨论营造学社成立的动因时，有必要将两者结合起来，寻找其间的联系，以期做出比较全面的分析。

1）必然因素：朱启钤先生的相关经历与学术素养

在《中国营造学社开会演词》中，朱启钤先生将自身与古代建筑文化的渊源进行了概述，从中或可了解到他对于古建筑的关注与热情与个人经历间有着千丝万缕的联系。朱先生早年在清末兴办实业的浪潮中，就参与管理了多项土木工程项目，如 1895 年专管云阳打汤子新滩工程，1905 年主持天津习艺所工程，其后又于 1906 年任职北京巡警部时，"于宫殿园囿城阙衙署，一切有形无形之故迹，一一周览而谨识之。"在此期间，朱先生身兼"将作之役"，他注意广泛接触"坊巷编氓、匠师耆宿"，通过"聆其所说"，从中汲取了民间工匠的智慧。这些口耳相传的智慧，在当时是士大夫不屑耳闻的，然而朱先生却"蓄志旁搜"**❷**，视若珍宝。此外，他还对当时不为人重视的文字资料，如工程则例之类，同样进行研读详审，这一经历，用朱先生自己的话说，是他注意搜集故书并进行整理的起始。其后，在任民国北洋政府内务总长时，朱先生主持了多项北京的市政工程，如开放太庙、社稷坛，布置文物陈列所，改造正阳门与城市街道等，其间耳闻目睹，在立意于将上述民族瑰宝公之于世的同时，愈发感到此类文献典籍的缺失，于是增强了进一步访求故书，博征名匠的志向，正是这些着意的追求，为日后发现《营造法式》这一看似偶然事件奠定了必然的前提基础。

就个人学术素养而言，朱启钤先生对于古代多种艺术门类，如漆器、竹器、女红、碑帖等均有较高造诣，并著有《存素堂丝绣录》与《存素堂文物账册》二书，这些都为其后营造学社立足于从整体的艺术层面关注古代建筑研究的广阔视野提供了有力的鉴借。

2）偶然因素：《营造法式》的发现与刊行

1919 年，朱启钤先生赴上海出席南北议和会议，途经南京时，在江南图书馆发现了手抄本的宋《营造法式》，这一发现，不仅给朱启钤个人以极大的触动，而且促使其萌生了组建学术机构作专门研究的理想。《营造法式》的发现对于朱启钤的影响主要在于：首先，他第一次了解到我国

❶ 崔勇. 中国营造学社研究 [M]. 南京: 东南大学出版社, 2004: 277.

❷ 朱启钤. 中国营造学社开会演词 [C]// 中国营造学社汇刊. 第一卷第一册, 1930: 1.

古代尚有李诫这位"营造名家"，对于其著作若存若佚，致使研究古代建筑者，"莫之问津"的境况发出喟叹。其后，随着对于《营造法式》的仔细研读，朱先生在钦佩李诫"述作传世之功"的同时，改变了古代的"工艺"著作大多"道器分野"的原有认识："工艺经诀之书，非涉鄙俚，即苦艰深，良由学力不同，遂滋隔阂。李明仲以淹雅之材，身任将作，乃与造作工匠，详细讲究，勒为法式，一洗道器分涂，重士轻工之固习。"❶ 在《营造法式》的影响下，朱先生"治营造学之趣味乃愈增"，他一方面亲自领导了《营造法式》的校勘工作；另一方面，面对国内旧学环境中士大夫轻视工艺，仅赖匠师口耳相传，致使"欧风东渐，国人趋尚西式，视旧制如土苴"的窘况，而外国学者"目睹宫阙之轮焕，惊栋宇之飞翻，群起研究以为东方式者，如飞瓦复檐，科斗藻井诸制以为其结构，绮丽迥出西法之上，竞相则仿"的研究势头，如此强烈的反差，使他产生了"夫以数千年之专门绝学，乃至不能为外人道，不惟匠士之盖，抑亦有士夫之责"❷ 的强烈使命感，认为非常有必要刊行《营造法式》，在朱启钤先生的努力下，至1925年《营造法式》终得以再版发行。

《营造法式》的发现与刊行同样对于当时的年轻学者影响巨大。1925年，梁启超获赠《营造法式》，并把它寄给在美国学习的梁思成与林徽因，并嘱其"永宝之"。据杜仙洲先生的回忆，梁思成先生在新中国成立初开办古建筑进修班讲课时，曾讲述过这一经历，他从宾夕法尼亚大学毕业之后，本来想去哈佛攻读博士学位，研究西方建筑，但读了梁启超先生寄给他的《营造法式》后，便决定要研究中国古代建筑。从此以后，梁思成先生改变了研究方向，博士学位也不读了，决心回国以研究中国古代建筑为己任。❸ 作为营造学社成立动因中看似偶然的因素，《营造法式》的发现与刊行促发了国内学者们研究古代建筑的热情，并使其获得了一条可以因循的研究路径，从而直接推动了这一学术机构的诞生。

4.4.2　学社命名中对于"营造"含义的阐释

以"营造"为名成立学社，本身就反映出在当时学社的发起者与众多同仁对于"营造"这一词汇的关注。由关注进而产生的种种认识，在揭示学社名称含义的同时，更突显了学社在成立伊始所力图涉足的研究领域与其研究的重点。从现有的文字记载看，关于学社命名大致有两种解释，且均出自于学社成立之初的两篇重要文献中。

1. "营造"：指代"考工之事"

学社以"营造"为名的一种解释，来自于朱启钤先生的《中国营造学社开会演词》一文，文中他阐述了将学社命名为"建筑"或是"营造"时的不同用意：

❶ 朱启钤. 中国营造学社缘起 [C]// 中国营造学社汇刊. 第一卷第一期, 1930: 1.

❷ 朱启钤. 营造论 [M]. 天津：天津大学出版社, 2002: 1.

❸ 崔勇. 中国营造学社研究 [M]. 南京：东南大学出版社, 2004: 274.

"本社命名之初，本拟为中国建筑学社，顾以建筑本身虽为吾人所欲研究者最重要之一端，然若专限于建筑本身，则其与全部文化之关系仍不能彰显，故打破此范围，而名以营造学社，则凡属实质的艺术无不包括，由是以言，凡彩绘、雕塑、染织、髹漆、铸冶、搏埴，一切考工之事，皆本社所有之事。推而极之，凡信仰、传说、仪文、乐歌一切无形之思想背景，属于民俗学家之事，亦皆本社所应旁搜远绍者。" ❶❷

这是近代以来中国学术界首次就"营造"指代内容的详细阐释，即"营造"不仅包含"建筑"，还宽泛地指代诸如彩绘、雕塑、染织、髹漆、铸冶、搏埴等实质的艺术，其涵盖范围大于"建筑"的范畴。有必要说明的是，此处的"建筑"，是近代以来从日本引入到国内的"建筑"概念，这一概念经由对日本教育体制的整体移植，并通过初具规模的学科专业教育进而逐步推广至一般的社会文化层面中成为普遍共识。（按：中国人在近代接受的"建筑"概念，虽是直接引自日本，并导源自英国，但是作为一个概念，其内涵与欧洲古代特别是与古罗马《建筑十书》中的"建筑"概念相比，已经发生了很大的变化，至于在近代"建筑"概念的引入为何能在未受到较大阻力的情况下得以广泛传播，其中一项很重要的原因是，"建筑"在中国古代语言中使用的频率很低，且又多作动词使用，因此与引入的"建筑"概念在词性和含义上都无甚冲突，不会造成认知上的混乱。）从朱启钤先生的这段关于学社命名所作的诠释中可以归纳出两个要点，第一是对于学社的研究内容做出了界定，第二则是就选定学社名称的理由给予了解释，而后者即包括了关于"营造"与"建筑"的辨析。

朱启钤在学社命名时，将"建筑"与"营造"两个词汇所做的比较裁断，是在近代引入的"建筑"概念的涵盖内容与古代认识中"营造"的指代内容间进行的。通过这一比较，他本人着意于传递出这样的信息，即在中国古代人们的认识中"营造"所指代的内容十分广泛，在称谓上，房屋等"建筑"并未被刻意地与其他"考工之事"明显地区分开来，那么既然在古代将房屋等与其他"考工之事"通称为"营造"，就说明了它们之间存在密切的联系，因此将研究的视野扩展到更为广泛全面的"实质之艺术"层面，比专限于"建筑"本身，更贴近于中国古代认识中的实际状况，也更有利于揭示"建筑"与其他"考工之事"间的关系。朱启钤将"建筑"与"营造"联系起来，在比较两者的涵盖内容后选取"营造"作为学社的名称，这一取舍裁度，实际上还有复兴古代文化观念的意图，同时这也是首次对于两大知识体系的直接比较，在此"营造"不仅与"建筑"对等，而且甚至可以包容后者。

不难推想，以朱启钤的国学功底，他所作的这一阐释，当是立足于就

❶ 朱启钤.中国营造学社开会演词[C]//中国营造学社汇刊.第一卷第一册，1930：8-9.
❷ 朱启钤在此并未就"考工之事"的涵盖范围做出明确的界定，不过从其列举的若干实例看，与本书第二章所界定之"考工之事"的范畴并无明显的区别，都是泛指各类手工业的"百工"之事。

古代"营造"作动词时所及对象作出考释的基础之上的，虽然在此他并未将这一考释的过程展示出来。此外，他本人在学社成立前的数年间已经着手对"考工之事"的各个种类，"若漆、若丝、若女红，若历代名工匠之事迹"进行了分类的辑录编纂，并将其均视为"与营造有关之问题"[1]，这一研究的经历也是促使其强化上述认识的因素之一。不过在此应该引起注意的是，在同一篇文章中，共出现了十余处"营造"的表述，以此处"与营造有关之问题"中的"营造"为例，其含义均与文末所作阐述不尽相同，如文中所谓"其与'营造'有关之问题，若漆、若丝、若女红等"，以及"更为一纵剖之工作，自有史以来，关于营造之史迹是也，初民生活之演进，在在与建筑有关……"等等，实际上这里的"营造"所指代者为"土木之功"而非"考工之事"。纵观全文，除了在解释学社命名时的"营造"指代"考工之事"外，其他均是在指代"土木之功"，这充分说明了文中存在着两种关于"营造"指代范围的不同观点。然而，习惯力的使然让他本人似乎并未察觉这一矛盾，他所要着重提出的是"营造"涵盖"一切考工之事"的观点。

之所以要突出这一观点，应该说朱启钤首要的是为了确立学社未来研究领域的广泛性，其次似乎也包含着希望将自身所关注的领域纳入到研究范围之内的想法。从学术背景看，朱启钤先生并未接受过建筑学教育，只是后来因其在个人经历中不断地与"建筑"发生关联才逐渐产生钻研之兴趣，这其中又以《营造法式》的发现成为了促使他兴趣大增的重要事件，不过据近年来学者的研究成果表明，在学社成立之前，关于《营造法式》的研究多是基础的考证工作，是传统治学方法的延续，只有当梁思成、刘敦桢等建筑学人才的加入后，才使其研究逐步被纳入到专业的视野之下。不过，如前面所引述到的，在《营造法式》之外，朱启钤还从事了"考工之事"范围内的多项研究，其中的"漆、丝、女红"自是他所擅长之领域，而对于"历代名工匠之事迹"的辑录编纂，则是以"考工"为范围，包括了"营造、叠山、锻冶、陶瓷、髹饰、雕塑、仪像、攻具、机巧、攻玉石、攻木、刻竹、细书画异画、女红"[2]等，涵盖面极为广泛，这就是在朱启钤关于"营造"认识的指导下所开辟的研究领域。

由此，学社的研究对象既要以"建筑"为重心又要放眼于更广泛的"考工之事"，则只有选择"营造"作为名称比较合适，但是这其中却隐含着一个问题，即朱启钤所做的"营造"在指代范围的诠释是对古代含义的复归还是融入了明确个人意图的创见呢？联系到本书第二章关于"营造"在古代语言中演变状况的研究，在古代"营造"作为名词时或指代房屋、桥梁、城垣等"土木之功"，亦即近代所谓的"建筑"，或泛指"考工之事"，两种用法在古代的普遍程度殊异，前者比较常见且渐成习语，而后者则往

[1] 朱启钤.中国营造学社开会演词 [C]//中国营造学社汇刊.第一卷第一册，1930：5.

[2] 朱启钤.《哲匠录》叙例[C]//中国营造学社汇刊.第三卷第一期，1932：123.

往仅是出现于特定的语境中，所以对于看到"营造学社"这个名称的人来说，往往会趋同于第一种认识，即学社研究的是"建筑（土木之功）"，这也是在朱启钤文中所出现之"营造"的多数含义，事实上他在最终提出"营造"指代范围的观点前所沿用者依然是固有习惯表述中的"营造"。故此，朱启钤关于学社命名提出的"营造"在泛指"考工之事"的同时仍着重强调"（土木之功）建筑"的观点，应视为对于"营造"含义之有意识的扩容之举，并非完全遵循古例，而且从全文看，他还突破了自己固有常识的束缚，提出了既在古代有据可察，又具有鲜明前瞻意识的创新观点，正是从这个意义上说，笔者认为应该将其定性为是对古代文化观念的"复兴"而非"复古"。

如果通读《中国营造学社开会演词》全文，可以明显感觉到的是，朱启钤决定选用以"营造"为名，而放弃"建筑"的取舍裁度，应该是从其涵盖范围与学社研究领域的对应关系角度考量的，并不存在有意抗衡外来之"建筑"的意图，因为从全文看，共有多处"建筑"一词的出现，而且均恰切地融入到了关于中国古代叙述的语境之中，这反映出朱启钤已经接受了"建筑"概念，结合上文所述朱启钤本人对于外来"科学精神"的热情态度，可以明确的是，之所以选择以"营造"为名并非仅仅是为了捍卫这一民族色彩浓厚的"符号"，而是重在着眼于从起步时就树立起研究的广阔视野。

以上不避繁琐地试图还原朱启钤先生关于学社命名之思路形成的原委，目的不仅在于探究个中真相，更希望的是通过再次反思这一命名的最初诠释，去收获若干至今仍存有意义的启示。从朱启钤先生对于学社道路的初步构思中，从其中已经隐含着的矛盾中，实际上已经给学社此后的道路与事前预想间的冲突埋下了伏笔，这一矛盾概括而言即所谓"专——研究建筑"与"通——涉猎一切考工之事"之间的矛盾，这一矛盾双方的纠结不仅影响了学社的道路，而且影响到其后许多年间建筑历史理论的研究走势，甚至至今仍在影响着人们回顾这段历史时的思维方式。

尽管如此，如果仅从学社成立的这一时间节点看，朱启钤先生就学社名称——"营造"所作阐释的意义在于，确立了学社研究广阔的视野，并初步界定出研究领域的三个层次：首先，通过比较了"营造"与"建筑"的关系，指出"建筑"是学社最重要的研究内容；第二，指出研究"建筑"并联系到除此以外的"考工之事"领域，可以彰显"建筑"与"全部文化"之间的关系；第三，从实质的艺术进一步推广到各种无形的思想文化层面，同样是属于学社的研究领域内。这三个层次的提出表明，以"营造"为名，正是着眼于学社今后的学术发展方向，在朱启钤先生的心目中，学社的命名实质上已经勾勒出了今后研究框架的大体轮廓。但是，这种将广阔的研究视野与着力重心相结合的观念创新，尽管在初创时有效地指导了学社的研究框架的形成，然而由于其理念与常识之间的显著区别，使得一旦受到某些因素的干扰，就势必会因为提出者本人与学社骨干成员间学术背景的差异而发生与初衷间的明显偏差。

2. "营造": 纪念《营造法式》

学社以"营造"为名的另一种解释，出自《李明仲八百二十周忌之纪念》一文中关于"纪念之意义"的论述："先生之书，重刊广布，亦越十年，而中国营造学社，始克成立。社中同仁，类皆于先生之书，治之勤而嗜之笃。盖念先生筚路蓝缕，以启山林，虽类列未宏，而端绪已具。本社之职思，庶几能探颐索隐，穷神知化，以益张先哲之精神，故特取营造二字为本社之称号，以志不忘导夫先路之人，奉兹典型，传于勿替。"[1] 从文中可知，此一对学社名称的诠释，首先是从追溯既往的角度出发，指出命名为"营造"正是为了纪念《营造法式》，不忘李诫的导路之功。再者，这一诠释也显示出《营造法式》之于学社的重要性，不仅在于它的发现是学社成立的直接动因，更为显著的是，《营造法式》在学社成立前后始终处于研究内容的重心: 在学社成立之前，朱启钤先生及其同仁对于《营造法式》就已经开展了大量的版本校对与考订工作，在学社成立时的研究计划中，首要的也是针对《营造法式》的研究，如在《中国营造学社缘起》一文中所指明的: "讲求李书用法，加以演绎，节并章句，厘定表例。"[2] 在学社成的机构设置中，"文献部"与"法式部"的工作虽然各有侧重，但均高度重视《营造法式》的研究，据文献部主任刘敦桢先生回忆: "当时营造学社的组织分文献、法式两组，我和梁各主持一组，但我们二人一致认为根据实物，搞通《营造法式》和《工程做法》两部书是研究中国建筑的基本工作。"[3] 故此，这一关于学社名称的阐释，是在对《营造法式》与学社的密切关系给予充分认识的基础上作出的，因而也得到了一些当代研究者的认同。[4] 中国营造学社名称取自《营造法式》的观点，对于后世影响深远，无论是将《营造法式》的核心内容"建造技术"视为"营造"的本质所在，抑或是由"营造"一词而联想到《营造法式》，凡此种种关于"营造"的认识，其根源似多始于此。

4.4.3 "营造学"的提出及其指导下的学术研究

1. "营造学"的提出

如前所述，朱启钤先生通过对学社名称"营造"的阐释，已经初步勾勒出学社的研究视野。在此基础上，他进一步提出了"营造学"的概念，指出"中国之营造学，在历史上，在美术上，皆有历劫不磨之价值"[5]，虽然朱启钤先生并未对"营造学"的定义作出界定，但却就"营造学"的源流，研求"营造学"的途径，以及"营造学"所包括的内容进行了广泛

[1] 注: 这篇纪念文章未署名，在崔勇的《中国营造学社研究》一书中，曾指出该文作者为瞿兑之。

[2] 朱启钤.中国营造学社缘起 [C]// 中国营造学社汇刊.第一卷第一册,1930:3.
[3] 参见刘江峰、王其亨、陈健的《中国营造学社初期建筑历史文献研究钩沉》一文中所引关于刘敦桢先生在 1958 年全国建筑历史学术讨论会上的发言记录。
[4] 参见刘江峰、王其亨、陈健的《中国营造学社初期建筑历史文献研究钩沉》一文: "中国营造学社以研究中国营造为己任，奉李明仲为先师，目的在于继承《营造法式》之营造传统，并将之发扬光大，因此，学社的名字取自《营造法式》。"

[5] 朱启钤.中国营造学社缘起 [C]// 中国营造学社汇刊.第一卷第一册,1930:1.

的阐述，这些都是关于"营造"认识中的崭新创见。

"营造学"的源流：

朱启钤先生认为中国的"营造学"肇造于《周礼·考工记》这部著作，其创始意义与价值在于：

"良以三代损益，文质相因，《周礼》体国经野，《冬官·考工记》有世守之工，辨器饬材，侪于六职，匠人所掌建国、营国、为沟洫三事，分别部居，目张纲举。"❶

❶ 朱启钤.营造法式 [M].
上海：商务印书馆，1933.

《周礼·考工记》中关于"匠人"之"建国、营国、为沟洫"三项职掌的记载，分门别类，条理清晰。而且在这部著作中"文"与"质"两者有明显的区分，使人不仅能"窥见古人制作之精宏"，而且能感受到"先哲立言之懿美"，故此为"言营造学者，所奉为日星河岳者也。"❷

❷ 瞿兑之.李明仲八百二十
周忌之纪念 [C]// 中国营造
学社汇刊.第一卷第一册，
1930：1.

然而，自周代末年起，文学与技术开始出现了长期分野的状况。文学作品中往往辞藻与实质不分，而技术则鲜有传之于文字者：

"晚周横议，道器分涂，士大夫于名物象数阙焉不讲；秦火以降，将作匠监虽设专官，而长城、阿房、西京、东都千门万户以及洛阳伽蓝、开河迷楼，徒于文人笔端惊其钜丽，而制作形状绝尠贻留，近古记载亦鲜专门讲求此学者。"❸

❸ 朱启钤.营造法式 [M].
上海：商务印书馆，1933.

这种状况导致了在《周礼·考工记》以后的近千年间，"营造学"几无寂寥无闻，鲜有影响，直至北宋时期，李诫奉敕编修《营造法式》，"上导源于旧籍之遗文，下折衷于目验之时制，岿然成一家之言，褒然立一朝之典"，❹才使得这门学问得以延续发展。

《营造法式》作为研求"营造学"的途径：

朱启钤先生指出《营造法式》是研求"营造学"的途径："……幸有明仲此书，于制度、功限、料例，集营造之大成，古物虽亡，古法尚在，后人有志追求，舍此殆无途径"❺，并进而总结出《营造法式》之所以能够成为这一途径的两方面原因：首先，《营造法式》将对于经史群书的考证与"工作相传，经久可以行用之法"两者结合起来，"一洗道器之分涂"，成为沟通文学与技术两者的媒介：

❹ 瞿兑之.李明仲八百二十
周忌之纪念 [C]// 中国营造
学社汇刊.第一卷第一册，
1930：1.

❺ 朱启钤.营造法式 [M].
上海：商务印书馆，1933.

"然以历来文学，与技术相离之辽远，此两界殆终不能相接触。于是得其术者，不得其原，知其文字者不知其形象。自李氏书出，吾人然后知尚有居乎两端之中，为之沟通媒介者在。然后知吾人平日，所得於工师，

❶ 朱启钤.中国营造学社开会演词 [C]// 中国营造学社汇刊.第一卷第一册，1930：2.

视为若可解若不可解者，固犹有书册可证。"❶

再者，《营造法式》因其所处时代承上启下的特征，足可作为开启"既往"与"后来"之"营造学"宝库的键钥：

"李氏生当北宋，去有唐之遗风未远。其所甄录，固粗可代表唐代之艺术。由此以上溯秦汉，由此以下视近代，若者为进化，若者为退步，若者为固有，若者为输入。此皆可以慧眼观测而得者也。然史迹之层累，若挟多方之势力，积多种之原因而成。李氏书其键钥也，恃此键钥，可以启无数之宝库。"❷

❷ 同上。

"营造学"的内容："实质之营造"与"文化史"

朱启钤先生将"营造学"的内容，大致划分为"实质之营造"与"文化史"两个部分，这两个部分之间的关系体现为：

"夫所以为研求营造学者，岂徒为材木之轮奂，足以炫耀耳目而已哉。吾民族之文化进展，其一部分寄之于建筑，建筑于吾人生活最密切。自有建筑，而后有社会组织，而后有声名文物，其相辅以彰者，在在可以觇其时代，由此而文化进展之痕迹显焉。……总之研求营造学，非通全部文化史不可，而欲通文化史，非研求实质之营造不可。"❸

❸ 同上。

可见，对于"实质之营造"与"文化史"的研究应做到相辅相成，不可偏废其一。其中，关于"实质之营造"，按照朱启钤先生制定的学社研究计划，正是"以《营造法式》为途径""以建筑为最重要之一端"，主要涵盖诸如讲求李书用法，编辑营造词汇，辑录古今中外营造图谱，编译古今东西营造论著，访问大木匠师等多方面内容。而对于"文化史"的研究，朱启钤先生则通过"纵断"与"横断"的观察方式，分别提出了"古代建筑的兴废史迹、工事盛衰与社会文化背景间的关系""中国古代文明与外来文明间的交通影响"等值得引发高度关注的议题，并且在研究计划的"资料征集"部分列入了与"文化史"相关的材料，"经始百家，域外佚存，舶来秘本，凡涉及营造事迹及可供参证者，"❹均在征集范围内。

❹ 朱启钤.中国营造学社缘起 [C]// 中国营造学社汇刊.第一卷第一册，1930：4.

"营造学"是朱启钤先生对于历史进程中"实质之营造"与"文化史"间关系深刻反思后形成的理论创见，它的提出大致勾勒出了他本人心目中的学社研究图景，即以《营造法式》作为致力之途径，立足于实质之"营造"，放眼于全部之文化史，突出重点，兼顾整体，这一宽广视野的建立，使"营造学"既不至于走单纯偏重于技术的路线，又不至于落入到只重"钻故纸堆"的文字考据之中。

2. "营造学"观念指导下的学术研究

在"营造学"这一总体研究思路的指导下,为了做到"文化史"与"实质之营造"两者研究的并重,营造学社在机构设置上对应设立了"文献组"与"法式组",组长分别为刘敦桢先生与梁思成先生。以下将就营造学社在"文化史"与"实质之营造"领域取得的代表性研究成果分别加以探讨。

1)"文化史"的研究成果:以刘敦桢先生的"东西堂制度"研究为例

关于"文化史"的研究对象,正如前面已经提及的,"纵断"的首要一项就是"古代建筑的兴废史迹",对此,朱启钤先生曾特别举例说明:

"自有史以来,关于营造之史迹是也。初民生活之演进,在在与建筑有关,试观其移步换形,而一切跃然可见矣。周之明堂,为其立国精神之所寄,托其始于何时邪,其创邪,其因邪?孟子记齐宣工有毁明堂之议,其遗留迄放何时而后毁邪?后之继起者,其规模有以异于其初邪?秦始皇并六国,然后有阿房宫之建,其以何因缘而成邪?出自何人之力邪?其创邪其因邪?其受影响何自邪?其遗留迄于何时,而后尽毁邪?其后有效之而继起者才队其规模有尚存于后代者邪?凡此皆史乘上绝巨问题,即其一而研究之,足以使吾人认识吾民族之文化。更深一层,是宜有一自上而下之表格,以显明建筑兴废之迹。"[1]

❶朱启钤.中国营造学社开会演词[C]//中国营造学社汇刊.第一卷第一册,1930: 6.

此中指出对周之明堂、秦之阿房等某一时期宫室的兴起缘由、沿革过程及遗留影响的研究皆为文化史上重大的学术问题,而这些实际上也正是对古代宫室制度演变中若干环节的研究。对于这类研究在研究方法的选择上,当采取野外实地考古与"文献考据"两者的结合,然而在营造学社成立之初,在古代宫室遗址的考古发掘尚未大规模开展的条件下,"文献考据"在古代宫室制度研究中自然就担负起了全部的重任。在营造学社的"文献组"的众多理论成果中,刘敦桢先生对于"东西堂制度"的整理与发覆可以说就是秉承了"文化史"研究中关于"建筑兴废史迹"一项的思路,通过对散见于各类古籍中的相关材料的"文献考据",实现了对于"东西堂"这一宫室形态从起源、演变到遗裔的完整过程的会通。以下将对刘敦桢先生的"东西堂制度"研究作一详细的梳理,并尝试从中汲取研究方法的若干启示。

刘敦桢先生的"东西堂制度"研究主要由刊载于《营造学社汇刊》第三卷三期的《大壮室笔记》《营造学社汇刊》第五卷二期的《东西堂史料》以及《论文月刊》第四卷的《六朝时期之东、西堂》等几篇学术论文组成,其中又以《六朝时期之东、西堂》一文论述最为全面,因此对于"东西堂制度"核心内容的梳理即以该文为主，在此基础上，结合其他几篇著述，对刘敦桢先生整体的思想脉络加以梳理并适当进行拓展。

（1）《六朝时期之东、西堂》一文思路的梳理

关于如"东堂""西堂"这一类宫室形制在历史中是如何产生的，在古代文献中鲜见论及，而较多出现的是其何时初建、何时毁坏，何时重建的文字记录，难么，如何去研究东西堂的形制概况呢？刘敦桢先生从造就这种宫室形制的思想文化基础的即朝会功能的分析入手，通过整理发掘相关的文献记载，逐步的揭示出关于东西堂的形制产生及演变过程。《六朝时期之东、西堂》一文分为五个部分：第一部分，研究的意义；第二部分，东西堂形制的起源；第三部分，魏晋、南朝时期之东西堂；第四部分，十六国及北朝时期之东西堂；第五部分，东西堂形制探讨及流变。以下逐一分析各部分之研究内容，以期重温并再次整理刘敦桢的研究思路。

第一部分，研究的意义：

刘敦桢先生开篇即指出，郑玄对见诸于《周礼》《礼记》中周代宫殿制度的"三朝五门"仅举其名，而具体的"配列方位"，并未予以详释，反而出现了自相抵触的解释。结合汉代诸宫中，"咸以前殿为主体" **❶**，大型朝会皆在前殿举行，而各种小形朝会则于前殿东厢举行未见"三朝之法"的事实，凡此状况，说明在汉代的宫室中并非遵循周制。至于应劭、孟康、干宝等人表述的所谓"外朝"与"内朝"，有些据自事实，有些确属附会。（按：应劭所举为事实，干宝等将其所指附会为周礼之外朝，实属牵强，孟康等所举之外朝、内朝为官制机构名称，以丞相所属之官吏体系为外朝，以皇帝近侍官员为内朝，故上述三人所言同名而异物，似不可联系起来一并视之。）进而至三国魏明帝时以洛阳为都城，"营太极殿为大朝，又建东西堂供朝谒、讲学之用"，从而开创了一种新的宫室制度，即太极殿与东、西堂"南向成一横列" **❷**，对于这种延亘三百余年的制度，傅熹年先生曾指出"刘敦桢先生以建筑师特有的敏锐，结合读史的精密不苟，发千百年之覆，理清了中国古代宫殿发展中的一个重要环节" **❸**。这里，刘敦桢先生在文章的第一部分就明确地表述了关于东西堂形制的观点，为后文逐步展开的论述过程确立了方向，也使读者能更好的了解论题的核心所在。

此后，以"周制为范"的宫室却出现在自隋以降的历代宫室创立过程中，自隋之承天、太极、两仪，唐之含元、宣政、紫宸，宋之大庆、文德、紫宸，明之奉天、华盖、谨慎，清之太和、中和、保和，"靡不因袭相承，成为定则"。故此，宫室制度可分为四期，第一期为周之三朝，第二期为两汉之前殿与东西厢，第三期自曹魏迄陈，太极殿为大朝，东西堂为常朝，"疑为汉之东、西厢演变而成"，第四期，自隋代至清代的外庭，"三殿重叠，号为周制复兴。"而这四个时期流传下来相关著作，在数量上极不平衡，在"周制

❶ 刘敦桢.六朝时期之东西堂 [M]// 刘敦桢.刘敦桢全集（第四卷）.北京：中国建筑工业出版社，2007：75.

❷ 同上。

❸ 傅熹年.傅熹年建筑史论文集 [M].北京：文物出版社，1998：440.

中绝亦灼然如见矣"的两汉以至南北朝期间，"散见于史籍中无虑数十处，"如果不对这一段史实进行研究，则宫室制度"中古一段不能通会"❶，这就是刘敦桢研究魏晋时期东西堂的意义所在。

第二部分，太极殿东西堂制的起源：

在文献中太极东堂始见于三国魏之中叶，刘敦桢通过对《三国志·魏志》、《魏书》及《通鉴辑览》的比较，认为在高贵乡公（曹髦）正元元年（公元 254 年）以前已有太极东堂，故"其非髦所建甚明"❷。由此，结合《三国志·魏志》文帝纪中关于"至明帝时，始于汉南宫崇德殿处，起太极、昭阳诸殿"的注录，得出"（太极）前殿与东堂俱为明帝所建"的结论。接下来，他又提出了对太极前殿与东、西堂形制的疑问，因为均冠以"太极二字，疑堂为殿之一部，若汉东、西厢之状，然依下文所释，此二者实为各自独立之建筑，因堂位于殿东，故云东堂"❸，由此为下文分析东西堂之具体形制作出了铺垫。这虽是东西堂之初现者，然而东、西堂的肇源并不起自洛阳曹魏宫殿，刘敦桢通过考证左思《魏都赋》，将其追溯至建安末年曹操在邺城所建之宫室中文昌殿与听政殿之配列方式，认为"系以文昌殿为主体，建日朝听政殿于文昌之东……而文昌之西，辟为池圃，以阁道通于铜爵三台。"并且指出这种布局形成的大体原因及其对后世的影响，"此或拘于地势，不能采用均衡对称之布局，然其日朝未附于大朝之内，而于大朝之东独立自成一区，乃变通汉制，下启东、西堂之关键，足为汉、魏间过渡时代之例证。"❹这是该文论述思路的一个重要环节，也是在读史中常被忽视之处，而刘敦桢先生却能以非凡的洞察力对其进行融会贯通，从而理清了这一发展的源头。关于太极殿与东西堂横列的布局方式，他依据《景福殿赋》中"立景福之秘殿，温房承其东序，凉室处其西偏"的叙述，推断此种布局则似传承自略早的许昌景福殿中"景福左右翼以温房、凉室"❺的三殿横列方式。

进一步的，刘敦桢先生还将东西堂制的起源追溯到汉前殿之东西厢，在《大壮室笔记》中的"汉长安城及未央宫"一节中，他就未央宫前殿的具体形制进行了深入细致的分析，指出"西汉前殿之内，亦非若今太和、保和诸殿，廓然空洞，了无区隔。何者，西汉去古未远，旧制未沫，如东厢、西厢，即其最著之例。""盖汉以东、西廊为厢，……流传最久者，无如东、西二厢。"❻根据《三辅黄图》中引《宫殿疏》的记载，得知东、西厢之"面积颇大，非如后世狭隘之廊也"❼，根据《汉书》等记载，其中东厢为群臣白事之室、待驾之所，间亦召见臣工于是，而太子视膳、岁旱祈雨，亦于东厢为之，故此"则东厢为汉诸帝处决政务之便殿，亦为侍膳之室，附设于殿内者。"❽但是，关于西厢在史籍中甚少提及，而依据仅有的记载"西厢必为清静闲宴之地无疑，故箱内又有西清之称。"❾对此，《上林赋》中"青

❶ 刘敦桢.六朝时期之东、西堂[M]//刘敦桢.刘敦桢全集（第四卷）.北京：中国建筑工业出版社，2007：75.

❷ 同上。

❸ 同上：76.

❹ 同上。

❺ 同上。

❻ 刘敦桢.大壮室笔记[M]//刘敦桢.刘敦桢全集（第一卷）.北京：中国建筑工业出版社，2007：100.
❼ 同上。
❽ 同上：101.
❾ 同上。

龙青龙蚴蟉于东箱，象舆婉僤于西清"，《鲁灵光殿赋》中"西厢踟蹰以闲宴，东序重深而奥秘"的表述似可作为印证。

第三部分，魏、晋、南朝各时期东西堂状况：

从曹魏政权到西晋，在都城洛阳有关太极殿及东堂的文献记录中，太极殿与东堂皆为朝享、听政之所，此外除正会外的召见群臣及一些重要的仪式如颁令、饯别、举哀等也在东堂举行。在对东堂实际所起功用进行考证的过程中，刘敦桢先生敏锐地发现了一个容易被忽视的状况，即当时的种种记载中均不提及西堂，是一个颇为疑惑的问题，在此刘敦桢先生并未尝试给出回答，这一问题的提出，说明了关于在魏晋初年东西堂功能及形制尚有待进一步的研究。

此后自晋室东渡，偏安江左，据文献记载证实东西堂仍然继承了原有的形制与功能，并且在东晋也出现了关于西堂的记载。不过，刘敦桢也指出此时东西堂之功用互为"召见、饯别、宴叙、举哀之用，似与晋初稍异，足窥随宜变易，无一定之法也。"[1] 此一时期，文献中还多次出现皇帝崩于东、西堂的记载，似乎东西堂还兼作皇帝寝宫之用，对此他通过比较沈约《宋书》"良吏传"中"晋室诸帝多处内房，朝宴所临，仅东、西二堂"[2]的记述，认为此处文献间的抵牾，非一时可做结论，有待于进一步探索。这是一种可贵的"存疑待考"的严谨治学精神，为后来者的研究指出了方向。至于宋、齐、梁、陈诸朝，其东西堂虽曾屡遭劫难，然却基本上延续了旧制。

第四部分，北方各割据政权及北魏定都洛阳前东西堂状况：

刘敦桢列举了文献中记录的北方诸割据政权的宫室中的东西堂概况，其中尤其值得关注的是在北方实现统一之前，包括前赵、后赵、前秦、后秦、后燕等政权的宫室中均有东西堂之设，虽然没有显著证据表明，这些政权建立宫室时有效仿洛阳宫室制度的行为，但东西堂却断乎已成为当时深入人心的范式了。就此刘敦桢在《东西堂史料》一文中表达了如下的观点："（后赵、前秦、后秦、后燕及北魏等）虽皆割据一隅，乃亦有东西堂，与魏晋无殊，足窥当时此制之普及已。至于二堂位置，文献残缺，无由征实，只有存而不论。"[3] 其中在他所列举的各政权中，似乎自北魏太和年间以至东魏、北齐，其东西堂之位置似可断定为与主殿成一横列的格局，原因在于在北魏孝文帝遣蒋少游等量洛阳魏晋故基，又至南朝齐"摹写宫掖"后，营建平城及不久后的洛阳宫室时，其太极殿东西堂制度断乎已尽如南朝之制了。

第五部分，东西堂形制探讨及其遗裔：

在这一部分中，刘敦桢先生重点讨论了东西堂的具体形制：首先，就东、西堂为太极殿之一部或为独立之建筑的问题，根据在《晋书·伏滔传》中"豫宴者几达百人"及《梁书》中关于侯景之乱时王子悦曾屯兵于东堂

[1] 刘敦桢.六朝时期之东西堂 [M]// 刘敦桢.刘敦桢全集（第四卷）.北京：中国建筑工业出版社，2007：76.
[2] 同上：77.
[3] 刘敦桢.东西堂史料[C]//中国营造学社汇刊.第五卷第二期，1934：114.

的记载，推测东、西堂形体巨大，不能附属于太极殿内，不过他也指出由于"诸书并言太极二堂，而文意含混，"故"不能证其确否如实耳。"❶接下来，对于东西堂与太极殿间的空间关系究竟如何的问题，刘敦桢并未采用在《景定建康志》和《历代帝王宅京记》中的明确记载作为推断空间关系的依据，而是选取了一处极为珍贵的第一手史料，即从《酉阳杂俎》中"北使觐谒梁主"时出自目击的观察实录入手，总结出可作为太极殿与东西堂空间关系依据的三条理由，并由此推断出太极殿与东、西堂"应为各别之建筑，而同纳于一廓之内……惟二堂既为朝谒、听政之地，衡以皇帝面南之尊，故知其必非东西向之配殿……东西堂则位于太极殿左右，比列南向"❷，这是尤为值得推崇的建筑史学研究方法。

其后，至隋代营建大兴城新宫，东、西堂制随逐渐推出历史舞台，并且其名也"几绝于纪载"，但刘敦桢也注意到其制度并非完全无遗裔可循，如"大业初，炀帝于东都乾阳殿左右，建文成、武安二殿，或尚存二堂之余意。"此外，"现存冀、晋二省辽金旧刹，如大同善化寺与易县开元寺，胥横列三殿，居中者体制较崇，岂其遗裔欤？"❸甚至于宋金时代在主殿两侧的二朵殿，似乎也具有"余音未了"的意味。关于"朵殿"，宋代、金代时期的"朵殿"见诸于文献者如《宋史·舆服志》所载："其实垂拱崇政二殿，权更其号而已。殿为屋五间，十二架，修六丈，广八丈四尺。殿南檐屋三间，修一丈五尺，广亦如之。两朵殿各二间，东西廊各二十间，南廊九间，其中为殿门，三间六架。"❹又有《东京梦华录》所记与之近似的东京"宣德门之曲尺朵楼"："大内正门宣德楼列五门，门皆金钉朱漆，壁皆砖石间瓷，镂镂龙凤飞云之状，莫非雕甍画栋，峻桷层榱，覆以琉璃瓦，曲尺朵楼……"❺以及《楼钥北行日录》记载的金代"大安殿两侧之朵殿"："大安殿十一间，朵殿各五间，行廊各四间，东西廊各六十间。"❻等。

在此，刘敦桢先生将朵殿视为东西堂之遗裔观点在与宋人程大昌之《雍录》中将"东西厢"与宋金时代的朵殿联系起来的认识不谋而合。程大昌认为所谓"东厢"是"殿旁之房也"，"西清"则是由于"赋体贵文，其实一也。"至于"今世之名朵殿者，取画出旁枝为意也，皆从东、西厢而辗转立名者也。"❼那么，三者之间究竟差异何在？

就结构而言，东西厢与正殿是否各为独立之建筑：正如前文所引述的，刘敦桢先生在《大壮室笔记》"汉长安城及未央宫"一节中指出："东厢为汉诸帝处决政务之便殿，亦为侍膳之室，附设于殿内者。故秦、汉前殿，系聚合正殿、便殿及其它附设室于一处……"故就结构而言，东、西厢与正殿实为各自独立之建筑，然而其聚合为一体，其间相连通，以帐幕划分。否则根据刘敦桢的计算，以汉长乐前殿两杪间之阔（**64.43 米**）就超出清太和殿（**60.75 米**），至于两厢相加之总面阔，更是形体巨大，若为统一之

❶ 刘敦桢.六朝时期之东西堂 [M]// 刘敦桢.刘敦桢全集（第四卷）.北京：中国建筑工业出版社，2007：78.

❷ 同上。

❸ 刘敦桢.东西堂史料 [C]// 中国营造学社汇刊.第五卷第二期，1934：115.
❹ [元] 脱脱.宋史 [M].卷一百五十四."舆服六".北京：中华书局，1977：3598.
❺ 邓之诚.东京梦华录注 [M].卷一."大内".北京：中华书局，1982：30.

❻ [宋] 楼钥.北行日录（知不足斋本）.

❼ [宋] 程大昌.雍录 [M].卷十."东西厢".北京：中华书局，2002：212.

结构体，以西汉之建筑技术而言，似乎出于事理之外。

就空间而言，其间是否连通：东西厢与正殿紧接，其间相通，而东、西堂则与正殿有一定距离，如东晋太极殿与东西堂间尚有东、西二上阁。

就功能而言，东西厢、东西堂与朵殿之间的差异：汉之东、西厢，尤以东厢为著，具有常朝、日朝的功能，魏洛阳之东堂、晋建康之东、西堂也具有同样的功能，但北魏都洛阳，特别是东魏、北齐都邺城时，虽然东西堂依然存在，但太极殿后的昭阳殿也具有了朝会的部分功能，傅熹年先生认为："太极殿和昭阳殿前后相重，都是具有公务活动的殿宇，东西堂的作用进一步减弱。"[1] 到了宋金时代，虽然在主殿左右存在着朵殿的形式，但却与东西堂之朝会等功能无关，仅形式上的相仿而已。

（2）"东西堂制度"的研究方法的启示

无论是"东西厢"还是"东西堂"，其形制的产生与朝会的功能密不可分，或者可以这样说，对于这一类型建筑形制的生成是以"朝会功能的相关制度"为基础的。刘敦桢先生正是把握住了这个文化上的实质所在，从而逐步地揭示出从东西厢到东西堂的演变过程，此外刘敦桢先生在从纷繁复杂的文献中整理出关于"东西堂制度"之空间形式的方法，同样值得仔细分析。关于"东西厢"与"东西堂"，虽然从表面上看空间形式不同，但由于其一脉相承的朝会功能组织形式，使得这两种类型同样被纳入到刘敦桢先生的研究视野中。对于当时是如何产生"东西厢"与"东西堂"的空间形式的，文献中并无记载，也就是说，最直接的第一手材料无从追寻，但是，刘敦桢先生却从散见于各史籍中有关东西厢与东西堂朝会功能的记载入手，鉴于"东西厢"与"东西堂"的空间形式首先是以满足各类朝会活动的功能为基础的，所以从这个造就空间形式的最基本的思想文化内涵出发，总结出汉前殿（大朝）——东厢（日常朝会）与魏晋六朝太极殿（大朝）——东堂（日常朝会）在功能上的承接性，而这种普遍见诸于文献中的朝会功能就是形成从"东西厢"到"东西堂"之空间形式的基础。

①以朝会功能为核心研究宫室建筑形制的方法

第一，在建筑功能上的传承关系：注重西汉未央宫前殿与东西厢间功能的区分与后世太极殿、东西堂间功能划分的传承性。前殿为大朝会场所，东厢为常朝、日朝之处，魏邺城以文昌殿为大朝，以其东的听政殿为常朝、日朝，魏晋之初洛阳宫室太极殿为大朝会场所，东堂为日常朝会场所，发展到东晋及南朝东、西堂互为日常朝会场所，体现出了朝会场所与殿堂功能间鲜明的对应与传承关系。

第二，在空间布局上的从雏形到定制：从曹魏政权的邺城文昌殿与听政殿的不对称布局到许昌景福殿翼以温房、凉室的布局，再到后来的洛阳、建康太极殿与东西堂的对称布局方式，厘清了东西堂制在空间上的雏形。

❶ 傅熹年.中国古代建筑史（第二卷）[M].北京：中国建筑工业出版社，2001：116.

第三，根据仪式行为方式研究空间格局：以《酉阳杂俎》中"北使觐谒梁主"的目击实录为主要依据，通过分析正旦朝会时仪式的进行方式，判断太极殿与东西堂之间的空间格局，这种方法更加直观，也更贴近史实。

②研究"东西堂制度"的文献分析方法

第一，文献资料来源的广泛性：刘敦桢先生在发掘整理文献中有关"东西堂"的历史资料时，十分注意广泛地搜集各方面的文献，这其中不仅包括历代正史与地方志中的记载，也包括文学作品，尤其是赋文中对"东西厢""东西堂"的描述，此外他还特别关注了笔记类资料，如《酉阳杂俎》中对"东西堂"朝会仪式的生动记录。这三方面文献从不同的角度留下了关于这类宫室制度的珍贵文字记载，三者的结合使得对"东西堂制度"研究的文献基础更为扎实稳固。

第二，从文献的纷繁叙述中辨明实质：东西厢、东西堂均只见诸于文献，而这些文献从时间上划分又包括同时期与后世两种，故从文献出发对于其形制的研究大概可有两种方法，一是从总结后人对其的总结与评述入手，例如《景定健康志》中对于太极殿及东、西堂形制的叙述，但这仅仅其形制在中某一历史节点的静止状态，既不能代表演变的成果，更不能全面体现出演变的过程。所以，其形象也就不能反映出东西堂制度得以产生的思想文化内涵的本质，故此刘敦桢并未予以直接征引；二是从探讨与东西堂相关的行为活动入手，即首先研究在其中发生了什么活动以判明其功能，然后研究活动的行为组织方式是怎样的，从而推断其空间形制。在《东西堂史料》和《六朝时期之东、西堂》中，刘敦桢先生采取的研究方法即为此，以东西堂的功能为线索，探寻散见于浩繁文献中的蛛丝马迹，在征引文献时，又注重以第一手的记录为先，以他人的注解为次，在引用注解时，又以当世之注解为先，以后世为次，从而使得史料的选取更加贴近原真，进而使得研究的对象不再是今天所见到的静止僵化的文字记录，而是具体历史进程一个又一个空间场景的生动再现。

第三，对文献中阙略、抵牾之处提出质疑：在论述过程中，刘敦桢对于文献记录不可解之处，先后提出了如下的质疑：其一，魏晋初期少见"西堂"记载，何也？其二，东晋之东西堂是否兼作寝宫？文献之枘凿，何也？其三，十六国割据政权时期的东西堂形制究竟如何？可见，处处紧扣功能这个核心，对暂时未解之处提出疑问，这既是刘敦桢严谨治学精神的写照，也将是后人深入探究的着眼点。

以上通过对刘敦桢先生"东西堂制度"相关著作研究思路的分析及整理，并在此基础上遵循他所开创的研究方法进行了一定程度的相关拓展，这一过程使笔者深刻地感受到，对于从属于"文化史"领域的以"文献考据"为主要方法的古代宫室制度研究来说，刘敦桢先生早在营造学社的初期就已经摸索出一条较为行之有效的路径，而若想继续沿着这条道路前行的话，则只有通过对这些成果的反复温故才能不断地从中汲取研究视野、研究方法等诸多方面的思想内涵。正是从这个角度而言，《六朝时期之东、西堂》《东西堂史料》与《大壮室笔记》所具有的开创意义和价值在今天看来更为显著。进一步的，如果将刘敦桢先生的"东西堂制度"研究与前面第三章中关于《考工记》之"营宫室"制度的讨论相联系后会发现，该研究所着力揭示出的正是有关"东西堂"之"营"中的两个基础要点（尺度与布局）之一的"布局"的形成，而朝会功能的空间分布则是维系这种布局长期延续的首要的文化因素。

2）"实质之营造"的研究成果：以梁思成先生的"中国建筑之两部'文法课本'"研究为例

在"营造学社"有关"实质之营造"的研究计划中，以"讲求李书用法"为首要的一项内容，因而学社"法式组"的工作大都以此为核心。在此项研究开展之前，作为组长的梁思成先生敏锐的注意到对于"这种技术科学性的研究，要理解古代，应从现代和近代开始，要研究宋《法式》，应从清工部《工程做法》开始，"[1]于是，从清代的《工部工程做法》入手，作为对该书的研究成果，到1932年，梁思成先生完成了《清式营造则例》，并进而着手对《营造法式》的研究，在之后的十余年间，通过对全国各地两千余个古建筑单位的实地调查，逐步积累起对《营造法式》的深入理解。从1940年起，在梁思成的领导下，开始系统整理《营造法式》，这一研究几经中断一直持续到新中国成立后的1963年，初步完成了对于《营造法式》中重要卷目的注释工作，并计划出版《〈营造法式〉注释》（上卷）。

在这项长期工作的过程中，梁思成曾于1945年在《营造学社汇刊》第七卷二期发表《中国建筑之两部"文法课本"》一文，文中将这项研究的概况作了比较详细的叙述，并创造性的提出了关于中国建筑之"词汇"与"文法"的理论创见。因而对这篇著述的回顾可以更好的了解这项研究的方法与过程。

文章开篇即指出："每一派别的建筑如同每一种语言文字一样，必有它特殊的'文法'、'辞汇'。不知道一种语言的文法而要研究那种语言的文学，当然此路不通。不知道中国建筑的'文法'而研究中国建筑，也是一样的不可能，所以要研究中国建筑之先只有先学习中国建筑的'文法'然后求明了其规矩则例之配合与演变。"[2]然而，梁思成认识到在中国古籍关于建筑学的仅有的两部术书《清工部工程做法则例》与《宋营造法式》[3]中，许多专门名词既无定义又无解释，虽然有些比较常用，但也有令人"不可思议"的，再加上句读的不明，凡此种种，使人难以读懂，

❶ 梁思成.《营造法式》注释序[M]// 梁思成. 梁思成全集（第七卷）. 北京：中国建筑工业出版社，2001：10.

❷ 梁思成. 中国建筑之两部"文法课本"[C]// 中国营造学社汇刊第七卷第二期，1945：1.

❸ 注：此处两部著作名称依照梁思成原著中表述。

而这种基础的对于"词汇"的蒙昧，成为学习古代建筑的"文法"必须跨越的障碍。

至于何谓中国建筑"词汇"与"文法"，梁思成在此并未给出明确的定义，不过，在新中国成立后发表的《中国建筑的特征》一文中，可以找到比较确切的答案。在该文中，他通过分析中国建筑的几个重要特征，将建筑与语言进行类比，认为在一个民族的建筑中同样存在者日积月累、经久可行的惯例——"词汇"与"文法"，并以举例的方式分别为"词汇"与"文法"作了初步的定义：

"……这一切特点（按：中国建筑的九个基本特征）都有一定的风格和手法，为匠师门所遵守，为人民所承认，我们可以叫他做中国建筑的'文法'。建筑和语言文字一样，一个民族总是创造出他们世世代代所喜爱，因而沿用的惯例，成了法式。中国建筑怎样砍割并组织木材成为梁架，成为斗栱，成为一'间'，成为个别建筑物的框架；怎样用举架的公式求得屋顶的曲面和曲线轮廓；怎样结束瓦顶；怎样求得台基、台阶、栏杆的比例；怎样切削生硬的结构部分，使同时成为柔和的、曲面的、图案型的装饰物；怎样布置并联系各种不同的个别建筑，组成庭院。这都是我们建筑上二、三千年沿用并发展下来的惯用法式。无论每种具体的实物怎样的千变万化，它们都遵循着那些法式。构件与构件之间，构件和它们的加工处理装饰，个别建筑物与个别建筑物之间，都有一定的处理方法和相互关系，所以我们说它是一种建筑上的'文法'。至如梁、柱、枋、檩、门、窗、墙、瓦、槛、阶、栏杆、楣扇、斗栱、正脊、垂脊、正吻、戗脊、正房、厢房、游廊、庭院、夹道等等，那就是我们建筑上的'词汇'，是构成一座或一组建筑的不可少的构件和因素。"❶

❶ 梁思成.中国建筑的特征[M]// 梁思成.梁思成全集（第五卷）.北京：中国建筑工业出版社，2001：182.

由此可见，针对于两部术书的研究而言，"词汇"指的就是书中大量的各类构件等物质实体的名称，而"文法"则是指书中的一系列关于构件制作与组合、应用的方法。掌握"词汇"就是为了理解"文法"，两者相结合可以实现对这两部术书主要内容的全面解读。

接下来，梁思成简要介绍了对这两部著作的研究状况，两者间有着先后顺序，即从《工部工程做法》入手，通过以曾在清宫营造过的老工匠们为师，以故宫为标本，逐步地掌握了清代建筑的营造方法及其则例。而对于《营造法式》的研究困难在于，既无匠师传授，宋代遗物又少，只有依据对清代则例的了解，并结合考察年代确凿的宋代建筑物，在此基础上逐渐地注释宋书的术语。作为此文的重点，梁先生对于两部著作的体裁与内容进行了比较，并且以斗栱为核心，详述了宋、清时代斗栱的各自特征。

在结尾处，他明确指出各作制度（大木作、小木作、彩画等）的名称与做法，"就好像是文法中字汇语词之应用及其性质之说明"，所以实可称其为中国建筑的两部"文法"课本。

值得注意的是，梁思成在比较两部术书的过程中，曾专门以文末注解的方式述及了相关的研究成果。对于《清工部工程做法则例》，打破了原书的体例，根据其原则编写了具有教科书性质的《清式营造则例》一书。全书包括绪论、平面、大木、瓦石、装修、彩色六章及图版，并附有"清式营造辞解"与"清式营造则例各件权衡尺寸表"。而对于本身就近似于"课本"体裁的《营造法式》，则以更加审慎的态度，首先将多种版本相互考校，在此基础上对文字进行注释，对原有图样则按照现代工程图画法重新绘制，这项工作当时正处在进行过程中。由此可见，正是由于对《工部工程做法》与《营造法式》掌握程度的不同，研究成果形式的区别也是显而易见的。特别是对于文字的部分，《则例》将清式专有名词中选取约五百项，编成营造词解，并标注对应之图版、插图等号数。而《营造法式》中诸名件的文字注解则是诸条进行的，内容包括基本音义的训诂，相关实例的指征，与清式对应名称的比较等，甚至将原书内容不甚明了之处、存在明显舛误之处以及无法理解之处一并进行了表述，因而更显工作之细致、态度之谨严。

（1）"词汇"与"文法"理论研究的方法

在通过回顾《中国建筑之两部"文法课本"》一文了解大致研究思路的前提下，将重点讨论梁先生如何在长期的文字研读与实物考证中做到从注释"词汇"到解读"文法"，从而实现从基本含义到具体做法之间的融会贯通。

① "词汇"的注释方法

由于《工部工程做法》与《营造法式》两部著作的时代、内容均有较大差异，故"词汇"注释时，在实物调查与文字考证两方面也呈现出各自的不同之处。

实物调查：

对于以清代官式建筑为内容的《工部工程做法》，采取"拜老匠师为师，以故宫和北京的许多其它建筑为教材、'标本'"[1]的方式。而对于《营造法式》则采取"每年都派出去两三个工作组到各地进行调查研究，从全国十五个省，二百余县，测绘摄影约二千余单位"的方式，"通过这些调查研究，我们对我国建筑的知识逐渐积累起来，对于《营造法式》的理解也逐渐深入了。"进而"进入到诸作制度的具体理解；而这种理解，不能停留在文字上，必须体现在从个别构件到建筑整体的结构方法和形象上，必须用现代科学的投影几何的画法，用准确的比例尺，并附加等角投影或透视的画法表现

[1] 梁思成.《营造法式》注释序 [M]// 梁思成.梁思成全集（第七卷）.北京：中国建筑工业出版社，2001：10.

出来。这样做，可以有助于对《法式》文字的进一步理解，并且可以暴露其中可能存在的问题。"❶ 根据梁先生当时的计划在完成了制图工作之后，再转回来对文字部分作注释。

文字考证：

《工部工程做法》产生于清代，当时又有清末工匠可供寻访，所以文字方面不存在突出的考证问题。而《营造法式》著于宋代，涉及建筑的语言文字已发生了巨大的变化，故而注释《营造法式》中的"词汇"时，需要运用训诂的方法并注意不同地域方言俗语的沟通。在探究古代文字字义时，"训诂"一直为历代学者所遵循，经过千百年来的积累，逐步形成了一套比较成熟的"训诂"方法，而关于"训诂"的意义，清代学者陈澧曾有过非常形象的比喻："时有古今，犹地有东西，有南北，相隔远，则言语不通矣。地远则有翻译，时远则有训诂。有翻译，则能使别国如相邻，有训诂，则能使古今如旦暮。"❷ 所以，"训诂"实际上也可看作是对于本国语言的翻译，在对《营造法式》之词汇的注释中，"训诂"的运用主要体现在：在各作制度的注释中，继承了《营造法式》"总释"中对于字音、字义的训诂方法，即"某，音某"，"某，读如某"与"某，某也"等。例如，在"造要头之制"中，对"蜉蝶"的读音，表述为"蜉蝶，读如浮冲"。在各作制度的注释中，继承了《营造法式》"总释"中"一物多名"（由于方言俗语的不同，或古今称谓的不同所造成）的并存，且将清式与宋式名称进行比照。例如，在"造要头之制"中，注明了"要头"——"清式称蚂蚱头"等。

根据《工部工程做法》和《营造法式》各自的特征，对于其中的词汇注释采取了不同的方法，因而其成果的形式也不尽相同：前者集中编写《辞解》，便于与正文及图样互相参阅。后者随原文逐条注解，呈现出一种阶段性与探索性成果的特征。这样的区别做法主要是出于客观因素的制约，上文在简述《中国建筑之两部"文法课本"》时曾引述原文，概括大意即因宋、清距今之时代隔膜程度大相径庭，且由于原书的"体裁不同"故作为成果之重要部分的词汇注释也相应产生了不同的形式。

在《〈清式营造则例〉序》中梁思成明确指出，因"清式营造专用名词中有许多怪诞无稽的名称，混杂无序，难于记忆，"故"选择最通用者约五百项，编成《辞解》，并注明图版或插图号数，以便参阅。各名词的定义，只能说是一种简陋的解释，尚待商榷指正。"❸ 同文，在述及相关著作《营造算例》时，也提到了作词汇注释的重要性："……匠师门并未对任何一构材加以定义，致有许多的名词，读到时茫然不知何指。所以本书较重要的部分，还是在指出建筑部分的名称。在我个人的工作中，最费劲也最感困难的也就是在辨认、记忆及了解那些繁杂的各部构材名称及详

❶ 梁思成.《营造法式》注释序 [M]// 梁思成.梁思成全集（第七卷）.北京：中国建筑工业出版社，2001：10.

❷[清]陈澧.东私塾读书记（万有文库国学基本丛书）.

❸ 注：对于这种名称的"怪诞无稽，混杂无序"，梁先生翻译时采取了音译的方式，以区别于重要结构构件的意译方式，在赖德霖先生的《梁思成、林徽因中国建筑史写作表微》一文中，称之为"一方面强调了了中国建筑的结构理性或科学性，另一方面，在西方读者面前掩饰了其因工匠口语所造成的随意性或非科学性"。

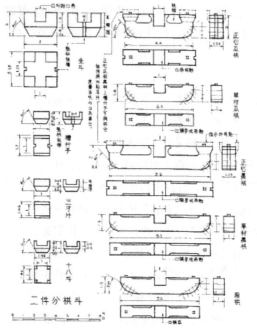

样。……"总之,"至于本书的目标,乃在将清代官式建筑的做法及各部分构材的名称,权衡大小,功用,并与某另一部分地位上或机能上的联络关系,试为注解,并用图样标示各部正面、侧面或断面及其与他部相接的状况。图样以外,更用实物的照片,标明名称,以求清晰。……"[1] 在这里对于"各部分构材的名称,权衡大小、功用的注解"指的就是营造词汇的注

图 4-2 《清式营造则例》图版八(斗栱分件贰)
图片出处:梁思成.清式营造则例[M].北京:清华大学出版社,2006.

释。这种注释分为三个部分:一是在正文的相关章节中,二是在文后"营造辞解"中,三是在"各件权衡尺寸表"中,并辅以相应的图版与插图。兹举例如下:

"瓜栱、万栱、厢栱"——名称、权衡大小、功用:(图 4-2)

正文:

栱以长短分为三等,瓜栱、万栱、厢栱,瓜栱最短,厢栱次之,万栱最长。瓜栱和万栱,除非没有翘昂不往外出跳的斗栱,每多相叠并用,瓜栱在下,托着万栱在正心上或里外拽上。在正心上的叫正心瓜栱,正心万栱;在里外拽的叫单材瓜栱,单材万栱;若更求准确——便叫里拽瓜栱,外拽瓜栱和里拽万栱,外拽万栱。至于厢栱,却总是按在最上层翘昂之最外或最里端上,绝没有放在正心上的时候,所以只分里外,而无正心、单材之别。[2]

辞解:[3]

瓜栱——斗栱上在坐斗、翘或昂头上之弓形横木,其长按斗口六·二倍。

万栱——在瓜栱之上承托正心枋或拽枋之栱,长按都口九·二倍。

正心瓜栱——在斗栱左右中线上之瓜栱。

正心万栱——在斗栱左右中线上之万栱。

单材栱——不在正心线上之栱,高一·四斗口。

厢栱——在斗栱最外或最里一踩上承托挑檐枋或井口枋之栱,长按斗口之七·二倍。

[1] 梁思成.《清式营造则例》序.梁思成全集(第六卷).北京:中国建筑工业出版社,2001:5.
[2] 梁思成.清式营造则例.梁思成全集(第六卷).北京:中国建筑工业出版社,2001:32.
[3] 注:对于每一种构件,在正文与辞解的注解后都附有相应的图版与插图编号。

权衡表（表4-3）：

斗栱各件口数　　　　　　　　　　表 4-3

斗栱	平身科		
	长（斗口）	宽（斗口）	高（斗口）
正心瓜栱	6.2	1.25	2
单材瓜栱	6.2	1	1.4
正心万栱	9.2	1.25	2
单材万栱	9.2	1	1.4
厢栱	7.2	1	1.4

资料来源：摘引自梁思成.清式营造则例[M].北京：清华大学出版社，2006

在《营造法式注释》"序言"中，谈到"这一次的整理、注释工作"时，梁思成把"词汇"注释作为第一步的工作看待："……总而言之，我打算做的是一项'翻译'工作——把难懂的古文翻译成语体文，把难懂的词句、术语、名词加以注解，把古代不准确、不易看清楚的图样'翻译'成现代通用的'工程画'；此外，有些《法式》文字虽写得足够清楚、具体而没有图，因而对初读的人带来困难的东西或制度，也酌量予以补充；有些难以用图完全表达的，例如某些纹样的宋代风格，则尽可能用适当的实物照片予以说明。"[1] 例如，在"下昂"形制的条目中，分别做了几项注释工作：给"下昂"作了定义，分析了"下昂"的形制特征及功用，解释了原文较难理解的昂面形式——"中顄"与"讹杀"的做法，通过实例辨析，区分了"琴面昂"与"批竹昂"，并且探索性的提出了"琴面批竹昂"的概念，比较全面的诠释了该"词汇"的意义：

下昂的定义：在一组斗栱中，外跳层层出跳的构件有两种：一种是水平放置的华栱；一种是头（前）低尾（后）高，斜置的下昂。出檐越远，出跳就越多，如果全用华栱挑出，层数多了，檐口就可能太高。由于昂头向下斜出，所以在取得出跳的长度的同时，却将出跳的高度降低了少许。在需要较大的檐深但不愿将檐抬得过高时，就可以用下昂来取得所需的效果。[2]

下昂的形制：下昂是很长的构件，昂头从跳头起，还加上昂尖（清式称昂嘴），（按：指出与《法式》中构件相对应的清式构件，是梁思成进行词汇注释的比较普遍的做法，一方面说明了对清式则例的研究是宋《法式》研究的基础，另一方面也便于读者参互比照。）斜垂向下；昂身后半向上斜伸，亦称挑斡。昂尖和挑斡，经过少许艺术加工，都具有高度装饰效果。[3]

顄：音坳，au，头凹也。即杀成凹入的曲线或曲面。[4]

[1] 梁思成.《营造法式》注释序[M]// 梁思成.梁思成全集（第七卷）.北京：中国建筑工业出版社，2001：11.

[2] 同上：92.

[3] 同上.

[4] 同上：95.

❶ 梁思成.《营造法式》注释序 [M]// 梁思成.梁思成全集（第七卷）.北京：中国建筑工业出版社，2001：95.

❷ 同上：92-95.

❸ 同上：95.

❹ 同上：10.

❺ 同上。

讹杀：杀成凸出的曲线或曲面。❶

下昂的功用：从一组斗栱受力的角度来分析，下昂成为一条杠杆，巧妙的使挑檐的重量及槫、梁的重量相平衡。从构造上看，昂还解决了里跳华栱出跳与斜屋面的矛盾，减少了里跳华栱出跳的层数。❷

"琴面昂""批竹昂"与"琴面批竹昂"的区分：在宋代，"中顫"而"讹杀至两棱"的"琴面昂"显然是最常用的样式，而"斜杀至尖"且"昂面平直"的"批竹昂"是比较少用的。历代实例所见，唐、辽都用批竹昂，宋初也有用的，如山西榆次雨花宫；宋、金以后多用标准式的琴面昂，但与《法式》同时的山西太原晋祠圣母殿和殿前的金代献殿则用一种面中不顫而讹杀至两棱的昂。我们也许可以给它杜撰一个名字叫"琴面批竹昂"吧。❸

②对于"文法"的解读途径

实物与条文的互相印证：

实物与条文间的互相印证体现在，在注释时征引实物以解读《营造法式》条文，并且在实物考察中联系《营造法式》条文以明确其名称及做法。就前者而言，仍以"造下昂之制"为例，《营造法式》原文"如用平棊，即自槫安蜀柱以插昂尾"，梁先生认为此处的表述不够明确具体，在通过调查浙江余姚报国寺大殿中的类似做法后，终于弄清楚了这一在现存实例中很少见到的做法，且以此为启示绘制出图样，从而实现了对于原文的解读。对于后者，在《营造法式注释》的序言中，梁思成曾提到了过往的调查经历："公元 1932 年春，蓟县独乐寺观音阁和山门，在这两座辽代建筑中，我却为《法式》的若干疑问找到了答案。例如，斗栱的一种组合方法——'偷心'，斗栱上的一种构材——'替木'，一种左右相连的栱——'鸳鸯交手栱'种处理手法——'角柱生起'等……"❹ 在此，《营造法式》条文又成为确切认知实物中某些做法名称的有力依据。

"以今证古""从易到难"：

基于当时的客观条件和研究状况，梁先生认为从清《工部工程做法》到宋《营造法式》，是一条掌握古建筑文法的可行且有效的路径："我认为在这种技术科学性的研究上，要了解古代，应从现代和近代开始，要研究宋《法式》，应从清工部《工程做法》开始；要读懂这些巨著，应从求教于本行业的活人——老匠师开始。因此，我首先拜老木匠杨文起老师傅和彩画匠祖鹤洲老师傅为师，以故宫和北京的许多其它建筑为教材、'标本'，总算把工部工程做法搞懂了。对于清工部《工程做法》的理解，对进一步追溯上去研究宋《营造法式》下了初步基础，创造了条件。"❺

至于如何"以今证古"、"从易到难"，循序渐进的将两部著作进行比较，从而开展并深入到《营造法式》的文法解读中，梁先生在回顾这一历程时指出："……在学读《营造法式》之初，只能根据对清式则例已有的了解逐渐注释宋书术语，将宋清两书互相比较，以今证古，承古启今，后来在以旅行调查的工作，借若干有年代确凿的宋代建筑物，来与《营造法式》中所叙述者互相印证。换言之即以实物来解释《法式》，《法式》中许多无法解释的规定，常赖实物而得明了；同时宋辽金实物中有许多明清所无的做法或部分，亦因法式而知其名称及做法。因而更可借以研究宋以前唐及五代的结构基础。"❶ 如同前面所提到的将《营造法式》词汇与清式词汇进行对应比照类似的，将《营造法式》中"文法"与清式文法的比较，就是以比较晚近，能够较清晰掌握的文法为参照，通过对不同年代实例中某一做法的对比分析，逐渐了解早期做法的。例如在对《营造法式》"举折"做法的解读，显然是在充分掌握清式"举架"做法的前提下，将其中的每一步骤及完成状态进行充分的比较从而一步步实现的。

梁思成先生主持的"中国建筑之两部文法课本"研究是营造学社"实质之营造"研究中最重要的组成部分，《清式营造则例》的出版，《营造学社汇刊》中发表的大量古建筑调查报告都是其阶段性的成果。这项研究中创造性地提出从"词汇"与"文法"的角度入手理解"两部文法课本"的研究方法，对于揭示宋、清官式建筑的做法，提供了一条十分有效的路径。

（2）"词汇"与"文法"研究的工程实践探索：原南京博物院设计（以下简称南京博物院）

梁思成先生所从事的对于古代建筑"词汇""文法"的研究开展于现代主义建筑在国际上广为盛行的时代背景之下，面对新的结构技术的大量应用，梁先生敏锐地注意到中国传统的结构体系能否适应这一趋势的问题。对此，他曾就中国古代建筑与现代主义建筑间的共同之处作出过剖析，❷并提出了将两者结合起来以实现中国古代建筑体系的延续与发展的设想：

"随着钢筋混凝土和钢架结构的出现，中国建筑正面临着一个严峻的局面。诚然，在中国古代建筑和最现代化的建筑之间有着某种基本的相似之处，但是，这两者能够结合起来吗？传统的建筑结构体系能够使用这些新材料并找到一种新的表现形式吗？可能性是有的，但这绝不应是盲目的'仿古'，而必须有所创新。"❸

正因为如此，梁先生对于"中国两部建筑文法课本"中"词汇"与"文法"的研究并没有仅仅停留在理论的层面，而是进行了相当深入的工程实践探索，其中最具代表性的案例，就是开始于1935年的南京博物院设计。当时梁思成作为建筑委员会的重要成员之一，对于徐敬直、李惠堂的当选方案——清式宫殿风格进行了大量的细致入微的修改。❹对这项设计，他本人在《中国建筑史》曾有过评价："……至若徐敬直、李伯惠之中央博物馆，

❶ 梁思成.中国建筑之两部"文法课本"[M]//梁思成.梁思成全集（第四卷）.北京：中国建筑工业出版社，2001：296.

❷ 参见梁思成《建筑设计参考图集》序："所谓'国际式'建筑，名目虽然笼统，其精神观念，确是极诚实的；其最显著的特征，便是由科学结构形成其合理的外表。对于新建筑有真正认识的人，都应知道现代最新的构架法，与中国固有建筑的构架法，所用材料虽不同，基本原则却一样，——都是先立骨架，次加墙壁的。因为原则的相同，'国际式'建筑有许多部分变酷类中国（或东方）形式，这并不是他们故意抄袭我们的形式，乃因结构使然。同时我们若是回顾到我们的古代遗物，它们的每个部分莫不是内部结构坦率的表现，正合乎今日建筑设计人所崇尚的途径。"

❸ 梁思成.图像中国建筑史[M].北京：中国建筑工业出版社，1991：3.

❹ 注：关于梁思成先生指导并参与南京博物院设计的情况，可参见他当年的助手陈明达先生在《从营造学社谈起》一文中的回忆："南京博物院的设计，建筑师是徐敬直，设计时要求大屋顶，他不通晓古建筑，就来找我们。那时的顾问也真实在，许多具体工作都做，绘图量不少……"。

图 4-3 南京博物院大殿
图片出处：笔者拍摄

❶ 梁思成.中国建筑史
[M].天津:百花文艺出版社,
2005: 502.

乃能以辽、宋形式，脱身于现代结构，颇为简单合理，亦中国现代化建筑中之重要实例。"❶ 这里的"现代结构"即指这座建筑物的钢筋混凝土主体结构，以及屋顶所采用的钢桁架结构。此外，建筑物内外檐的斗栱、额枋以至于驼峰等同样为混凝土构件（图 4-3）。

那么，南京博物院的辽、宋（或与之同时期的金代）形式是如何产生的，其与"词汇"与"文法"的理论研究的关系如何，又怎样与现代的结构技术相适应，对这些问题，当代学者赖德霖教授曾在《设计一座理想的中国风格的现代建筑》一文中作过专题研究，文中的建筑造型要素的来源分析部分，分别探寻了该建筑平面、立面尺度与比例的确定，主要结构构件的选取，屋面的推山与举折做法，以及其他一些细节选用时各自的参考对象。从他的研究中可以获知，在南京博物院诸造型要素的设计中，关于应用现存古代建筑或《营造法式》中的"词汇"与"文法"方面，以结构构件选取时所参照的对象之广，与现代建筑的结构理性间相协调的考量之深刻而最具典范意义。由此，有必要在参考目前已有研究成果的基础上针对"材份"以及重要的结构构件"斗栱"作进一步探讨。

①材份

作为栱、枋、梁等结构构件断面尺寸确立的基准，南京博物院的用材为 26 厘米 × 16.5 厘米，广厚之比为 1.58：1，这一材份等级介于《营造法式》的第二、第三等材之间，若将其与当时梁先生调查过的辽、金建筑实物的用材比较，与之接近的有善化寺大雄宝殿、善化寺三圣殿和蓟县独乐寺山门。对于栔这一辅助模数，辽、金时代建筑栔的高度均大于《营造法式》规定的材广的十五分之六，南京博物院的栔高为 12.7 厘米，材、栔高之比为 2.05：1，也超出了《营造法式》的规定 2.5：1，与蓟县独乐寺山门的 2∶1 接近。综合起来，在用材上南京博物院主要参考了上述三座辽金时代的建筑，而与金代的善化寺三圣殿最为接近（表4-4）。

南京博物院与其他辽、金建筑用材比较　　　　表4-4

	年代 （公元）	材广 × 材厚 （厘米 / 份）	份值 （厘米）	材广 / 厚	栔广 （厘米/份）	材 / 栔
南京博物院		26 × 16.5/15 × 9.5	1.73	1.58	12.7/7.34	2.05
独乐寺山门	984	24.5 × 16.8/15 × 10.3	1.63	1.46	12.3/7.5	2
善化寺大雄宝殿	11 世纪	26 × 17/15 × 9.8	1.73	1.53	11.5/6.6	2.26
善化寺三圣殿	1128-1143	26 × 16.5/15 × 9.5	1.73	1.58	10.5/6	2.48

（注：南京博物院材份数据引自赖德霖.设计一座理想的中国风格的现代建筑[M]// 赖德霖.中国近代建筑史研究.北京：清华大学出版社，2007.

辽、金建筑材份数据引自梁思成，刘敦桢.大同古建筑调查报告[M]// 梁思成.梁思成全集（第二卷）.北京：中国建筑工业出版社，2001.）

②斗栱

柱头铺作：南京博物院柱头铺作为五铺作双抄偷心、单栱（图 4-4），其形制在参考与之等级接近的辽、金建筑的基础上作了一定的简化，例如平面同为 9×5 开间的上华严寺大雄宝殿，其外檐柱头铺作为五铺作双抄计心、重栱（图 4-5），南京博物院外檐柱头铺作虽同为五铺作，却采用了偷心造，因此形制上更接近于蓟县独乐寺山门的柱头铺作（图 4-6）。但并不能就此认定博物院起初就参照了独乐寺山门的斗栱形制，因为导致此结果的思路应起始于从上华严寺大雄宝殿中了解到，在这一等级的殿堂中五铺作的基本形制是可行的，然后为了适应混凝土的施工技术，对构造节点去作进一步的简化时才参照了独乐寺山门的柱头铺作的"偷心造"。而对混凝土构件来说，与"计心造"第一跳华栱上置交互斗承华栱与瓜子栱相比，"偷心造"第一跳华栱上置散斗仅承华栱，简化了构造节点，便于施工。由此可知，南京博物院在选用实例中的"词汇"——"构件"及与其相关的"文法"——"构造做法"时，至少考虑了两方面的内容，一是设想了其在木构中是否合理的问题，以满足视觉表达的需要；二是尽量适应新的结构技术，以应对施工中的问题。简言之，对于结构构件的选用，不仅要使结构可靠，而且要使结构看起来可靠。

在柱头铺作形制最终以独乐寺山门为参照对象的同时，对于整朵斗栱

图 4-4　南京博物院柱头铺作、补间铺作
图片出处：笔者拍摄

图 4-5　上华严寺大雄宝殿柱头铺作
图片出处：笔者拍摄

图 4-6　独乐寺山门柱头铺作
图片出处：笔者拍摄

中的一些细节，南京博物院与独乐寺山门既有近似之处，也存在着一些明显的区别。例如华栱出跳的份数两者接近：山门第一跳出跳长 30.6 份，第二跳出跳长 21.9 份，博物院第一跳出跳长 30 份，第二跳出跳长 23 份；不同之处在于两者令栱与泥道栱长间的差异，即针对梁思成先生在《大同古建筑调查报告》中指出的辽代建筑中令栱短于泥道栱的特征，[1] 南京博物院柱头铺作中，令栱长 54 份，泥道栱长 70 份，而山门令栱长 67 份，泥道栱长 73 份，可见为了强化辽代建筑的这个特征，博物院此处并未参照山门。[2] 此外，不同之处还包括耍头形式的区别，独乐寺山门的耍头为批竹形，博物院柱头铺作的耍头形式在设计图中参照了善化寺三圣殿的样式，而在实际施工中则运用了善化寺大雄宝殿的耍头样式。对于耍头形式的选用，因不涉及结构功能，所以自由度较大（图 4-7、图 4-8）。

　　补间铺作：南京博物院大殿的补间铺作形制为：于普拍枋上立蜀柱，柱上施散斗，承柱头枋二层。下层柱头枋之表面，隐刻出泥道栱，栱上列散斗三个，载上层柱头枋（图 4-4）。这一形制的来源是辽代的下华严寺海会殿补间铺作，其最重要的特点是无华栱出跳承檐，类似做法在辽代的蓟县独乐寺观音阁下檐补间铺作中也采用过（图 4-9）。

　　依照据梁思成先生的判断，这类做法，因仅是在枋木上雕作栱形，无

[1] 注：参见《大同古建筑调查报告》中对于辽代建筑所列辽代建筑栱长份数的数据。
[2] 注：此处南京博物院栱长份数的数据引自赖德霖《设计一座理想的中国风格的现代建筑》一文，独乐寺山门栱长份数的数据引自《大同古建筑调查报告》。

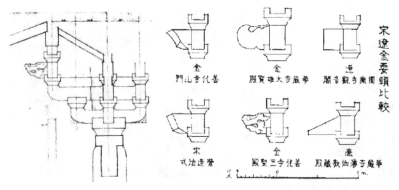

图 4-7　南京博物院设计图要头
图片出处：赖德霖.设计一座理想的中国风格的现代建筑[M]// 赖德霖.中国近代建筑史研究.北京：清华大学出版社，2007.

图 4-8　华严寺大雄宝殿与善化寺三圣殿要头形式
图片出处：梁思成，刘敦桢.大同古建筑调查报告[M]// 梁思成.梁思成全集（第二卷）.北京：中国建筑工业出版社，2007.

华栱出跳承檐，故"由结构上言，谓下檐无补间铺作可也"。[1] 博物院屋顶为钢桁架结构，无需华栱出跳承檐，所以从结构理性考虑，采用此类做法是适合的。但是由于参照对象海会殿五开间的建筑等级远低于博物院，故而从视觉表达上分析，仍会引发观者对结构安全性的担忧，毕竟在现存的辽、金时期九开间的殿堂中尚未出现补间铺作无出跳承檐的实例。鉴于上述原因，补间铺作采用无出跳的做法应是完全出于结构理性的考量。

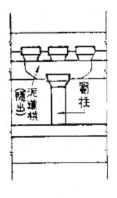

图 4-9　善化寺海会殿补间铺作
图片出处：梁思成，刘敦桢.大同古建筑调查报告[M]// 梁思成.梁思成全集（第二卷）.北京：中国建筑工业出版社，2007.

　　转角铺作：南京博物院大殿的转角铺作形制为：转角栌斗上正侧两面各出华栱两跳，第一跳偷心造，第二跳承令栱与要头相交，令栱上列散斗三个承接替木及橑檐枋，于平面 45 度角线上出角栱三层，在第二跳角栱上置平盘斗，于角栱两侧各出瓜子栱与令栱出跳相列，似鸳鸯交手栱，但未隐刻栱头。这一形制与独乐寺山门转角铺作相近，但也有一些区别，主要在于后者正侧两面华栱第一跳为计心造，上承瓜子栱，瓜子栱承托与角栱垂直的"抹角斜栱"。独乐寺山门采用"抹角斜栱"当是出于稳固角部结构的需要，而南京博物院大殿屋顶的钢桁架结构使得这一构件失去了必要性，而且这一构件的取消简化了构造节点，降低了施工的复杂程度（图 4-10、图 4-11）。

　　结合柱头铺作、补间铺作、转角铺作的特点，对于南京博物院大殿斗栱形制与结构理性间的关系，赖德霖曾作了如下的分析：

　　"毋庸赘言，斗栱是梁思成认为中国建筑最重要的结构构件，并且是中国建筑风格特征最主要的组成部分之一。但从结构理性分析采用悬挑能

[1] 梁思成.蓟县独乐寺观音阁山门考[M]// 梁思成.梁思成全集（第一卷）.北京：中国建筑工业出版社，2001：199-200.

图 4-10 南京博物院转角铺作
图片出处：笔者拍摄

图 4-11 独乐寺山门转角铺作
图片出处：笔者拍摄

力良好的钢筋混凝土结构之后，斗栱这一传统的结构方式和构件就失去了存在的意义。梁思成和建筑师的设计面临一个矛盾的选择：一方面要表现中国建筑的固有特征，另一方面需要符合现代材料的结构理性。作为一种妥协，他们选择了独乐寺山门作为博物院大殿柱头铺作与转角铺作的设计参照。在梁思成看来，这座山门在结构方面实为'运用斗栱至最高艺术标准之精品'。而在大殿补间铺作的设计上，他们则参照了华严寺的海会殿。但由于山门和海会殿均非高等级建筑，在中央博物院这座九开间国家级建筑中采用它们的斗栱形式，就意味着在造型上保留斗栱这一中国传统建筑的典型构件的同时，摒弃其原有的等级象征内涵。"❶

此处引文的分析中明确了博物院大殿的斗栱是出于表现"中国建筑固有特征"的需要，并概括了博物院大殿斗栱的两个特点：一是不具有结构功能，二是不具有等级象征内涵，那么在设计斗栱时选择参照对象的原则是什么？如果是出于独乐寺山门斗栱在结构方面的杰出成就而采用之，那么一个矛盾就会凸显出来，既然斗栱的存在仅是为了"表现固有特征"而不具有结构功能，那么为何要参照这一在结构方面的杰出典范呢？可见，上述两个特点中，必有一项是存在问题的，通过前面对柱头铺作设计思路的推想，笔者认为，博物院大殿的斗栱设计在确定选取参照对象的原则时，至少部分地注意到了斗栱与建筑等级间的关系；而另一项原则就是赖德霖教授在文中曾提到的在选取参照对象时要考虑到作为钢筋混凝土构件的斗栱在施工中的便利性问题，对此博物院大殿的柱头铺作采用偷心造，以及转角铺作中的取消"抹角斜栱"等构件应同样是基于这一原则的措施。❷

以上在分析南京博物院大殿构件材份状况的基础上，主要以斗栱为对象讨论了其在设计中如何在应用古代实例中的"词汇——结构构件"与"文法——构造做法"的同时注意与现代结构技术间进行协调的。除了斗栱之

❶ 赖德霖.设计一座理想的中国风格的现代建筑[M]// 赖德霖.中国近代建筑史研究.北京：清华大学出版社，2007：358-359.

❷ 参见赖德霖.设计一座理想的中国风格的现代建筑[M]// 赖德霖.中国近代建筑史研究.北京：清华大学出版社，2007：359.

外，在这座建筑中还有一些构件，如阑额、普拍枋的设计（普拍枋与阑额呈 "T" 形断面，阑额广厚比为 2：1）同样体现出了上述两方面的考量，正因为南京博物院大殿在现代结构技术的整体条件下就古代结构技术的表达方式作出了深入的探索，梁先生才称其为 "中国现代化建筑中之重要实例"，而这座建筑在将 "词汇" "文法" 研究由理论层面延伸到工程实践层面的过程中则起到了典型的示范作用。因此，"营造学社" 关于 "实质之营造" 的理论研究成果能够直接地指导建筑创作，通过 "营造学社" 学者们的精心谋划修改，南京博物院这座建筑对于 "中国固有特征" 与现代结构技术的结合作出了富有成效的探索，这也是中国古代建筑走向现代化的一次有益尝试。南京博物院将中国古代建筑的结构特征恰如其分地移植于现代结构体系中，使其在 "词汇" 和 "文法" 的运用中显著的区别于 20 世纪初某些 "堆砌文字、抄袭章句" [1] 式的 "宫殿式" 建筑。由此可以推想，如果不是经历八年抗战，那么在中国营造学社理论成果的不断推动下，关于建筑创作中 "民族性" 与 "现代化" 结合方式的探索必然会取得更多令人瞩目的成就。此外，作为 "词汇、文法" 研究成果的一部分，在 1935 年梁思成和刘致平二位先生还为那些致力于 "为中国创造新建筑" 的建筑师们编著了《建筑艺术参考图集》，将古建筑上的各个部位，分门别类的一一辑录成图集，以使他们 "了解中国建筑的构架、组织及各部做法权衡等，始不至落抄袭外表皮毛之讥"，[2] 至于选取案例的原则，则为所调查过的各处古建筑中 "较有美术或结构价值的"，不过对于图集中的案例如何在新结构、新材料的建筑中得以运用，该著作却未给予明确的阐说，结合前面所述及的梁先生对该问题的思考，可知当时其仍处在初步的可能性设想阶段。因而，在当年的许多创作中，对于中国建筑各个部位 "词汇" 与 "文法" 的运用仍是处在直接效仿，生硬移植的层面，较少出现传统结构特征之于现代结构体系适应性的考量，这也是中国的建筑传统走向现代化的困境之一。正是基于此，南京博物院所体现出的探索价值才愈发显得弥足珍贵。

❶ 梁思成.为什么研究中国建筑 [M]// 梁思成.中国建筑史.天津：百花文艺出版社，2005：5.
❷ 梁思成.《建筑艺术参考图集》序 [M]// 梁思成.梁思成全集（第六卷）北京：中国建筑工业出版社，2001：236.

4.4.4　关于 "营造学" 指导下学术研究之意义的若干反思

前面着重讨论了在 "营造学" 这一总体观念指导下的两大研究领域——"文化史" 与 "实质之营造" 中各自的代表性成果。针对于 "文化史" 与 "实质之营造" 两者内容构成的特征，相应的其研究方法也在文献考据与实物调查间分别有所侧重，在 "营造学社" 的机构设置中的 "文献组" 与 "法式组" 的划分也大致体现出与 "营造学" 这两大研究领域间的对应关系。作为朱启钤先生在学社成立之初所确定的大致研究框架，"营造学" 观念的建立为学社以后的学术道路打下了宽广而坚实的基础，并且在其后的数年间已经取得了相当丰硕的成果。然而，随着日本侵略步伐的日益逼近，学社的重要成员梁思成与刘敦桢二位先生都认为应尽快调查华北几省的宋辽金木构建筑，于是集中了文献组与法式组的力量从事实物调查。❶ 在当时的紧迫局势下这一措施着实是迫不得已的必要之举，然而，这却导致了此后文献组成员或者研究重心发生转向，或者离开学社，使得文献组关于"文化史"的研究工作几限于停顿，并且自此再未恢复。对于学社发展历程中的这一重要转折，当代学者王其亨教授曾经就其影响作出过鞭辟入里地分析与评价，他认为造成学社研究由"文献"与"法式"的并重到只注重"法式"这一转变的缘由，除了社会局势以外更重要的是在当时与研究者的建筑教育背景有关，即梁思成先生的学院派建筑教育背景使他形成了"过于注重形制法式的建筑思想"，其研究方法"是强调建筑学的（甚至仅是木构的）描述和分析，史料和史迹在这些实实在在的建筑实例面前，自然显得不够完整，不够确凿，从而在学术上也显得力量薄弱。"❷ 而这种倾向性的延伸会给建筑历史这门学科带来不利的影响，主要表现为建筑历史研究"与文物考古、历史文献的距离原来越远，很多从事古代建筑学的研究者们从此丧失了从文物考古角度作研究的能力。"❸ 因此，王其亨教授愈发深切地感受到"朱启钤搭建的大历史学术研究的平台对建筑史学研究的全局观的重要性。"❹ 这里所谓的"大历史学术研究的平台"应可以用"营造学"这一学术框架来对应概括。不过，客观地说，即使能够排除外部因素的干扰，这种偏重实物、偏重"法式"的以"实质之营造"为重心的倾向性在学社的发展道路上仍然会成为主导趋势，其原因就在于学社成员的学术背景多为建筑学专业出身，虽然其中不乏国学功底深厚的学者如刘敦桢先生等，但是正如前面曾引述到的，即使是刘敦桢本人也认为通过研究实物以搞懂《营造法式》才是中国建筑研究的基本工作，而且文字考据工作多处在揭示建筑实际状貌的基础阶段，在受制于考古工作的情况下，有时很难与实物发生直接的关联，因此其立竿见影式的成效性似乎并不明显。再者，作为朱启钤先生意图中的"文化史"研究，对于研究者的学术能力提出了极高的要求，即建筑学素养与国学功底要同时兼具，当时的学社成员中仅有刘敦桢先生等少数几位堪当胜任，这种依靠少数学者支撑起来的研究，一旦出现人事上的变更，势必将难以维系。因此，种种的内在因素造成了营造学社的研究成果中，关于"实质之营造"的部分要远大于"文化史"的研究。尽管如此，"营造学"之"文化史"研究的诸项成果，如刘敦桢先生的"东西堂"制度研究、《同治重修圆明园史料》，单士元先生的《明代营造史料》乃至于众多学者参与编纂的《哲匠录》等仍然会对后来者的一些基本思想方法的养成产生潜移默化的影响。就前文着重分析的"东西堂"制度研究而言，这项基于文献考证的古代宫室制度的会通，可以称得上是一种完全不同于"建筑学"的中国特有的研究方法，

❶ 参见刘敦桢先生在 1958 年全国建筑历史学术讨论会上的发言记录。

❷ 刘江峰,王其亨,陈健.中国营造学社初期建筑历史文献研究钩沉 [J].建筑创作, 2006（12）: 154.
❸ 同上。
❹ 同上: 155.

尽管并不完善，但其通过历史文献的梳理，已经揭示出了"东西堂"这一宫室类型确立的基础性因素，即与朝会功能密切相关的人的行为活动方式，这一点与《考工记》中关于宫室尺度的确定方式有着相当程度的一致性，从而表明以人的行为活动作为空间格局与尺度形成依据的观念，在我国古代的"营"宫室中早已被确立下来，对此，如果以"建筑学"眼光来看，这是不同于将建造技术作为空间之形成基础的另一种创作倾向，可以与"建构"思维互为补充。不过，正如上面所提到的原因，这种研究很快地趋于衰微，并被汹涌的"建筑学"潮流所吞没。由此从另一个角度去透视"营造学"这一观念下的"文化史"研究，可以清楚的认识到"营造学"其所涵盖的研究内容与研究方法不仅在当年是既切合实际又立足高远的理论创见，即使在今天看来仍然能显示出深刻的鉴借意义。

在另一项"实质之营造"研究的方面，"法式组"以解读中国建筑两部"文法课本"为切入点而开展的大规模古建筑调查，取得了丰硕的理论成果，并且进一步的将其延伸为对于中国建筑的"词汇"、"文法"的研究，这一研究显然具有明确的实践指向，而且做了初步的理论准备并开展了相应的实践探索，虽然这种立足于寻找到"古——中国建筑固有特征"与"新——现代化的结构、材料"之间能够"兼具二者之长"的结合方式的构想，在战争等外部因素的阻碍下未能持续深入地发展，但是其关注的命题至今仍然保持着活力，其所产生的启示意义至今也未见丝毫褪色。

然而，或许是由于这项研究的过早中断，使其在实践层面的成果不那么突出，因而未能很好地解决中国建筑固有特征与现代建筑结构体系如何结合的问题，进一步地导致了关于该问题在建筑学界内至今仍有争议。就以前文所举南京博物院这一实例来说，对其评价就存在着较大的分歧，一种认识是以梁思成先生为代表，将其看作"中国现代化建筑中之重要实例"，赖德霖教授进一步继承了这种认识作专文予以详尽讨论，另一种认识是建工版《中国建筑史》教材中将其归为"传统复兴"三种设计模式之一的"宫殿式"，从而将其与现代建筑相区分，当代学者李海清教授则在《中国建筑的现代转型》一书中也将其归为"中国固有式"建筑。对此，台湾学者傅朝卿有曾明确的观点表达，即"中国近现代建筑中的古典式样，实际上并未构成严谨的体系或主义。传统复兴在中国的出现，并非中国建筑师队伍中出现了明确的'传统复兴主义'或'传统复兴学派'的结果，而是这些建筑所关联的社会背景的需要。"❶依据该观点，事实上所谓的"中国固有式"是当时的国民政府所提出的，并非是建筑师的自主性认识，故将其归纳为一种式样或类型的观点，于专业层面的合理性就值得商榷。更为重要的是，关于现代新技术与所谓"中国固有式"或称为"中国固有之特征"之间相结合哪一方应该居于主导

❶ 参见傅朝卿《中国古典式样新建筑》，转引自潘谷西主编．中国建筑史（第五版）[M]．北京：中国建筑工业出版社，2004：398．

地位的问题，至少在南京博物院这一实例中，就可以清晰地认识到当年的设计者已经注意到并采取措施使"中国固有特征"主动去顺应现代结构技术，（当然，在南京博物院中，确实也出现了建筑技术被动适应"中国固有特征"之处，如用钢桁架做出的屋面举折，使得弦杆内部轴向力传导出现偏差，导致其结构效率降低，是有违桁架结构力学原理的。[1]）所以称之为具有"中国固有特征"的"现代建筑"似乎更符合当时的事实。由此推广开来，即便被统称为"中国固有式"，但就每一实例而言，其在"古"与"新"关系的权衡上仍可能各有其倾向性，从这个意义上来讲，所谓"中国固有式"建筑中，"建筑技术始终处于被动适应地位而不能挥洒自如，充分施展"……其在"中国建筑现代转型中起着阻滞作用，而非催化效果"[2]的观点就似乎有些一概而论了。正因为如此，通过本次的讨论，更可以强烈地感受到"营造学"框架下的"实质之营造"研究不仅是立足于对古代的会通，更有着眼于"古"与"新"之关系的潜心思考与寻求，并且虽然视角发生了一些变化（关于这一变化，将在下一章进行讨论），但这一研究的目标指向在当前仍旧为建筑学界所关注。

[1] 参见李海清. 中国建筑的现代转型 [M]. 南京：东南大学出版社，2006：323.
[2] 同上：329.

4.5　建筑教育中"营造"课程的设置与"营建学系"草案的制定

在"中国营造学社"这样专门的学术机构之外，1920～1940 年代国内的建筑学教育领域中也出现了若干以"营造"为名的课程，这些课程的设置及其命名的缘由同样体现出了基于各自视角的对于"营造"内涵的各种理解。与"中国营造学社"所倡导的"营造学"中"营造"内涵的宽泛性有所区别的，在建筑教育中以"营造"为名的课程，往往针对的是其内涵中有关建造技术这方面的内容，如果以与"建筑"的关系来看的话，"营造学"中的"营造"与"建筑"是处在同一层级上的，而教育课程中的"营造"则显然是从属于"建筑"，是"建筑"的"中国化"组成成分。此外，梁思成先生关于清华大学"营建学系"学制及学程计划草案的订立，这一命名中所反映出的对于"营"的含义的解读具有传承与创新两方面的特征，并且直接影响了该系课程体系的形成，因而使"营建"也具有了与"建筑"相对应的意味。

4.5.1　建筑教育中的"中国化"改造

如前文所述，清末的《奏定学堂章程》中关于建筑学科的课程设置中，虽然删去了"日本建筑"等课程，但并未明确地体现出在"建筑学"教育移植过程中试图与本国文化相结合的倾向，而诞生于民国初年的"壬子、癸卯学制"则可视为有关"建筑学"教育之"中国化"改造的滥觞。在民国成立之初，教育部先后于1912年、1913年颁布了《学校系统令》及各种学校令（史称"壬子、癸卯学制"），在大学工科之下设立的"建筑科"中，虽然总体上吸取了《奏定学堂章程》的大体格局，但其中明确的设立了"中国建筑构造法"课程，并将其作为技术及基础课的一门，但此时该学制中仍未出现有关中国建筑历史的课程。❶ 之后由于国内的军阀混战，教育经费被挪用为军费，这一章程长期未得以实施，直到1920年代后，具有了鲜明"中国化"特征的课程才真正进入"建筑学"教育的实践中。从20年代～40年代末的一段时期内，对于"建筑学"的"中国化"的改造几乎遍布了开展建筑教育的各地院校，这种改造大致包括如下的类型：第一类是在具体课程的层面上，诸如在史论课中增加与西洋或东洋建筑史相对应之中国建筑史课程，在材料构造课中增加中国营造法课程，或是将西方的建筑技术课程如"construction"直接翻译为"营造法"，这样的翻译在便于为国人理解的同时更体现出对于"营造"内涵的特定认知视角；第二类是在课程体系设置的层面上，以富于深意的本国词汇"营建"之内涵作为设置课程体系的指导思想，从而与国际上先进之教育理念相呼应。其中又以将"营造"或"营建"这些命名的出现反映出这一时期建筑教育中关于其内涵的认知状况，并在一定程度上影响着此后相当长时期内建筑学界对于"营造"的理解，故以下将分别结合上述两种类型各举实例逐一作出阐述。

4.5.2 "营造——构造"：苏州工专"中国营造法"课程的开设

苏州工业专门学校"建筑科"作为"中国最早的有系统，有规模，持续办学时间较长的建筑系，"❷ 同样最早在中国的建筑教育中开设了"中国营造法"这一课程。根据1924年载于《江苏中学以上投考须知》一书中的苏州工专建筑科课程表，当时该校建筑科所涉课程分为普通课、专业基础课、美术课、设备课、材料构造课、结构课、历史课、设计课、施工课九个类型，其中"材料构造课"这一类型中包含有三门课程："西洋房屋构造学""中国营造法"以及"建筑材料"（表4-5）。

❶ 参见徐苏斌.比较·交往·启示—中日近现代建筑史之研究 [D].天津大学：博士学位论文，1991：12.

❷ 赖德霖.中国近代建筑史研究 [M].北京：清华大学出版社，2007：144.

东京高等工业学校、苏州工业专门学校建筑科课表比较　　　　表4-5

	东京高等工业学校建筑科课程（1907年）	苏州工业专门学校建筑科（1924年）
1	数学	微积分
2	热机关	
3	应用力学 / 应用力学制图及实习	应用力学
4	测量 / 测量实习	测量学及实习

续表

	东京高等工业学校建筑科课程（1907 年）	苏州工业专门学校建筑科（1924 年）
5	地质学	地质学
6	透视画法 / 制图及透视画法实习 / 应用规矩	投影画 / 透视画 / 规矩术
7	建筑材料	建筑材料
8	家屋构造 / 日本建筑构造	西洋房屋构造学 / 中国营造法
9	建筑意匠 / 计算及制图 / 日本建筑计划及制图	建筑意匠学 / 建筑图案
10	建筑历史 / 日本建筑历史	西洋建筑史 / 中国建筑史
11	自在画 / 美学 /（工艺史）	美术画 / 建筑美术学
12	卫生工学	卫生建筑学
13	铁骨构造	钢筋混凝土铁骨架构
14	施工法	施工法及工程计算
15	装饰法 / 装饰画	内部装饰
16	实地实习 / 实地演习	建筑实习
17	制造冶金学	
18	地震学	
19	建筑条例	建筑法规及营业
20	卒业计划	
21		庭院设计
22		都市计划
23		高等物理
24		土木工学大意
25		金木工实习
26		工业经济 / 工业薄记

资料来源：引自赖德霖.学科的外来移植——中国近代建筑人才的出现和建筑教育的发展 [M]// 赖德霖.中国近代建筑史研究.北京：清华大学出版社，2007.

　　当时苏州工专的教师柳士英、刘敦桢、朱士圭、黄祖淼等先生都毕业于日本东京高等工业专门学校，因而该校的建筑学科体系的设立是否受到东京高工的影响是一个值得关注的问题，根据赖德霖的研究，将这两所学校的课程进行比较后得出如下结论：

　　"两校建筑科的教学体系确是一脉相承，苏州工专建筑科 22 组课中有 16 组与东京高工一致，占后者课程总组数的 80%。这些课程的名称大部分也相同，少量的差异主要是翻译时的改动，如将'家屋构造'译为'西洋房屋构造学'，将'日本建筑构造'改为'中国营造法'……"[1]

❶ 赖德霖.中国近代建筑史研究 [M].北京：清华大学出版社，2007：147.

　　其中言及"中国营造法"这门课程设立的来源，是对应于东京高工的"日本建筑构造"作出的改变。如果这一推断是符合当时课程设立初衷的话，则说明"中国营造法"即为讲授中国建筑构造的课程，如是者，"营造"在此语境中至少具有两层意思：一是与"构造"对等，二是指代了中国传统建筑的"构造"。因而，在"中国营造法"中的"营造"更偏于"造"的内容，这是与当年的通常情况下，语言习惯中"营造"语义的侧重相一致的。至于与"营"相关的内容，是否在"建筑图案"、"建筑意匠学"或者"中国建筑史"等课程中有所涉及，目前还未见到比较确切的资料佐证。

据刘敦桢先生《〈营造法原〉跋》一文所记："（姚承祖）先生晚岁本其祖灿庭先生所著《梓业遗书》，与毕生营建经验，编撰《营造法原》一书，以授工校诸生，"❶当时苏州工专"中国营造法"的授课教师，为苏州香山帮名匠姚承祖先生，课程内容则以《营造法原》为主，包括"大木、小木、土、石、水诸作，皆当地工匠习用之做法。"❷"中国营造法"这一课程的设立，反映出当时苏州工专的创立者们对于传统建筑技术高度重视，以及着意于创立中国式建筑学课程的努力。此外，从"中国营造法"所属课程类型为"材料构造课"而非"历史课"这一划分看，这所学校更注重于工程实践的教育，这也是苏州工专建筑科的办学特色。

姚承祖先生当年教授该课时所编写的《营造法原》原稿与今所见的《营造法原》一书间存在有一定的区别，后者是张至刚先生在原稿基础上前后经过两次增编的产物，例如对原稿"体制"，因其"类似匠家记录，不合现代需要，"故除第十四章"工限"、第十六章"杂俎"，"仅加以文字注释，仍存旧观外，其余各章均重新编著"。❸因此，目前只有通过现有的增编版《营造法原》了解原书的内容。该书主要涵盖了苏州香山帮的木作、水作和石作技术的基本内容，其中木作中分别对平房、楼房、厅堂及殿庭的构架式样及构造特点进行详述，此外，还专门针对提栈、牌科以及属于小木作的装折技术作出阐述；水作部分包括墙垣砌筑和屋面瓦作、筑脊以及"做细清水砖作"等内容；石作部则分别叙述了各类石构件的形制与做法。此外，书中还涉及了工限、量木制度等内容，因而从整体上传承并总结了苏州香山帮数百年来具有代表性的建造技术。

关于当年将《营造法原》作为"中国营造法"课程教材的缘由，或许在于以下几方面原因：一则是因为该书立足于苏州本地的传统建造技术，通过名匠姚承祖先生的讲授，可使这一传统得以持续传承，是"南方中国建筑之唯一宝典。"❹再者，从《营造法原》中还可以探悉江南建筑与北方官式建筑间的某种渊源，这一点或可从该书的命名中得以印证，所谓"法原"，即意味着从中能获知到清代官式建筑中一些做法和名词的原本面貌，正如朱启钤先生指出："《营造法原》一书虽限于苏州一

❶ 刘敦桢.刘敦桢全集（第四卷）[M].北京：中国建筑工业出版社，2007：68.
❷ 同上.

❸ 见《营造法原》张至刚"自序"。

❹ 刘敦桢先生语，见《营造法原》张至刚自序。

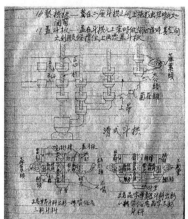

图4-12 "中国营造法"课程笔记—"大式建筑斗栱"
图片出处：何培斌.家父沙坪坝的学习点滴[C]// 东南大学建筑学院编著.刘敦桢先生诞辰110周年纪念暨中国建筑史学史研讨会论文集.南京：东南大学出版社，2009.

图4-13 "中国营造法"课程笔记—"硬山建筑"
图片出处：何培斌.家父沙坪坝的学习点滴[C]// 东南大学建筑学院编著.刘敦桢先生诞辰110周年纪念暨中国建筑史学史研讨会论文集.南京：东南大学出版社，2009.

隅，所载做法则上承北宋，下逮明清，今北平匠工习用之名辞，辗转讹伪，不得其解者，每于此书中得其正鹄，然则穷就明清二代建筑嬗蜕之故，仰助此书者甚多，非仅传苏杭民间建筑而已……"❶ 此外，从这门课程开设的年份1924年❷这一时间节点分析，就当时所知的几部古代建筑技术的术书而言，宋代的《营造法式》虽已发现但尚未再版发行，其影响力尚未引发广泛关注，针对清代《工部工程做法》的研究也尚未系统开展，而相比于《鲁班经》来说，《营造法原》的内容又较之"远为详密"，❸故当年可以利用的教材以该书最为合适。

随着1927年苏州工专并入南京国立第四中山大学（即后来的原"国立中央大学"，以下简称"中大"），"中国营造法"得以继续存在于"中大"的课程体系中，授课教师为刘敦桢先生。到1939年8月，当时的教育部颁布了全国统一的《大学及理法农商分系必修及选修课表》，其中建筑系课程的设置在很大程度上参照了"中大"建筑系的课程，而"中国营造法"则作为"建筑历史课"类别下的一门选修课。❹（表4-6）从苏州工专的"材料构造课"到归属于"中大"的"建筑历史课"门类，在新的课程体系中将"中国营造法"进行重新定位，鲜明地体现出建筑技术发展所带来的教学观念上的更新，即在当时的建筑实践中传统的营造技术已经不再是主流的方式方法，因此就需要对这门课的类型归属进行相应的调整。此外，在这一时期"中国营造法"的内容得到了进一步的充实，关于传统营造技术的教学与研究也不再仅限于某一地区，某一流派，而是拓展到具有历史脉络感，涉及面更宽广的领域中去，这一点可以通过对现存若干史料的整理分析得到部分证实。从现存的重庆沙坪坝时期"中大""中国营造法"的课程笔记看，此时该课程的内容已不仅限于《营造法原》一书中的江南建筑，

❶ 朱启钤.营造论[M].天津：天津大学出版社，2009：70.
❷ 见《营造法原》姚承祖先生自述："甲子春，苏州工专学校于建筑科中教授本国营造法，……"，"甲子"即1924年.
❸ 刘敦桢.刘敦桢全集（第四卷）[M].北京：中国建筑工业出版社，2007：68.

❹ 参见赖德霖.中国近代建筑史研究[M].北京：清华大学出版社，2007：169.

而是增加了北方官式建筑与民居的内容（图4-12、图4-13），这或许是吸收了中国营造学社对于清式建筑的研究成果，从而使"中国营造法"教学内容的涵盖范围显得更为全面。

1933年"中大"建筑科（系）与1939年全国统一课程表比较（局部）　表4-6

	1933年"中大"建筑科（系）课程	1939年全国统一课程
技术基础课	应用力学（2） 材料力学（2） 图解力学（2）	应用力学（1） 材料力学（1） *图解力学（3）
技术课	营造法（2） 钢筋混凝土（3） 钢筋混凝土及计划（3） 钢骨构造（4）	营造法（2） 钢筋混凝土（3） 木工（1） 铁骨构造（3） 材料试验（3） 结构学（4）
	暖房及通风（4） 给水排水（4） 电炽学（4）	暖房及通风（4） 房屋给水及排水（4） 电照学（4） 经济学（1）
	建筑师职责及法令（4） 建筑组织（4） 施工估价（4）	建筑师法令及职务（4） 施工及估价（4）
	测量（4）	测量（4）
史论课	西洋建筑史（2，3） 中国建筑史（3，4） 中国营造法（3）	建筑史（2） *中国建筑史（2） *中国营造法（3）
	美术史（3）	美术史（2）
		*古典装饰（3）
		*壁画
		建筑图案论（4）
图艺课	投影几何（1） 阴影法（2） 透视画（1） 建筑初则及建筑画（1） 徒手画（1） 模型素描（1，2） 水彩画（2，3，4）	投影几何（1） 阴影法（1） 透视法（2） 徒手画（1） 模型素描（2，3） 单色水彩（2） 水彩画（一）（2，3） *水彩画（二）（3） *木刻（3） *雕塑及泥塑（3） *人体写生（4）

续表

	1933 年“中大”建筑科（系）课程	1939 年全国统一课程
设计规划课	初级图案（1） 建筑图案（2，3，4）	初级图案（1） 建筑图案（2，3，4）
	内部装饰（3）	* 内部装饰（4）
	庭园学（4）	* 庭园学（4）
	都市计划（4）	* 都市计划（4）
		毕业论文（4）

资料来源：整理自钱锋．现代建筑教育在中国（1920s-1980s）[D]. 同济大学：博士学位论文，2006. 括号内数字为开课年级，课程前加 * 者为选修课

4.5.3 “营造——construction”：东北大学计划开设的“营造法”课程

1928 年梁思成、林徽因两位先生创办了东北大学建筑工程系，一年之后又邀请了他们在美国宾夕法尼亚大学（按：以下简称宾大）的同学童寯、陈植来此任教，由于当年梁思成夫妇刚从宾大毕业，没有受到其他思想的太多影响，因此该系基本上照搬了宾大的教学模式，[1] 如童寯先生曾在《东北大学建筑系小史》一文中回忆到，该系“所有设备悉仿美国费城本雪文尼亚大学建筑科，”[2] 对此赖德霖曾经将宾大与东北大学的建筑系课程进行了比较，更加印证了东北大学建筑教育与宾大的渊源关系（图 4-14）。

❶ 钱锋．现代建筑教育在中国（1920s-1980s）[D]. 同济大学：博士学位论文，2006：43.

❷ 童寯．童寯文集 [M]. 北京：中国建筑工业出版社，2000：32.

The Curriculum of U. Penn School of Fine Arts (1927)[2]	东北大学建筑系课程表 (1928)[3]
Technical subjects：	
Design	图案
Architectural Drawing	图画
Elements of Architecture	
Construction	营造法
Construction	
Mechanics	应用力学
Carpentry	
Mansonry	铁石式木工
Ironwork	
Graphic Statics	图式力学
Theory of Construction	营造则例
Sanitation of Building	卫生学
Drawing	
Freehand	炭画
Water Color	水彩
Historic Ornament	雕饰
Graphics：	
Desriptive Geometry	图式几何
Shades & Shadows	阴影
Perspective	透视学
History of Architecture	
Ancient	
Medieval	宫室史（西洋）
Renaiissance	宫室史（中国）
Modern	
	美术史（西洋）
History of Painting and Sculpture	东洋美术史
	营业法 合同

图 4-14　宾夕法尼亚大学与东北大学建筑系课程比较
图片出处：赖德霖．梁思成建筑教育思想的形成及特色 [C]// 高亦兰．梁思成学术思想研究论文集．北京：中国建筑工业出版社，1996.

在由梁思成、林徽因草拟的课程表中曾计划开设“营造法”这门课程，关于其设立的初衷，可以从梁思成为该系撰写的办学思想中有所获知：

“溯自欧化东渐，国人崇尚洋风，凡日用所需，莫不以西洋为标准。自军舰枪炮，以致衣饰食品，靡不步人后尘。而我国营造之术亦惨于此时，堕入无知识工匠手中，西式建筑因实用上之方便，极为国人所欢悦。然工匠之流，不知美丑，任意垒砌，将国人美之标准完全混乱，于是近数十

年间，我国遂产生一种所谓"外国式"建筑，实则此种建筑作风。不惟在中国为外国式，恐在无论何国，亦为外国式也。本系有鉴于此，故其基本目标，在挽救此不幸现象，予求学青年以一种根本教育。本系有鉴于此，故其基本目标在挽救此不幸之现象，予求青年以一种根本教育，先使了解建筑原则，然后诲导其建筑美术上的创造，务使其在建筑理论及建造上对于建筑美术及科学，俱可得深切训练。此外，更引起学子一种自觉性及审美观念，则庶几可引起新时代、新艺术之产生矣。课程中对于东西营造方法并重，而近代新产生之结构方法实为此新艺术长成之基础，故在结构方法，则以西方为主。"❶

❶ 梁思成. 东北大学建筑工程系毕业规定. 东北大学历史文献资料汇编.

　　从中可见，东北大学建筑工程系初创时课表中的"营造法"课程，是面对当时社会上建筑业中对于西方建筑的结构方法多蒙昧无知而又任意垒砌的流弊，在建筑教育中采取的针对性举措，又由于东北大学与美国宾大建筑系在课程体系上的渊源关系，它借鉴了美国宾大课程体系中的"construction"一门课而设立，其内容为讲授西方建筑的结构方法，将"construction"译为中国人所熟知的"营造"，不仅是出于理解上的便利，更是由于在"营造"的内涵中具有与"construction"相契合的成分。东北大学建筑学教育的创立者们把西方建筑结构方法的课程命名为"营造法"，显示出在这些学者的心目中，"营造"已不再是为中国所独有的观念，而是具有了一种可以与外界沟通的特质，即能够沟通起东西方建筑所共同强调的内容——"结构方法"，从而为这一观念内涵的外向型延展提供了充分的依据。

　　然而，从童寯先生《建筑教育》一文的"东北大学工学院课程表"中发现，"营造法"并没有列入其中，推测该课程表或许是对前一份草案进行修改后的付诸实际者，故此"营造法"很可能在东北大学建筑系未曾真正开设过（表4-7）。不过在1939年由国民政府教育部颁布的《大学及理法农商分系必修及选修课表》之"建筑系课程表"中却明确载有"营造法"这门课程，虽然上文曾提及这份"全国统一科目表"主要参照了"中大"的课程体系（按：在1933年"中大"的建筑学课程中已经出现了"营造法"这门课，而且从现存资料分析，该课内容同样为西方建筑的结构方法❷）但是考虑到梁思成先生也参与了该项工作的起草和审查的史实，因而"营造法"这门课程从计划构想到实际开设的这一过程，足以说明"营造"与"construction"间的对应关系作为一种观念，在当年已经得到了建筑学界的广泛认同。

❷ 参见赖德霖《中国近代建筑史研究》以及何培斌《家父沙坪坝的学习点滴》中的相关内容。

东北大学工学院课程表					表4-7
	一年级	二年级	三年级	四年级（图案组）	四年级（工程组）
公共课程	国文4、英文6	法文6			
	法文6				

续表

	一年级	二年级	三年级	四年级（图案组）	四年级（工程组）
专业课程	建筑图案4	建筑图案14	建筑图案16	建筑图案20	
	阴影法2	透视4			
	徒手画5	炭画4	水彩画4 炭画4 雕饰3	人体写4 水彩画4	
	西洋建筑史4	东洋建筑史6	东洋绘画史4 西洋美术史2	东洋雕塑史4	东洋雕塑史4
	建筑理论4				
	建筑则例2 应用力学8	石工、铁工6 图解力学3 应用力学3 材料力学8	木工6 暖气及通风2 装潢排水2	营业则例2 合同估价2	工程设计16 工程设计6 石工基础6 钢筋混凝土6 营业规例2 说明书2
论文				论文6	论文6

资料来源：整理自童寯.建筑教育 [C]// 童寯.童寯文集（第一卷）.北京：中国建筑工业出版社，2000.课程后数字为学分数

在此，如果将"营造法"与"中国营造法"这两门课程的内容联系起来会发现，此二者中关于"营造"内涵的认知视角，实际上已在梁思成先生为东北大学建筑系撰写的办学思想中非常明确地表达出来了，即"营造法"与"中国营造法"所针对者为"营造"之"术"的层面，因此与中国营造学社所提出之"营造学"存在有视界层面间的显著差别。在言及"营造学"与"营造法"的区别时，有必要提到1935～1937年的《建筑月刊》杂志上连载的由杜彦耿所撰写的《营造学》系列文章，《营造学》的内容或可视之为另一种关于"营造学"的认识。作为《建筑月刊》杂志的主编，杜彦耿的经历与多数接受过系统专业教育的近代建筑学者们有所不同，他出身并成长于家庭环境影响下的建筑实践中，从协助其父管理家族企业——"杜彦泰营造厂"到独立承接工程的经历，使他既谙熟传统的建造技术，又广泛接触并熟知于西方的建造技术，此外他还利用业余时间学习英文，具有了较强的笔译和口语能力。1931年，在杜彦耿等三十余人的筹划下，成立了上海市建筑协会，其后在1932年他又作为主编参与创办了《建筑月刊》杂志。❶ 在这些背景因素的作用下，出于对当时国内"建筑学校之课本，及从事建筑工业者之参考书咸感极度缺乏"，而"一般、高级专门学校中土木、建筑两课皆用西文课本"，"不能适合我国建筑工程之实际情形"❷ 之现实的忧虑，经过二十年的酝酿，着手编写了"内容切合实际

❶ 参见何重建《杜彦耿的〈建筑月刊〉》一文以及《上海建筑施工志》中的相关内容。
❷ 见杜彦耿的《营造学》绪言。
❸ 赵玲.管窥近代建筑学科知识的本土化—以近代建筑专业学刊《建筑月刊》的长篇连载《营造学》为例 [J]. 华中建筑,2010（5）:155.

建造情况"❸的《营造学》系列文章，从《营造学》的体例架构看，大致
包括七个章节，分别为：第一章，绪言；第二章，砖瓦工程；第三章，石作
工程；第四章，墩子及大料；第五章，木工及镶接；第六章，楼板；第七章，
分间墙。《营造学》的这一体例大体上参考了英国人 J.W.Riley 所编写的
Building Construction for Beginners 一书，该书是为初学者编写的教材，《营
造学》不仅体例与之近似，而且在内容中也引用了不少该书的图例。在大
量介绍西方建造技术的同时，出于作者的着意追求，《营造学》中同样有
着鲜明的中国本土色彩，包括立足于自身熟稔的当地传统建造技术，征引
古代专著如《营造法式》之内容，关注建筑学界的最新研究成果，如梁思成、
刘致平编写之《建筑设计参考图集》等，从而在总体上呈现出中西杂糅并
举的特征，例如作者在定义"砖瓦工程"时就融合了中西不同的表述：

> "砖作俗称水作，宋李明仲著《营造法式》称泥作，是一种专门组砌
> 墙垣之技工。将专用灰沙黏砌，而成一体；并将砖块犬牙组砌，构成能任
> 重压力推剪力之强固建筑。"❶

此外，在"制砖工艺"的内容中，作者不仅用图片介绍了西方的制砖
机器，还绘制了本土手工制砖的步骤与方法（图 4-15）。特别值得注意的
是，他创造性地绘制了将中国的石基础做法与西方的三合土基础相结合的

❶ 赵玲.管窥近代建筑学
科知识的本土化—以近代
建筑专业学刊《建筑月刊》
的长篇连载《营造学》为
例[J].华中建筑,2010(5):
157。

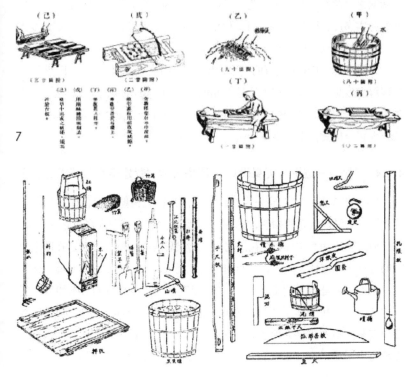

图 4-15《营造学》中介绍手工
制砖的插图
图片出处：赵玲.管窥近代建筑
学科知识的本土化——以近代建
筑专业学刊《建筑月刊》的长篇
连载《营造学》为例[J].华中建
筑.2010（5）.

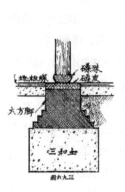

❶ 参见赵玲《管窥近代建筑学科知识的本土化——以近代建筑专业学刊〈建筑月刊〉的长篇连载〈营造学〉为例》一文中的相关叙述。

图例，这些都是试图将中国本土之技术与西方外来之技术实现某种形式之会通的尝试（图4-16）。❶

《营造学》为从事建筑工程的建造者所编写，在以西方建造技术为主的同时，又体现出了力图将西方建造技术与中国传统建造技术实现结合的初步探索，但是杜彦耿在绪言中所明确表达出的这一著述的特征"科学书之最重要条件，厥为实用，盖书中所述，必须切合实际"，就此而言应该说在本质上与梁思成所言之"营造术"较为接近，且作为建造基础知识的读物，《建筑月刊》所连载的"营造学"同样也与中国营造学社所提倡之"营造学"存在有视界层面间的显著差别，若依据后者的划分，前者中的本土部分大致可归为"实质之营造"的内容。但是，在此之外，杜彦耿所提之"营造学"还有着希望将中国传统之建造技术与西方新近之建造技术加以融合的理想与追求，因此其与中国营造学社提倡之"营造学"间区别的大致可划分为古与今，中与西，学与术这三个层面的视界差异。显然在当时的建筑教育领域中，杜彦耿之"营造学"并未成为足以撼动主流的观念，但这种立足于工程实践的务实态度，以及将传统与现代相结合的有益尝试，不仅在当年是令人耳目一新的举动，即使在今天看来仍有值得汲取的可贵经验。

总的来说，在建筑教育的"中国化"改造中所形成的上述关于"营造"的理解多数是从"建造技术"这个角度出发的，虽然并不全面，然却因为其可直接应用于实践的优势在教育领域中乃至社会上更为普遍，也更为多数人理解与接受，以至于其影响一直延伸至今。

4.5.4 "营——适用与美观设计"：清华大学"营建学系"草案的制定

1945年3月，梁思成先生在致清华大学校长梅贻琦的信中，提出了成立清华大学建筑系的构想，抗战胜利后不久，梅贻琦即同意成立建筑系，并任命梁思成为系主任。❷在这封信中，梁思成指出抗战胜利后在国家复兴的过程中急需建设人才，而当前国内此类人才尤为缺少，为此清华大学有"立即添设建筑系之必要"。❸关于建筑系今后所推行的教育模式，梁思成认为"布扎"体系"颇嫌陈旧，遇于着重派别形式，不近实际，"故课程宜参照格罗皮乌斯所创之"包豪斯"方法，"着重于实际方面，以工程地为实习场，设计与实施并重，以养成富有创造力之实用人才，"而当

❷ 梁思成.梁思成全集（第五卷）［M］.北京：中国建筑工业出版社，2001：1.
❸ 同上。

时的美国哈佛大学建筑学院课程正是按照格罗皮乌斯的"包豪斯"方法所改编的，"为现代美国建筑学教育之最先进者"❶，故足可作为清华建筑系的借鉴。关于"建筑系"的建制与规模，梁思成在该信中也提出了近期和长远的构想，即"在目前情形下，不如先在工学院添置建筑系为妥，"将来"酌量情形，成立建筑学院，逐渐分添建筑工程，都市计划，庭院计划，户内装饰等系。"❷

❶ 梁思成 . 梁思成全集（第五卷）[M]. 北京：中国建筑工业出版社，2001：2.

❷ 同上。

　　在这封记录着梁思成就"建筑系"设立之缘由所作阐述的信件中，虽然并未提出"营建学系"这一命名，但是从字里行间已经可以明显体察到他关于"营建学系"构想的雏形，如在文中提到了在近代的生活方式的影响下，原则上都市设计与建筑设计并无二致，因此"都市设计实为建筑设计之扩大，实二而一者也。"❸这反映出梁思成其后将"都市计划"纳入建筑学课程体系的初步设想；另外，在文末梁思成还特意运用了一个富于浓厚中国文化色彩的词汇"营国筑室"来表达他对未来的展望，并明确指出培养建筑人才的目的，就是为了解决将来"营国筑室"的问题，从他所言"营国筑室，古代尚设专官"❹可知，此处的"营国"当时出自《考工记·匠人营国》，而"匠人营国"的内容中"匠人"作为工官，不仅职掌营国，也职掌筑室，由此"营国"之"营"对应于"都市计划"，"筑室"之"筑"对应于"建筑设计"，两相结合组成了梁思成关于"营建学系"这一名称的最初构思。

❸ 同上。

❹ 同上。

　　1946年梁思成赴美国考察建筑教育，在美国的一年多时间里，他通过讲学，参观新建筑，访问著名建筑师，担任联合国总部设计顾问等多种途径，广泛地接触到正在美国蓬勃兴起的现代主义建筑思潮，这些都促使他的建筑思想进一步向着现代主义的方向转型，用他自己的话说是"茅塞顿开，获益匪浅"。而出席在普林斯顿大学举办的"体形环境"学术会议的经历，更使梁思成的建筑教育思想进一步得到提升，在这次会议上，他深刻感受到许多来自不同领域的学者所着力的共同之处在于"他们规划、设计的目标，就是生活以及工作的舒适和视觉上的美观，强调对人的关怀，"❺而且在这些新思潮中，已不再将"建筑"的范围限定为"一座房屋"，而是扩展到"为人类建立居住与工作时适宜于身心双方面的体形环境（physical environment）"，所谓"体形环境"就是"有体有形的环境，细自一灯一砚，一杯一碟，大至整个的城市，以至一个地区内的若干城市间的联系，为人类的生活和工作建立文化，政治，工商业……等各方面合理适当的'舞台'都是体形环境计划的对象。"❻作为推进"体形环境"教育的实际举措，在回国后的1948年梁思成曾电文呈报当时的国民政府教育部，希望将"建筑工程学系"改名为"营建学系"，这是"营建学系"这一名称的首次出现，在电文中梁思成申述了这一变更的理由："'建筑工

❺ 林洙 . 建筑师梁思成 [M]. 天津：天津科学技术出版社，1996：96.

❻ 清华大学工学院营建学系（建筑工程学系）学制和学程计划草案 . 文汇报 .1949年7月10日 -12日 .

❶ 梁思成.梁思成全集（第五卷）[M].北京：中国建筑工业出版社，2001：5.

程'仅为建筑学之一部分，范围过于狭隘，为求其名实相副，拟恳准将建筑工程学系改称'营建学系'"，❶但此一申请未获批准。此外，电文中还提出了"将建筑系高级课程分为建筑学与市镇规划学两组"，并适当调整"市镇规划学组"课程的申请，并部分地得到了获准。

虽然并未能从整体上获得批准，但梁思成仍积极着手推行一种以实现"体形环境"为目标的课程体系，并且将"体形环境"概括为三方面的内容："第一适用，第二坚固、第三美观。"❷为了全面的开展"体形环境"中"适用、坚固、美观"三个方面的教学，1949 年梁思成在《清华大学工学院营建学系（现称建筑工程学系）学制及学程计划草案》中再次提出将"建筑工程系"改名为"营建学系"，并解释了这一变更的缘由：

❷ 同上。

"'建筑工程'所解决的只是上列三个方面中坚固的一个方面问题。……清华的课程不只是'建筑工程'的课程，而是三方面综合的课程。所以我们正式提出改称'营建学系'，'营'是适用与美观两方面的设计，'建'是用工程去解决坚固问题使其实现。"❸

❸ 同上。

其中值得高度注目的是梁思成对于"营"与"建"内涵的诠释及其与"适用、美观、坚固"三者关系的表述："营"的内涵是"适用与美观两方面的设计"，"建"则是"工程去解决坚固问题使其实现"，可见梁先生将"营"与"建"的行为作为两个前后相衔接的阶段，这与"营"、"造"在古代最初用于"土木之功"表述时的含义是相一致的，接下来他进一步解释了"适用、坚固、美观"三者的具体意指所在：

"适用是一个社会性问题，从一间房屋，一座房屋，一所工厂或学校，以至一组多座建筑物间相关的联合，乃至一整个城市工商业区，住宅区，行政区，文化区……等等的部署，每个大小不同，功用不同的单位内部与各单位间的分隔与联系，都须使其适合生活和工作方式，适合于社会的需求，其适用与否对于工作或生活的效率是有密切关系的。以体形环境之计划是整个社会问题中的一个极重要的方面，其第一要点在求其适宜于工作或居住的活动方式……

坚固是工程问题；在解决了适用问题之后，要选择经济而又能负载起活动所需要的材料与方法以实现之。

美观是艺术问题；好美是人类的天性，在第一与第二个限制之下，建造出来的体形环境，必须使其尽量引起居住或工作者的愉快感，提高精神方面的健康……"❹

❹ 清华大学工学院营建学系（现称建筑工程学系）学制及学程计划草案.文汇报.1949 年 7 月 10 日 -12 日.

"适用、坚固、美观"这三个要素源于古罗马维特鲁威的《建筑十书》，在此梁思成将三原则之中的两项"适用"和"美观"作出了涉及领域上的扩展，即不再仅限于一座房屋物本身的适用与美观，而是扩展到"体形环境"的适用与美观。将古罗马的建筑三原则之二与中国文化中的"营"联系起来，这是梁思成对于中西文化高度领悟基础上的会通之举，又反映出他对于"营"字所蕴含深远意义的感情。❶

通过上述就"营建学"系名称之构想如何逐步成形所作的梳理，可以发现，作为梁思成比较系统的"营"与"建"的观念，与他最初的"营"、"筑"两方面兼顾的构想相比发生了若干调整，即不再强调"营"的涉及对象——"国（城市）"，而是注重了对于"营"的内涵的解读。联系本书第二、三章对于古代"营"内涵的讨论，能够深切感受到梁思成先生在此所提出的"营是适用与美观两方面的设计"这一观点，是与古代"土木之功"的文字表述中"营"的早期含义十分相合的，如"适用性的设计"就涵盖了"营——度其位处、尺寸、布局等"的内容，而"美观的设计"则是与"度其位处、尺寸、布局过程中"所需考量的文化因素有关，更为重要的是，梁先生所言的"营"是作为一个独立于"建造"阶段之外的设计阶段的行为，这是区别于古代观念演变中后来将"营"视为从属于"造"的一个因素的观点，由此从中可以反映出梁先生对于古代观念的源流变迁的深刻认知，而且，"营"与"建"的区分也凸显出梁思成对于"建筑系"与"建筑工程系"职能分野的强调。当然，梁先生所言的"营"已经显然不再限于其在古代的含义，而是在此基础上衍生出了对应于"适用与美观"比较宽泛的"度——设计"之意，因此可视为对"营"的含义所做的提炼与展拓。

为了践行"体形环境"三个方面内容的教育，在"营建学系"的课程体系中，除了工程技术类课程与已有的艺术类课程之外，梁先生还开设了许多新的人文及社会科学类的课程，如社会学、经济学、体形环境与社会、乡村社会学、都市社会学、市政管理等，目的是为了培养人文、社会、技术三方面知识结构全面人才。（图4-17）这些或许都是从"营"的角度考量而增设的课程。作为近代建筑教育从诞生以来，在建制层面前无先例的创新之举，"营建学系"学制及学程计划草案的出台，标志着梁思成建筑教育思想的成熟与完善，正是基于此，在20世纪40年代～50年代，中国的建筑教育思想是与世界上建筑教育的领先趋势相一致的。只是从草案中的课程分布看，仍旧存在有相当比重的诸如欧美建筑史、中国建筑史、中国绘塑史等史论类的课程，这是其明显有别于"包豪斯"以及美国的现代主义建筑教育之处，梁思成对于"包豪斯"以及美国的现代主义建筑教育思想并非一概吸取，而是部分地沿用了"布扎"体系的课程内容。

❶ 据罗哲文先生在《忆中国营造学社与清华大学营建系—庆祝清华大学建筑系成立50周年》一文中回忆，他曾经在营造学社和清华营建系时期多次听到过梁先生谈到过"营"这个字的深远意义和感情。

	文化及社会背景	科学及工程	表现技术	设计理论	综合研究	选修课程
建筑组	国文、英文、社会学、经济学、体形环境与社会、欧美建筑史、中国建筑史、欧美绘塑史、中国绘塑史	物理、微积分、力学、材料力学、测量、工程材料学、建筑结构、房屋建造、钢筋混凝土、房屋机械设备、工场实习（五年制）	建筑画、投影画、素描、水彩、雕塑	视觉与图案、建筑图案概论、市镇计划概论、专题讲演	建筑图案、现状调查、业务、论文（即专题研究）	政治学、心理学、人口问题、房屋声学与照明、庭园学、雕饰学、水彩（五）、（六）、雕饰（三）、（四）、住宅问题、工程地质、考古学、中国通史、社会调查
市镇计划组	国文、英文、社会学、经济学、体形环境与社会、欧美建筑史、中国建筑史、欧美绘塑史、中国绘塑史	物理、微积分、力学、材料力学、测量、工程材料学、工程地质学、市政卫生工程、道路工程、自然地理	建筑画、投影画、素描、水彩、雕塑	视觉与图案、市镇计划概论、乡村社会学、都市社会学、市政管理、专题讲演	建筑图案（二年）、市镇图案（二年）、现状调查、业务、论文（专题）	
造园学系	国文、英文、社会学、经济学、体形环境与社会、欧美建筑史、中国建筑史、欧美绘塑史、中国绘塑史	物理、生物学、化学、力学、材料力学、测量、工程材料、造园工程（地面及地下泄水、道路、排水等）	建筑画、投影画、素描、水彩、雕塑	视觉与图案、造园概论、园艺学、种植资料、专题讲演	建筑图案、造园图案、业务、论文（专题研究）	
工业艺术系	国文、英文、社会学、经济学、体形环境与社会、欧美建筑史、中国建筑史、欧美绘塑史、中国绘塑史	物理、化学、工程化学、微积分、力学、材料力学	建筑画、投影画、素描、水彩、雕塑、木刻	视觉与图案、心理学、彩色学	工业图案（日用品、家具、车船、眼镜、纺织品、陶器）、工业艺术实习	
建筑工程学系	国文、英文、经济学、体形环境与社会、欧美建筑史、中国建筑史	物理、工程化学、微积分、微分方程、力学、材料力学、工程材料学、工程地质、结构学、结构设计、房屋建造、材料实验、高等结构学、高等结构设计、钢筋混凝土、土壤力学、基础工程、测量	建筑画、投影画、素描、水彩、建筑图案（一年）		建筑图案概论、专题演讲、业务	

图 4-17　清华大学营建学系课程草案

图片出处：赖德霖. 梁思成建筑教育思想的形成及特色 [C]// 高亦兰. 梁思成学术思想研究论文集. 北京：中国建筑工业出版社，1996.

如果进一步比较计划草案与实际执行的课程设置内容（图 4-18），可以清晰地了解到梁思成对于课程设置的不断改进，其中仅就与中国建筑历史有关的课程而言，草案中的"中国建筑史"变更为实际执行时的"东方建筑史"、"中国建筑技术"，其中与"中大"的"中国营造法"近似的，以传统建造技术为内容的"中国建筑技术"课程同样被作为教学中不可或缺的内容，而从"营造法"到"建筑技术"这一称谓上的变更也从另一角度体现出梁思成此时对于"营造"内涵认识上的变化，即致力于分析解读"营"本身的独立含义，这也是与"营建学系"的命名密切相关的。此外，可以推想的是，梁先生写于抗战时期的《中国建筑史》一书的内容势必会随着作者本人的修订改进而注入到这一课程体系中。❶

"营建学系"的构想的酝酿、深化以及付诸实施，在"营建学系"中将"营"提升到了与"建"同等重要的地位，对于"营"内涵的重新诠释，这都是

❶ 据《中国建筑史》后记：梁思成先生所著《中国建筑史》一书的内容，曾于 1953 年作为讲义为清华大学的教师、研究生和北京市内中央及市级建筑设计部门的通知讲授"中国建筑史"时使用，他在新中国成立后即考虑运用历史唯物主义的立场和观点，对该书重新审读修改，后来随着政治运动的接踵而至，"使他认识到该书的修改不是那么简单，有些问题尚待重新认识，加上繁重的社会工作，他也就一直没有时间对这本书再作详细的修改"。

第一学年 (1947—1948年度)		第二学年 (1948—1949年度)		第三学年 (1949—1950年度)		第四学年 (1950—1951年度)	
课程	学分	课程	学分	课程	学分	课程	学分
国文读本	4	经济学简要	4	辩证唯物主义 - 5 历史唯物主义	3	钢筋混凝土设计	9
国文作本	2	社会学概论	6	工程材料学	2	建筑设计(六)	18
英文(一)读本	6	测量	2	结构学	4	雕塑(一)	3
英文(一)作本	6	应用力学	4	建筑设计概论	1	专题讲演	2
微积分	8	材料力学	4	中国绘塑史	2	东方建筑史(史一)	7
普通物理演讲	6	初级图案	6	水彩(三)(四)	2	给水排水装置	4
普通物理实验	4	欧美建筑史	4	城市概论	4	施工图说	4
投影画	4	素描(三)(四)	4	中级图案	9	毕业论文	9
制图初步	2	材料与结构	4	庭园学	1	雕塑(二)	4
素描(一)(二)	4	水彩(一)(二)	4	新民主主义论	3	东方建筑史(史二)	4
预级图案	2	体育		钢筋混凝土结构	3	中国建筑技术	4
体育				视觉与图案	1/2	建筑设计(七)	21
				欧美绘塑史	1	专题讲演	2
				暖房通风水电	1/2	业务及估价	3
				房屋结构设计	1	体育	
				体育			

图4-18　1947-1951清华营建学系四个学年课程及学分表
图片出处：王其明.忆梁思成先生建学事例数则[J].古建园林技术，2001（3）.

梁思成先生建筑教育思想中的几项重要创见，这些创见在对于中国固有观念进行高度凝炼的同时更是适应了当时国际上建筑理论发展的新趋势，从而使中国的建筑教育在 20 世纪 40 ~ 50 年代之交迎来了前景可期的发展机遇。

本章小节

近代以来在社会转型变革中一系列政治、经济、文化等背景因素的影响下，以"建筑学"进入国内为重要的前提，"营造"一词在"建筑学"之民族性觉醒的过程中受到了广泛的关注。许多学者基于不同的研究视角对其含义作出了有针对性的诠释，进而以这一词汇命名了一些重要的学术事件。在这些学术事件中，以"中国营造学社"的影响力最为卓著，而对这一名称由来的两种解读本身就反映出两种对古代"土木之功"核心价值的认知：其一是立足于研究视野的广泛性，在研究"实质之营造"的基础上将"营造"的领域扩展到广泛的"考工之事"，并联系与之相关的"文化史"内容，由此形成了"营造学"这一创新观念的大致研究框架；另一种则是立足于核心的研究对象，特别强调了《营造法式》地位的重要性。这两种观念本身并不矛盾，但是在学社日后的发展道路上，由于外部因素（诸如战乱造成的紧迫感）以及内部因素（学社成员的学术背景及其研究视野）的共同作用，使得着眼于研究视野的广泛性这一学社成立之初的总体构想被忽视，并导致了往往只关注于"法式"等建造层面研究的总体走势。这种由诠释"营造"含义而生成的不同观念间的消长变化不仅左右着学社的发展道路而且长期影响着此后的建筑历史研究以至于建筑学教育。

此外，从 1920 年代起在全国各地的各类院校中，相继出现了对于建筑教育的"中国化"改造，这一改造涉及从院系到课程中的若干以"营造"

为名的学术事件。其中"中国营造法"课程的设立，是中国学者在引入外国课程体系的过程中对部分内容进行的"本土化"修正，对应于原体系中的内容，"营造"在此专指中国古代房屋的构造方法。而"营造法"则是为西方建筑的结构方法课程赋予了中国特色的名称，这反映出了在理解"营造"的内涵时侧重于"结构知识"的一种认识视角。至于"营建学系"的命名则体现出在建筑学教育中对建筑"适用、坚固、美观"三部分内容的兼顾，这其中又突出了对于"营"的内涵高度重视，这一认识在发端于对古代"营"之含义深刻领悟并合乎于自古以来建筑学普遍认同的一般原则的基础上又体现出了对于国际上先进建筑学理论潮流的主动呼应与吸纳。

"中国营造学社"、"营造学"以及"中国营造法"课程等作为学术事件，这些命名中的共同之处在于，均体现出在西方建筑学引入中国的背景下，对于本国与之相对应知识领域中的传统依然秉持坚守与推崇的基本立场，不同之处在于"营造学社"及"营造学"主张在运用建筑学方法进行研究的同时力求继续保持传统治学方法的延续性，而"中国营造法"课程则是希望将能彰显"土木之功"核心价值中的"构造方法"这一内容，融入引自西方的建筑学教育体系中。至于"营建学系"的命名则是第一次着重强调了"营"作为"适用与美观的设计"与工程技术具有同等的重要的地位，这起到了对因语言习惯流转，以至于专门领域内"营"的含义及指向发生迁延所造成观念内涵部分缺失现象的有效抵抗，因而可视为是对"营造"固有的基本内涵的一次振复。总体来看，近代以来许多学者不仅将"营造"作为体现民族自信心，彰显民族文化的代表性词汇，更是有意识开展了关于"营造"内涵的探索，这就使得受到普遍关注的"营造"在特定的语境——"学术事件"中各自具有了确切的含义，而由此构成的观念则深刻地影响着此一时期的理论研究、工程以及教学实践。

第五章

探析当代研究议题中的"营造"
（21 世纪以来）

20 世纪初的 20 ~ 40 年代，"营造"一词进入到中国建筑学者的研究视野中。其中最具代表性的是，学者们致力于通过对"营造"内涵的阐释，使本国的"土木之功"传统建立起了与建筑学之间的关联，在这之中引人注目的是——"营造"及其所蕴含的观念不仅成为若干具有重要影响力的学术事件的标识，更是有效地指导了理论、教学与工程实践等诸多方面的探索。不过随着抗战胜利后"中国营造学社"阶段性使命的完成以及新中国成立后高等学校教育体制的调整，"营造"作为一个词汇在建筑学专业领域以至于整个社会文化中都经历了一个式微的过程，直到改革开放后在国际间文化交流日益繁盛的时代背景下，才又逐渐重现活力。当这种活力延伸到 21 世纪这个国际间交流最为繁盛的时代，就几乎是必然的促发了对于"营造"内涵的更为深入细致的发掘与延展，进而形成了若干以"营造"为名的研究议题。这些研究议题着力于再一次使"营造"所蕴含的观念承担起协调建筑学与本土传统间关系的新的使命。

5.1 1950 ~ 1990 年代建筑学各层面中的"营造"用语概况

上一章关注了发生于 20 世纪 20 ~ 40 年代学术事件中的"营造"用语及其观念，作为本章所考察的对象的"营造"则主要发生于 21 世纪以来的学术研究议题中，两者之间相隔半个多世纪的时间跨度似乎形成了一个漫长的间歇期。那么在这一过程中建筑学各层面的"营造"用语情况是怎样的，它较之于前一时期产生了哪些变化，对于后来者发挥了怎样的作用，又为何没有被纳入本书的着重考察范围之内，这些都将在本节中作出讨论。

新中国成立之初的 1950 年代，虽然在社会文化中诸如"营造业"、"营造厂"、"营造物"等包含"营造"的用语仍旧在一定范围内使用着，但是这些从过往年代留存下来的习惯称谓在除旧布新的总体社会氛围中，很快地走向了没落，比如在当时全国各地的"营造厂"已大多更名为"建筑公司"，"营造"作为旧时代的词汇逐渐为"建筑"所替代。

对于新中国成立初期的建筑学教育而言，在全面学习效仿苏联教育模式的趋势中，自 1952 年下半年起，全国的高等院校进行了大规模的院系调整工作，其间清华大学的"营建学系"也更名为"建筑系"，[1] 这一更迭不仅仅是名称上的改变，更重要的是建筑教育观念的转变，即梁思成先生在国内首创的与二战后欧美建筑教育领先趋势相适应的"体形环境"教育理念被弃置一旁，取而代之的是苏联所推行的巴黎美术学院式的建筑教育模式，即从"营"与"建"并立，涵盖广泛的课程体系又返回到"布扎"

❶ 据钱锋考证，清华大学正式使用"营建学系"名称大约只有一年时间，即从 1951 年底到 1952 年底。参见钱锋. 现代建筑教育在中国（1920s-1980s）[D]. 同济大学：博士学位论文，2006: 94.

体系的老路上，之前曾想发展为系科的其他几个专业小组被撤销，原有课程中如"社会学"等选修课也被取消，^❶总之，梁思成关于"营"在建筑教育中之内涵的种种构想在存在了短短三年后就付诸东流了，这不能不说是建筑教育史中的一件憾事，可以设想的是，如果按照原有的办学思路继续走下去，在"体形环境"这一将市乡计划、建筑学、造园、工业艺术一并纳入的宏阔体系框架内，以追求环境、建筑物与人的身心的协调关系为目标的教育方式，极有可能会在引入西方理论的同时不断催生出对于中国本土相关理论的研究与教学应用，从而使国内学者对于这一领域的关注日期被极大的提前。

　　在研究机构方面，随着1945年抗日战争胜利，由于政治、经济等多方面因素的影响，"中国营造学社"作为一个学术机构逐渐走向了终结，虽然此后在梁思成筹办清华大学"营建系"时，曾与梅贻琦校长及朱启钤商定以清华大学和中国营造学社的名义共同创办一个"中国建筑研究所"（实际上和清华大学营建系是一个机构两块牌子），当时留下来的营造学社成员和学社南迁时以及抗战期间的成果资料得以迁回到清华大学。作为营造学社研究的延续，该研究所曾进行过小规模的中国古建筑及古典园林的测绘与研究，^❷但无论是研究的规模还是成就均已无法恢复到营造学社昔日的鼎盛状态。新中国成立之初的50年代，在中国古代建筑史这一研究领域内"调查研究古代建筑这项工作已经由私人团体而整个转移到国家机构去做了"^❸，其间相关的研究机构主要包括1953年由华东建筑设计公司与南京工学院合办的"中国建筑研究室"，1956年由中国科学院土木建筑研究所与清华大学合办的"建筑历史与理论研究室"以及1958年由建工部建筑科学院与南京工学院合办的"建筑理论与历史研究室南京分室"等。这些研究机构在延续以往学术传统的基础上又着重开展了对于传统民居的调查与研究，这一领域的代表性成果是刘敦桢先生的《中国住宅概说》一书的出版。在这一时间段内，于1958年召开的"全国建筑历史学术讨论会"又成为影响其后数十年间建筑历史研究走向的重要事件，而这次会议中对于中国营造学社的激烈批判和全面否定更成为此后20年间"营造"一词在建筑史研究中渐趋式微的一个决定性因素。在当年"插红旗，拔白旗"的政治气氛中，会议对"中国营造学社所遗留下来的厚古薄今、脱离政治、为研究而研究与传统的繁琐考证和个人单干的资产阶级学术思想的影响，进行无情的揭发与严肃的批评"，^❹学社的骨干成员梁思成、刘敦桢二位先生也各自就以往在营造学社的工作经历做了检查发言，通过批判，使得"营造学社"这面白旗基本上倒了，^❺会议对营造学社学术体系的批判和颠覆，为其后近二十年中国建筑史学研究的学术走向定下了基调。^❻虽然未有直接的证据表明"营造"一词是否因为对"营造学社"的全面否

❶ 钱锋.现代建筑教育在中国（1920s-1980s）[D].同济大学：博士学位论文，2006：119.

❷ 温玉清.二十世纪中国建筑史学研究的历史、观念与方法[D].天津大学：博士学位论文，2006：98.
❸ 李允鉌.华夏意匠[M].天津：天津大学出版社，2005：436.

❹ 插红旗，拔白旗——全国建筑历史学术讨论会展开对资产阶级学术思想的批判[J].建筑学报，1958（11）：3.
❺ 温玉清.二十世纪中国建筑史学研究的历史、观念与方法[D].天津大学：博士学位论文，2006：145.
❻ 同上：149.

定而受到牵连，从而被人为地视作了"腐朽"文化的一个符号，但至少从其使用状况看，自 1958 年起的近二十年间，在中国建筑史相关的论文题名中鲜见"营造"的身影，反倒是在与林业种植有关的论文题目中时常出现"营造"。❶ 除了对"营造学社"进行政治及学术上的清算以外，1958 年的全国建筑历史学术讨论会的主要议题就是拟定了"建国十年来的建筑成就"、"中国近代建筑史"、"简明中国建筑通史"的提纲，并制定了工作方针和计划，❷ 在这三部建筑史的工作计划中，可以发现关于全国各地民居的调查与研究成为新的重要内容，由此民居被定为了建筑史研究的重点，这也是经此次会议所确立的一项新的研究领域。在 50 ～ 60 年代间曾几易其稿的《中国古代建筑史》中关于住宅部分的内容多来自此一时期的研究成果，而其他类型建筑的内容则很大一部分仍出自于营造学社时期的研究成果。因此就总体趋势来看，1958 年召开的全国建筑历史学术讨论会被视为建筑历史研究的分水岭。❸

　　不过在此期间，也有若干例外的情况，例如在 1960 年代初梁思成先生所主持的《营造法式》的注释工作得以继续进行，另有刘敦桢先生为研究生教学所撰写的以宋、清营造法为主要内容并加以揉合扩廓的《中国古代建筑营造之特点与嬗变》一文，❹ 这些都成为硕果仅存的局部个案。前者可看作是延续了"营造学社"的部分工作，后者则是对"中国营造法"课程以及"营造学社"相关研究成果的整合汇总。就刘敦桢所撰该文题目中的"营造"而言，从全篇内容看，所谓"营造"之特点即古建筑的"形式、结构、构造"的特点，因而此处的"营造"中的"营"应是针对于"建造"过程之技术与艺术而言的"谋划"，这种认识延续了过往特别是近代以来的观点，因而可以说也代表了当时关于"营造"的普遍共识。

　　由于自 1958 年至其后的近二十年间，古代建筑历史研究发生了方向性的变化，使得一些营造学社时期所开创的学术议题并未被继续深入地探讨，因此当 1978 年改革开放时代开启后，在日趋轻松活跃的学术氛围中，越来越多的建筑学者开始将视野重新移回到"营造学社"，而注目的焦点则大多集中于《营造法式》之上，这种趋势体现为从 1970 年代末至 1990 年代末，有关《营造法式》的论文数量有了大幅地增长。❺ 不过，在这段时间内关于"营造"，大体上仍然延续了近代以来所确立起的几种代表性认知。比如当"营造"用作动词时，其含义大致有如下的两种：一是如程万里的《中国古建筑的营造》一文向读者介绍了古代建筑从风水堪舆、规划设计再到施工的各个过程，所以文题中的"营造"实则指代了从"营"到"造"的诸环节，而这种观点在一些前辈学者的论述中得以强化：

　　"（罗哲文先生语）建筑这个词语，我记得还是从日语中转移过来的。

❶ 据笔者通过"中国知网"检索的不完全统计，从 1950 年代起直至 1970 年代末止，以"营造"为题的论文大多集中于林业科技领域，如《黄河中游灌溉系统防护林的营造》、《发展中国家的工业用速生人工林的营造》、《盐碱地如何营造渠道林》等。
❷ 建筑历史学术讨论会决议 [J]. 建筑学报，1958(11): 6.
❸ 温玉清. 二十世纪中国建筑史学研究的历史、观念与方法 [D]. 天津大学：博士学位论文，2006：143.
❹ 参见《刘敦桢全集（第六卷）》中《中国古代建筑营造之特点与嬗变》一文整理者的注解。

❺ 笔者经由"中国知网"检索的不完全统计，1978 年至 2000 年间发表的题名中有《营造法式》的论文为 43 篇，远多于 1978 年之前的 2 篇。

在中国古代汉语中，则称为营造、营建、兴建等等，营建包括规划、设计和施工的全过程，'营'是规划设计，'建'是建造施工。"❶

　　与之区别的是，在马炳坚所著的《中国古建筑木作营造技术》一书中的"营造"则主要指的是结构与装修等建造行为，即着重强调建造技术的重要性。由于该书在古建筑领域所发挥出了持久的影响力并不断的再版，使得其名称中"营造"与"技术"的连用渐成为建筑学界耳熟能详的习惯用法，长此以往，"营造"也常常被视为专指中国传统建造技术的词汇了。❷

　　此外，当"营造"作名词时，仍然保持了将其视为古代"土木之功"的代称或者说视之为代表了与"建筑学"相对应的本国传统知识体系的观点。如 1998 年第一届"中国建筑史学国际研讨会"的学术专辑就命名为"营造"，在《营造》（第一辑）的"献辞"中专门阐述了这一命名的缘由：

　　"……'营造'一词，也正是广义建筑学的概括，它既是具有传统底蕴的文化古词，又是一个极其前卫的科学名词……"❸

　　如上所述，尽管在 1970 年代末至 1990 年代末的 20 年间，"营造"一词在中国建筑史领域内保持了一定的热度，但在视野界定和内涵发掘上可以说均未能产生突破以往的新的创见。此外，从建筑学整体层面上看，"营造"一词在建筑史之外的领域内作为研究议题名称的频度依然较低。个中缘由虽然难以从正面直接获知，但是不难发现的是这一时期建筑学界的关注热点大都集中于"空间"、"后现代"等词汇上，相形之下，"营造"也就难免显得落寞了。由此，上述两种状况的叠加即构成了这一时期不作为本书的重点考察范围的主要缘由。不过对于本书的主题来说，这并非意味着对这一时期的价值忽视，事实上许多影响至今的思想与观念在当时处在孕育萌生之中，有关于此将在下文作相应的讨论。

5.2　"营造"在 21 世纪以来再次受到关注的缘由及其特征

　　自 21 世纪以来的十多年间，出现于建筑学研究议题中的"营造"用语不但在数量上比起之前 20 年有了大幅的增长，而且在议题的分布领域上，已不再仅限于建筑史研究，而是广泛地涉及建筑学的各个分支之中。经笔者通过"中国知网"等数据检索系统的不完全统计，2000 ~ 2017 年间，仅是题名中有"营造"一词的建筑学及相关的城乡规划、风景园林学的博士、

❶ 罗哲文.罗哲文古建筑文集[M].北京：文物出版社，2009：1.
❷ 从 1991 年起至今，《中国古建筑木作营造技术》不断再版与重印，应可以成为该书在建筑学界影响力的有力印证。当然，并没有确切的证据表明，这部著作名称中的"营造技术"，对于 21 世纪以来在建筑学论文题名中大量出现的"营造技术"发挥了直接的影响，但是该书出版前后"营造技术"这一用语的冷热变化似乎也很难说是一种纯粹的巧合。

❸ 杨鸿勋.营造（第一辑）[M].北京：北京出版社，文津出版社，2001：1.

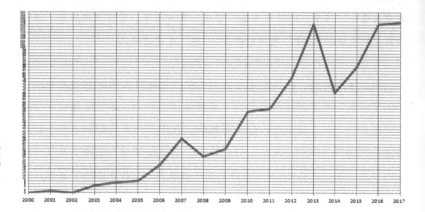

图 5-1 2000-2017 年国内建筑学、城乡规划学、风景园林学博士、硕士论文题名中的"营造"用语数量统计（数据来源："中国知网"）
图片出处：笔者自绘

硕士论文就有 830 篇，其中出现频度较高的主题语汇有"景观营造"、"空间营造"、"营造技术"等，这些论文分布在建筑史、建筑设计及相关的城乡规划与风景园林等多个领域之内，而且未来短时期内呈现出热度未减的态势。作为学术前沿动态的风向标之一，"营造"在学位论文中使用状况应可以视为该词在建筑学总体学科环境中使用状况的一个缩影（图 5-1）。

在这近乎井喷式增长的"营造"用语热度中，最令人瞩目的是，一种不同于过往的，以"营造"及其所直面的历史与现实问题为议题，对于"营造"内涵作出新阐释的研究趋势正在日益生成。在展开对这一时期"营造"所承载观念作出详尽解析之前，有必要先关注一下这一趋势的生成缘由及其特征。新世纪以来"营造"受到关注的背景及其缘由与近代时期有着明显的不同，其区别主要为：近代关注的形成发生于挽救本国文化传统的广阔社会背景之中，从而使置身于其中的"营造"具有了一种文化标志性的意义，而当代对"营造"的关注则主要发生在建筑学的专业领域之中，即"营造"作为彰显本国文化的标志意义已不再如近代般耀眼，其在更多的情况下则是代表了一种对近代以来的建筑学术传统进行重新反思的意识，而且在这一关注的形成过程中，"营造"与"建筑"间的关系也被进行了重新的定位，即"建筑"不再如近代时期那样仅是作为认识"营造"的途径和手段，相反，"营造"则可以为认识"建筑"提供新的视角。归纳起来，当下对于"营造"内涵关注的形成缘由大致包括以下几个方面。

第一，外国多元化建筑理论的引入。随着改革开放时期的到来，国内与国际上经济文化交流日益繁密，在这一背景下，建筑学界也有机会接触到更加多元化的外国建筑理论，理论视野的拓展所带来的观念上的更新，使得盛行多年的"布扎"体系受到了越来越多的质疑，在这一过程中有两种理论倾向发挥了比较突出的影响力，其一是关注多元文化发展的地域性建筑理论思潮，再者则是注重回归建筑本体的"建构"理论思潮。前者的意义在于，在以西方文明为主体的"普世文明"之外，以平等的眼光看待

和认知世界各地不同地域文明孕育形成的建筑成就，进而从中汲取出可以
医治西方现代文明种种弊病的良方。虽然从根本上说地域性建筑理论的思
潮仍未摆脱"西方中心论"的基本立场，但是其在客观上为重新认识发掘
包括中国在内的世界上其他地区的建筑文化传统提供了若干新的研究视角
与方法。对于"建构"理论来说，从其初创之时起就非常注意西方以外的
建筑传统，而其在试图摒除"风格"与"时代精神"等问题之困扰的前提下，
将研究重心放在了一些更为关乎建筑本体的要素之上，这些要素围绕"建
造"这一核心，主要涉及建造过程的叙述，技术的本体与再现，身体的隐
喻，地形学以及文化人类学等诸多方面，它们平等地存在于不同文明的建
筑传统之中因而其在研究中能够具有广泛的适应性。由此，在这些理论思
潮的影响下，在"布扎"体系中所建立起来的关于中国"建筑"传统（按：
在此以"建筑"这个自近代以来已得到国内普遍认同的词汇代替中国本土
的"土木之功"一词，以下在提到"中国建筑传统"这一用语时皆准此）
研究中的一些基本立场与方法受到了的挑战，从而使中国的建筑学者有可
能从更为广阔的视野去重新审视本国的建筑传统。

　　第二，对于本国建筑传统重新认知的开展。尽管在新中国成立初期受
到批判，但中国营造学社所确立起来的关于建筑历史研究的立场、方法与
主要内容长期在国内占据着主导的地位，不过，正如前面已经有所述及的，
事实上从 1950 ～ 1960 年代起，国内的建筑历史研究领域已经发生了逐渐
趋向于各地民居研究的方向性变化，并产生了如刘敦桢先生的《中国住宅
概说》及《徽州民居》等一批著作，且在当时刘敦桢先生已经明确地指出
了过往研究中存在着重官式轻民居的问题：

　　"大约从对日抗战起，在西南诸省看到许多住宅的平面布置很灵活自
由，外观和内部装修也没有固定格局，感觉以往只注意宫殿陵寝庙宇而忘
却广大人民的住宅建筑是一件错误事情。"❶

❶ 刘敦桢.中国住宅概说
[M].北京：建筑工程出版
社，1957：3.

　　较此稍晚的，在 1960 ～ 1970 年代的海峡对岸，也出现了对于中国营
造学社建筑史研究中的一些基本观点的质疑之声，比较突出的是汉宝德的
《明清建筑二论》一书，该书直接向林徽因先生《清式营造则例绪论》一
文中的"以官式建筑立论"及"结构至上主义"的基本立场发出了论战，
并提出了与北方官式建筑迥然不同的"江南文人系之建筑思想"，从而也
开启了注重于地域性民间建筑的研究道路，该书一经引介入内地，在学界
曾引起不小的热议。

　　在民间建筑越来越受到关注的同时，随着改革开放时代的到来，理论
研究的活跃气氛使关于官式建筑的研究中也出现了新的视角的介入，例如

潘谷西先生在《营造法式初探》一文中就论述了《营造法式》和江南建筑的关系，指出《营造法式》和江南建筑的密切关系反映出当时具有较高技术水平的江南地区工匠大量入主官方建造项目，由此将具有地域特征的技术形式带入官式建筑之中，这一论述实际上开辟了从民间建造的视角去重新认知《营造法式》之价值的探索路径。在这一时期，从事中国建筑历史研究的国内学者们日益接触到更为广泛而多样的西方哲学、艺术以及建筑理论方面的成果，这些来自西方的成果如何转化为研究手段以用于本国问题的研究，成为引发热议的话题。在这种氛围下，无论是在官式建筑还是民间建筑研究中都出现了引入外国理论成果以研究中国问题的新趋势，例如常青教授将人类学的研究方法引入建筑历史研究中，从仪式、场景等角度去诠释建筑历史中的相关内容；[1] 王贵祥教授运用符号学分析解读古代明堂、宫殿的发展历程；[2] 陈薇教授从发生学的角度论述了木结构作为中国古代建筑主流的历史缘由，提出了木结构作为"先进技术和社会意识的选择"的理论创建等。[3] 此外，自 20 世纪末以来，许多国内学者着手以与之前有所不同的视角去重新审视"营造学社"所开辟的建筑历史研究道路，对于其中存在的若干问题作出了中肯的评述，有的还就如何修正、完善这些缺陷提出了理论创见，诸如曹汛教授针对前人在古建筑断代时的若干舛误，强调了史源学对于中国建筑史研究的重要性；[4] 陈薇教授则指出了依据一般社会发展史或建筑类别的两种中国建筑史框架体系中存在的问题，并相应提出了以"型"、"类"、"期"三者相结合的中建史框架体系划分方法等，[5] 都是对本国建筑传统做再次认知的理论成果。概括起来，近三十多年间关于中国古代建筑的研究在内容上发生了从以官式建筑为主到逐渐重视民间建筑的显著变化，并且在研究方法上也日益呈现出多样化的局面，而这些都成为当代学者再次关注"营造"的重要缘由。

在上述因素的促成下，一些国内学者敏锐地注意到施行多年的建筑理论体系在认识本国"土木之功"传统本质时存在有某些缺陷和不足。为此，他们在密切关注国外建筑理论发展趋势的同时，尝试从更加多维的视角去重新认识"土木之功"传统的本质，而作为能彰显这一传统本质的词汇——"营造"就理所当然的作为议题成为这些研究的切入点，在对"土木之功"传统中的一些根本内容进行深入发掘的过程中，关于"营造"一词内涵的理解与诠释也相应地形成了许多不同于以往的新观点，并以此为指导进行了教学与工程等多方面的实践探索。在这些以"营造"为议题的研究中，其研究策略大体上可分为两种类型，其一是通过探寻"营造"的含义与外国某些建筑理论着眼点在本质上的共同之处，从而使二者密切的联系起来，进一步地将外国理论引入到推动中国"土木之功"传统的传承与发展的实践中来；另一种则是试图从总体上抛开现有建筑学理论体系的羁绊，并尝

[1] 常青.建筑学的人类学视野[J].建筑师,2008(12):95-101.
[2] 王贵祥.明堂、宫殿及建筑历史研究方法论问题[J].北京建筑工程学院学报,2002(3):30-49.
[3] 陈薇.木结构作为先进技术和社会意识的选择[J].建筑师,2003(6):70-88.
[4] 曹汛.中国建筑史基础史学与史源学真谛[J].建筑师,1996(4):63-68.
[5] 陈薇.关于中国古代建筑史框架体系的思考[J].建筑师,1993(6):19-22.

试以"正本清源"的态度去重新审视"营造"的含义进而去认识维系传统"土木之功"运作过程中的若干本质问题，正因为不再立足于惯常的建筑学专业方法，而是从基于本源的"文人"或者"工匠"的视角出发，使得这一研究与古代自发状态下对于"营造"内涵的认知具有了某种天然的契合性（诸如将建筑物与自然环境融为一体所作的通盘考量与谋划），而且从该研究之实际应用的成效看，其与外国一些建筑理论的指导思想间产生了"殊途同归"的效果。

上述这两种研究策略使得当代对于"营造"内涵的阐释具有了如下一些比较典型的特征：首先，对于"营造"内涵的阐释有着更为鲜明的针对性，比起近代时期通过诠释"营造"以实现本国传统与外来的建筑学体系产生某种联系这一较为宽泛的目标，当代学者在将"营造"作为议题时，则往往是要着意解决现行建筑学体系中的某一特定问题，而形成"营造"内涵之新观点的过程实际上就是重新认识本国"土木之功"传统与西方建筑学之间关系的过程，这其中作为"营造"之比照物的对于"建筑"概念的认知已不再如近代那样角度单一，而是有了更为多样的认识视角。正因为如此，在确立与"建筑"之关系的过程中，"营造"不再仅仅处于被动适应的地位上，而是具有了主动发挥其优势以对"建筑"施加影响的作用；第二，当代关于"营造"内涵的阐释，始终是处在"建筑"这一总体概念的层级之下的，也就是说，不论研究中做了怎样的宣称，关于"营造"内涵的阐释及其实际应用并不能完全脱离建筑学的体系，而只能对建筑学体系中的某一特定内容起到强化或者修正的作用。换句话说，当代关于"营造"内涵的研究所关注的只是那些在中国"土木之功"传统的范畴之内且与当代的建筑理论或实践密切相关的问题，超乎于这一范畴之外的诸多现实问题并不能通过重新认识"营造"来寻找解决之道。而且，正如前面曾提到的若干关于中国建筑传统之再认识的研究并未将"营造"作为切入点的事实，表明了对于传统的反思并非一定要通过解读"营造"来展开，本书所着重分析的若干以"营造"为议题的研究只是众多研究趋势中的一种较典型的倾向，它所能应对的问题与承担的使命同样有限，不过这种研究所特有的意义在于，可以更为准确地定位中国"土木之功"传统与西方建筑学某些理论思潮之间的关系，并通过这一定位为应对当前中国建筑实践中的某些具体问题提供思路。

通过上述对于"营造"在当代受到关注的缘由与特征所作的讨论，本章将从目前学术界中比较新锐的关于"营造"内涵的新认识中选取若干典型案例，这些认识既源自于理论的探讨，又各自应用于不同的实践层面，从而构成了若干以"营造"为名的学术研究议题。这些议题的共同之处在于，通过对"营造"内涵的再次阐释，放眼于如何定位中国"土木之功"传统与国际上"建筑学"某些研究思潮之间的关系,从而能够在更为清晰地认识自身的基础上,探寻出能使二者有效地实现对接的途径。就目前状况来看,这些研究议题推动了自中国营造学社时期以来又一次观念上的创新,而且这些议题在取得丰硕成果的同时仍是"进行时"的状态,所以其中既难免会出现某些偏差,又仍然具有不断完善发展的研究前景。由此,本章将着重分析当代若干学术议题中的"营造",涉及由对其内涵的不同认知所形成的观念中的一些重要内容,包括观念形成的缘由,应对之问题,观念要点的构成及其对于各实践领域具有的指导意义等,并对其中的某些仍可延伸之处作出相应的讨论。

5.3 "土木/营造"之"现代性"的思考

在上一节中提到了近些年来国内学者在从事中国建筑传统研究时的若干视角与方法上的创新,而这其中就包括赵辰教授关于"土木/营造"之"现代性"思考的一系列研究著述。此一研究起始于赵辰教授对于中国营造学社在研究中重视官式建筑而相对轻视民间建筑以及由此而建立起的学术体系未能很好的解决中国建筑文化传统的"现代化"进程等问题所保持的高度关注,为此他通过对中国建筑文化本源问题的思考,提出了以民间建造体系为特征的"土木/营造"不仅是中国建筑文化的本源,而且具有与西方现代建筑文化相契合的因素的观点。在赵辰教授就"土木/营造"之现代性所涉内容的思考中,针对于"土木/营造"的阐释实际上可视为当代学者对于"营造"内涵的新认识,以下将围绕这一阐释,讨论其意义、要点以及由此而开展的实践探索等各方面内容。

5.3.1 对"土木/营造"进行阐释的意义

赵辰教授为什么要对"土木/营造"进行阐释?从他在《关于"土木/营造"之"现代性"的思考》一文中关于研究背景的论述中可以获知,这一关注的形成是基于国内学者近百年来在对中国建筑文化自我认知的过程中,就中国建筑文化如何走向现代化,中国的建筑文化传统与西方现代建筑间的关系等一系列问题产生广泛热议的前提下,促使他本人对于中国建筑传统基本内涵所进行的长期思考的产物。

赵辰指出,近百年来中国的文化传统如何应对以西方文明为主体的现代文明,是使中国知识分子长期饱受困扰的问题,经过近一个世纪的探索,人们已经能够分清所谓的"中、西文化之争"并不是真正的问题,而中国建筑文化如何走向现代化,才是真正的问题。而现代文明是以西方文明为主体的,所以在中国文化走向现代化的进程中,必然要以在一定意义上接受西方文化为前提，在此过程中就会产生西方文明与中国文化传统之间的冲突。因此，中国文化传统与现代性之间的矛盾，才是问题的核心所在。❶而事实上，通过一些近代中外学者对于中国文化特质的分析，会发现中国文化传统的实质要素——"人本精神"中并未明显地体现出对于现代性的排斥，相反这两者之间是存在一定的关联性的。而对于中国建筑文化传统如何走向现代化的问题，赵辰认为中国第一代建筑理论家所建立的学术体系由于未能较好地把握"中国建筑文化的基本内涵"，因而未能很好地解决这一问题。对此，使得他开始着手去寻找中国建筑传统的基本内涵与西方现代建筑基本内涵间的契合因素，他通过对西方现代主义大师主动吸取东方建筑传统这一显著现象的分析，并对于"土木／营造"的内涵作出阐释，提出了他本人关于中国建筑文化之本源的认知，即"土木／营造"作为中国建筑文化传统的本源，实质地反映了中华文化之人本精神的所在，而且可与现代文明直接沟通进而将其引向现代文明，而这正是该阐释的意义所在。

❶ 参见 赵辰.关于"土木／营造"之"现代性"的思考[J].建筑师，2012（4）：18.

5.3.2 对"土木／营造"进行诠释的要点

上面提到了赵辰教授对于"土木／营造"进行的阐释的背景与缘由，这一阐释是具有明确的目标指向的，即在实现对于中国建筑文化传统本质自我认知的基础上探寻"土木／营造"与西方建筑基本内涵间的契合因素，而之所以选择"土木／营造"，是因为其最能体现出中国建筑文化的本质。❷为此，他在《"土木／营造"之现代性的思考》一文中分别对"土木"与"营造"作了中国文化视野下的解释：

> "'土木'是中国传统建筑最基本的两种建筑材料——'土'和'木'，而合成的建造业之定义。"
> "'营造'则更为清晰的表示了为建造而从事的经营之道，或者为建造之艺术。"❸

❷ 参见《南方都市报》2011年12期刊载的赵辰在中国建筑思想论坛上的演讲《"土木／营造"之"现代性"——中国建筑的百年认知辛路》所言："中国文化里谈到建筑最本质的词语就是'土木'或'营造'。"
❸ 赵辰.关于"土木／营造"之"现代性"的思考[J].建筑师，2012（4）：19.

其后他又将对"土木"与"营造"的诠释拓展到更广阔的视野，其中对于"土木"，他认为"土"与"木"不仅是中国建筑的基本材料，在西方建筑历史中同样具有原始和基本性。而对于"营造"，则认为与中国的"营造"相类似的，在西方（尤其是地中海沿岸拉丁文明的城邦文化）文明中以建造为主体的"建造的艺术"，同样是西方建筑学产生的基础。而在欧洲其他文化,如德意志文化中也存在有与之类似的"建造艺术"（Baukunst）传统。由此可以看出，在赵辰的观点中，"土木"与"营造"不仅是中国建筑文化传统的本质，而且具有与西方建筑基本内涵的相契合的因素，而这一阐释所包含的要点主要有：

1. 对中国自身文化中"土木"与"营造"的再认识

在笔者看来，赵辰教授关于"土木／营造"的阐释，不仅立足于对本国文化传统的反思，而且放眼于和其他文化间的关联性讨论，这两个方面视野的结合，体现出其对于"营造"此一观念内涵的丰富与创新，以下首先从反思中国建筑文化传统的角度入手，分析其主要特征：

第一，赵辰将"土木"与"营造"联系起来，认为二者是中国文化中关于建筑最本质的词，这应该是他对于中国文化深刻认知后形成的结论，正如本书在前面关于"营造"的词源考辨时所提到的，在古代语言中"土木"与"营造"就常常连用作为房屋、城壕等工程的称谓，可见两者间的密切关系，"土、木"是建造中的两种基本材料，"营造"最初则是对于这类工程所含两个主要阶段中的代表性行为所作出的概括。

第二，将"营造"界定为"为建造而从事的经营之道，或者为建造之艺术"，这一诠释与古代及近代以来形成的各类关于"营造"的认识之间既存在一定的关联性，又有明显的区别。在本书的前面章节已经提到过的，古代"营"、"造"连言后，"营"的固有含义有时会发生向"造"的转化，以至于其本身的意义也往往会被忽视。这种现象的影响所及，使得在近代以来形成的关于"营造"的认识中，有些只是从"造"的层面进行理解，却往往仅关注了"造"而忽视"营"的存在（例如将"营造"与"construction"的类比等）。与之相比，赵辰虽然同样是在以"建造"为主体的层面上对于"营造"作出阐释，但却敏锐的注意到对"营"的考察，并将"营"解释为针对于"造"的"经营之道"，"营"目的是为了实现"造"的艺术性。因此从自身文化反思的角度而言，赵辰教授关于"营造"的诠释既不同于将"营"与"造"分属于两个彼此独立阶段的初始意义，又不同于某些语言现象中将二者混淆起来一概而论的状况，而是强化了另一种在古代已经出现的将"营"作为实现"建造的艺术性"之"谋划"的认识。

2. 联系域外文化对"土木／营造"进行更广泛的阐释

在反思自身文化之外，赵辰更重视通过与域外文化的关联性的讨论，对"土木／营造"作出了更广泛的阐释。

1）提出"民间建造体系"是"土木／营造"的核心价值

赵辰认为，"土木／营造"体现在所有的建筑类型之中，甚至可以进一步认识到，"土木／营造"的核心价值其实更充分地存在于民间建造体系中。这一观点的提出，是从与西方古典主义建筑体系在建筑外在特征和文化渊源这两方面的深刻比较中体察到的：

第一，通过对中国木构建筑外在特征的分析，指出与西方古典建筑体系相比，中国的木构建筑是一种原生态的建筑体系，它没有绝对的官、民对立，官式与民间建筑的差别体现在尺度、象征等所谓"形制"的等级差异上，而没有类型的区分：

"西方古典主义建筑是在欧洲的原生态建筑体系中发展出来的一种特殊类型，而中国的原生态建筑并没有能够发展出这样的类型。尽管中国的木构建筑体系并不缺少在等级上的差异，然而这些差异都反映在尺度和象征等方面，所谓的'形制'，而不是另一种类型。"❶

"西方建筑文明史中的古典建筑与民居及原生建筑是零和一的对立关系，而中国建筑文明史中的从民居到官衙；再到寺庙和帝王宫殿都反映的是一和九的级数关系。"❷

第二，通过比较西方古典文化与中国文化在对待神权、皇权与世俗的不同态度，指出在中国文化的各个门类中即使在宗教与皇家的层面上也具有强烈的世俗化特征，如同皇家的饮食、戏曲等诸多文化门类均出自民间一样，皇家与官式建筑的渊源同样在于民间的建造体系：

"中国的文化历史中从来不具备培养古典主义这种对立于民间艺术的土壤，相反，我们所具备的从民间到皇家完全成体系的艺术传统，更有'民贵君轻'和'礼失求诸野'的政治、文化传统，中国历史中有众多如'徽戏进京'而成就的京剧，各地民间美味佳肴进京而成就的'御膳房'，更有'香山帮'的进京而成就的最高等级皇家建筑——紫禁城，所谓'样式雷'，也不过是民间工匠的优秀代表而已。……从无数的历史事实都可以证明，民间的艺术和文化从来就是中国艺术和文化的真正渊源。"❸

综合这两个方面可以总结出，与西方古典主义建筑体系截然不同，中国的官式建筑与民间建造之间没有本质的、对立性的差异，而且官式建筑是直接形成于民间的建造体系的土壤之中，因此"民间建造体系"更能体现出"土木/营造"的核心价值。

此外，赵辰教授通过辨析西方古典建筑体系中所谓"主流建筑"与"非主流建筑"间的关系，将"非主流建筑"也视为"营建（Building）"，以区别于"建筑（Architecture）"。这是经由另一个角度对于"土木/营造"的民间建造特征作出的解读，并且为"营建"或"营造"寻找到一种不同与以往的英文翻译——"building"：

"西方古典建筑体系基于欧洲的文化背景，而在欧洲的文化历史中，建筑物在形态上可以清晰地被分为为神权、皇权服务的具有神圣性和纪念

❶ 赵辰.中国木构传统的重新诠释[J].世界建筑，2005（8）:37.

❷ 赵辰."关于中国建筑为何用木构"——一个建筑文化的观念与诠释的问题[M]赵辰.立面的误会.北京:生活·读书·新知三联书店，2007:90.

❸ 赵辰.关于"土木/营造"之"现代性"的思考[J].建筑师，2012（4）:20.

性的一类，也被定义为所谓的'主流建筑'（architettura maggiore 意大利语）。又由于西方的'主流建筑'是以石构为主的，建筑也就成了'石头的史书'。而除这类之外的大量的为民众所需而建设的无名氏建筑，则被定义为'非主流建筑'。虽然'非主流建筑'（architettura minore）在数量上是占有绝对的多数，即便是在欧洲的文化传统之中其技艺和形态都非常多样，对文明发展的推进作用也十分巨大，但是由于不具备永久性、和纪念性而在古典主义的观念里不能算是建筑（Architecture），只能是营建（Building）。" ❶

赵辰还将这一观点应用于对梁思成《图像中国建筑史》一书文字的理解中，与其他翻译版本译为"建筑"不同的是，他将该书前言部分的"Building"翻译为"营造"：

"The Chinese building is a highly 'organic' structure. It is an indigenous growth that was conceived and born in the remote prehistoric past, ……" ❷

"中国的营造是一种高水平的有机结构。它是从远古时期土生土长出来的，……" ❸

由此，"营造"更接近于"Building"而非"Architecture"的观点，更加鲜明的彰显出"营造"的"民间建造"特征，从而进一步完善了对于"土木/营造"核心价值的阐释。

2）关于"土木/营造"之"现代性"的思考

基于"土木/营造"的核心价值存在于民间建造体系中的认识，赵辰教授进一步展开对其"现代性"的思考，这里的"现代性"指的是近代以来，特别是二战后国际建筑理论发展的趋势："得以突破了古典主义的桎梏，走向'宏大的建筑观'，反映为对以非古典的民间价建造体系、聚落、市政等的重视，同时也对非西方文明中的建造体系加以尊重。" ❹ 在这一趋势中，以中国、日本为代表的东方"土木/营造"以其所呈现出的与国际现代文明有一致性的特性，并对国际现代建筑文化产生过积极的作用，因此可称之为"土木/营造"的"现代性"。

赵辰教授关于"土木/营造"现代性的思考主要是着眼于西方学者对于中国、日本"民间建造体系"的高度关注，而这一关注的产生则显然与两大背景因素密不可分：一是近代以来西方的各建筑思潮中大多注重以"建造"为重要内容，这其中强调以"建造"为主体的"建构"理论得到了长足的发展；二是西方现代建筑文化逐渐朝着更加人本的方向发展，显现出对于不同文化中"无名氏建筑"的重视。作为两种因素共同体现的代表，

❶ 赵辰.民族主义与古典主义——梁思成建筑理论体系的矛盾性与悲剧性之分析[C]//2000年中国近代建筑史国际研讨会.广州、澳门，2000.

❷ 梁思成.图像中国建筑史[M].北京：中国建筑工业出版社，1991：196.
❸ 赵辰.关于"土木/营造"之"现代性"的思考[J].建筑师，2012（4）：22.

❹ 同上：17.

赵辰教授特别提到了法国建筑理论家舒瓦西的著作《建筑史》，认为该书以"建构"的眼光，严肃地分析了和描述中国和日本的木构建筑之结构、构造和建筑布局方式，完全看不到对于中国木构建筑这种非西方建筑文化的偏见。❶

　　在此基础上，赵辰比较了近代中外学者间对于中国"民间建造体系"两种不同的认知途径：第一种是以"营造学社"为代表的中国学者，初期研究主要是能够彰显出西方古典主义美学标准的官式建筑，其后，在抗战期间被迫向西南地区迁徙的途中，才开始对民间的建造体系产生学术兴趣和相对正式的研究，不过其作为研究对象却并未占据主要地位，而且后来由于与国际的沟通障碍，研究中较为缺乏国际视野下的方法论支持；第二种则是就西方的学者与建筑师而言，与他们自边缘向中心进入中国的过程相一致的，他们对于中国建筑文化的认识也是由民间而官方，在这些人中又重点地分析了两位西方建筑师格里申与艾术华对于"民间建造体系"的探索，指出他们的理论创见显示出对于"民间建造体系"这一中国建筑文化的本质已经有了相当深刻地认知。然而，尽管有不少外国学者对于中国的民间建造体系作出过卓有成效的探索，但是其中所蕴含的对于"现代性"的认识却长期未得到中国建筑学界的广泛认同。

　　对与中国近似的日本民间建造体系的"现代性"，赵辰教授则以"桂离宫"为例，回顾了西方建筑学者对于以此为代表的民间建造体系与西方现代建筑间关联性的探索，并着重提到了这其中的显著成果：即格罗皮乌斯认为桂离宫几乎可以完美的表达他所主张的现代主义建筑的多项原则与要素，并由此与丹下健三合著了《桂离宫：日本建筑的传统与创造》一书，该书在国际理论界产生了巨大反响，其价值不仅在于促使国际建筑界突破了古典主义观念的桎梏，而且促使日本建筑界扭转观念，对于传统建造体系之"现代性"有了十分积极的认知。❷ 对于这段历史的意义，赵辰给予了高度的评价，认为其是国际学术"改变狭窄建筑观，走向宏大建筑学观念的标志。"❸ 而且这段历史可以为仍旧处在"土木 / 营造"之"现代性"认知道路上的中国学者带来启示。

　　赵辰教授关于"土木 / 营造"之"现代性"的思考，以其论述的广泛性与深刻性，启发笔者就该问题继续作出延伸的思考，新的思考将聚焦于"现代性"如何界定的问题，即所谓的"现代性"究竟指的是"土木 / 营造"在本质上与西方现代建筑理论发展的某一趋势相一致，还是指"土木 / 营造"的某些特征被西方现代建筑理论的某一流派所格外推崇，这两者间是有着明显区别的，似乎不能以"与国际现代文明有一致性的特性"概括而言。如果说"土木 / 营造"的特性在于"民间"、"建造"这两个基本要点的话，那么国际现代文明的多元化使得其难以找出某种固定的特性与之相

❶ 参见 赵辰 . 中国木构传统的重新诠释 [J]. 世界建筑，2005（8）: 38.

❷ 参见 赵辰 . 关于"土木 / 营造"之"现代性"的思考 [J]. 建筑师，2012（4）: 20.
❸ 同上。

应，即便是布鲁诺·赛维的论断"现代历史是以无名氏建筑为中心的"也不能一言以蔽之。正因为如此，赵辰所着重论述的西方学者关注于东方"土木/营造"的不同案例表明，他们的关注点显然并不尽相同。比如格里申与艾术华实际上关注的是对于中国民间建造体系本质的探索，而格罗皮乌斯对于日本桂离宫的赞赏，则仿佛是取决于他本人理论主张支配下的观察视角，因此诸如"自由平面"、"轻质的结构"、"模数化的单元组合"等桂离宫的外在特征，似乎也就无法被归为此一"民间建造"的本质。事实上，在探寻"土木/营造"与现代主义建筑本质上的关联性时，梁思成先生在20世纪30年代就曾有过深刻地论述：

> "所谓'国际式'建筑，名目虽然笼统，其精神观念，确是极诚实的；……其最显著的特征，便是由科学结构形成其合理的外表。……对于新建筑有真正认识的人，都应知道现代最新的构架法，与中国固有建筑的构架法，所用材料虽不同，基本原则却一样，——都是先立骨架，次加墙壁的。因为原则的相同，'国际式'建筑有许多部分变酷类中国（或东方）形式，这并不是他们故意抄袭我们的形式，乃因结构使然。同时我们若是回顾到我们的古代遗物，它们的每个部分莫不是内部结构坦率的表现，正合乎今日建筑设计人所崇尚的途径。"❶

❶ 梁思成.建筑设计参考图集序[M]//梁思成.梁思成全集（第六卷）.北京：中国建筑工业出版社，2001：235.

依据梁思成的观点，"国际式"建筑与中国（或东方）建筑在"形式"上的相似不过是外在表象上的，而"构架法"基本原则的一致性才是两者本质上的关联，将表面现象与内在原因区分开来，使得这一论述更为实质地点出了"土木/营造"在本质上的"现代性"。与之相比，格罗皮乌斯总结出的桂离宫的几个特征就显得较为表像化了，只有进一步挖掘诸如"自由平面"、"模数化的单元组合"的内在成因，"轻质的结构"与现代建筑结构原则的异同等问题，才是对其本质的探究。与梁思成先生的观点相辅相成的是，林徽因先生在《论中国建筑之几个特征》一文中同样认识到了在中国建筑与现代建筑在结构原则上一致性，并对中国建筑的发展趋势展开了思考：

> "中国架构制既与现代方法（即现代'洋灰铁筋架'或'钢架'建筑）恰巧同一原则，将来只需变更建筑材料，主要结构部分则均可不有过激变动，而同时因材料之可能，更作新的发展，必有极满意的新建筑产生。"❷

❷ 林徽因.论中国建筑之几个特征[C]//中国营造学社汇刊第三卷第一期，1932：179.

故此，可以明确的是，梁思成、林徽因较之于格罗皮乌斯更早且更为深入的认识到了东方的木结构体系与现代建筑在结构原则以至外部特征上的近似性。当然这并不能表明中国学者已经找到了实现传统建筑向现代化转化的有效路径，就如同林徽因清晰表达出的"材料要根本影响其结构法"[1]这一关切，木料的"架构制"如果变更为现代的"洋灰铁筋"或"钢"材料后，又怎样保证"主要结构部分则均可不有过激变动"呢？或许"因材料之可能，更作新的发展"才是具有前景的探索途径。对此，在上一章分析南京博物院大殿的案例时已经有所提及，主要体现为在使用新的材料表达传统结构特征时会遇到种种矛盾，而这些矛盾又引发出了基于不同价值取向的实践探索并由此形成了若干具有借鉴意义的经验。不过这些探索却因为外部因素的阻挠而未能深入开展并取得更大的成就，而这也成为了导致近代中国学者关于本国建筑传统之"现代性"的认知与探索未能在当前获得应有之关注的主要原因所在。

[1] 林徽因.论中国建筑之几个特征 [C]// 中国营造学社汇刊三卷一期，1932:167.

5.3.3 针对"土木／营造"的实践探索

与"土木／营造"之"现代性"的思考相辅相成的，赵辰教授开展了以"中国木建构文化研究"为主题的教学实践，之所以其称为"建构文化研究"，应是出自于赵辰对于"营造"与"建构"在本质上关联性的认识，即不论是"营造——建造之艺术"还是"建构——建造的诗学"，两者都是强调以"建造"为主体的，正如在一次访谈中提及建构理论时，他曾明确地表达了对这种关联性认识："其实国际上建筑理论的发展与中国文化的本体是愈来愈近的，关于建构理论我完全是以中国的营造来理解的。"[2]

[2] 常青 赵辰.关于建筑演化的思想交流:常青/赵辰对谈 [J].时代建筑，2012（4）: 64.

在"中国木建构文化研究"教学中选取中国建筑两种主要材料"土与木"之一的"木"为对象，着眼于广泛存在于民间的木构建筑，如闽浙地区的木拱廊桥、黔东南的侗族鼓楼等，分析建造过程中的三个基本问题：材料、构造、结构，对于这三者的研究又分别有各自的要点：

"材料：……木材的纤维性质而导致的材料单向受力的力学性能，以及木材在加工和处理上与工具之间所发生的特殊性质。

构造：以中国传统的木构节点——榫卯关系为基本的研究重点，了解榫卯的可能性和运用实例，分析榫卯和销钉的连接构造与施工对建造的意义。

结构单元体：以基本的榫卯和销钉的构造措施连接而成的木构框架，作为基本的结构单元和空间围和单元，在中国建筑的空间尺度上也是极为重要的基本单元——'间'。这一结构基本单元体，向下可探讨木建构的构造连接方式对结构的影响，向上可研究结构造型发展的各种可能性。因此，应该作为木建构教学与研究的重心来对待。"[3]

[3] 赵辰.中国木构传统的重新诠释 [J].世界建筑，2005（8）: 38.

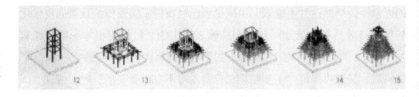

从"材料"到材料的结合方式——"构造",再到构造措施连接而成的框架——"结构单元体",并由此可继续探讨"结构单元体"在结构意义的高度与跨度方向发展的各个可能性,这一研究秩序依据建造的规律,清晰地显示出建造的过程,从而实现了对于建造本质的回归。以侗族鼓楼的建造原理研究为例,经过大量的实物调研,了解到鼓楼基本的建造规律,即鼓楼由三部分结构体组成:四柱框架核心体、外檐多柱框架与顶部亭子结构,对每一部分的材料性能的发挥、构造方式与结构三者间的关系作出分析,并指出了基于建造而具有的艺术性:如鼓楼的高度并不是预先设计好的,而是以寻找到的作为四柱基本框架的四根大杉木的高度确定的,外檐多柱框架通过水平枋木的层层联系与基本框架形成稳定的结构体,并基本显现出鼓楼的造型,而顶部亭子则为四柱基本框架形成了顶部的荷载的同时也成为外形上重要的完型构件。三者之间互相影响,在共同形成建造逻辑的前提下实现了鼓楼的艺术价值(图 5-2)。

由此,结合这一实践探索,并联系到上文中赵辰教授所言及的"营造"之"营"的含义,可以看出"中国木建构文化研究"正是体现出以实现"建造之艺术"为目的的"经营之道",即通过对材料、构造、结构三者的研究,以强化建筑本质因素的审美价值,使建造的过程成为建筑审美的价值取向。❶

❶ 参见 冯金龙 赵辰. 关于
建构教学的思考与尝试 [J].
新建筑, 2005 (3): 6.

综合上述的讨论,笔者不揣浅陋地尝试总结赵辰教授关于"土木 / 营造"之"现代性"的思考,其主要的启示性在于:

第一,提出了"营造"与"建构"间的关联性:通过对"建构"理论与中国"土木 / 营造"基本内涵间的比较,指出了"建构"与"营造"在内涵上的关联性,即"建构"强调以"建造"为主体的建筑美学体系,而"营造"作为"建造之艺术",这里面的"营"——为了实现艺术性而从事的经营之道,则贯穿于建造的过程中,因此,建造同样是处于主体的地位。这一关联性的指出,使中国建筑文化的基本内涵与国际上建筑理论发展的一项重要趋势之间产生了联系,从而将建筑学的基本问题——"建造"作为沟通不同文化建筑体系的重要纽带,这一纽带的形成有利于排除因风格化视角而产生的不同建筑文化间的不平等性,也有利于不同建筑文化之间的取长补短。

第二,对于民间建造体系的重视:通过将中国古代官式与民间建筑的关系与西方古典主义建筑体系中"主流建筑"与"非主流建筑"间的关系进行比较，指出民间的"建造体系"才是中国建筑文化的主体，而这一认识是与国际理论界普遍形成的对于"无名氏建筑"高度关注的理论趋势相一致的。不过，这一思考中关于"现代性"的界定比较宽泛，虽然可以为读者提供更多的思考路径，但是也容易使人不易把握其思想脉络的主线。

赵辰教授着力于对"建造"与"民间"这两个从属于"土木/营造"的关键词的探讨，实际上正是抓住了中国建筑文化传统与国际上建筑文化发展趋势关联性问题的实质，因而这一思考及与其前后时期的同类研究一起将会促发当代学者认识传统之视角的转变，并进一步从新的视角着手，再次审视传统与新近发展趋势间建立关系的方法与途径。

5.4 "营造"与"tectonic（s）" ❶

近十多年来，西方有关"tectonic（s）"的理论著作被逐步引入国内，尤其是美国著名建筑理论家肯尼斯·弗兰姆普敦（Kenneth Frampton）的 *Studies in Tectonic Culture-The Poetics of Construction in Nineteenth and Twentieth Architecture* 一书被国人广为熟知，在这一过程中许多学者对"tectonic"的中文译名提出了自己的看法，比较多的观点是译为"建构"或者"构筑"，与此同时还存在着一些其他的翻译方式，例如在比较早期的向国内介绍该书的一篇名为《让建筑真正的研究建筑——肯尼斯·弗兰普顿〈构造文化研究〉简介》的文章中，除了将该书名称中的"tectonic"译为"构造"外，在文中也将其译为"营造"。❷ 与之相近的，同济大学的莫天伟教授也持有类似观点，认为"tectonic"比较合适译为"营造"❸，加之上文已经讨论过的赵辰教授对两者内在共同之处的认识，如是者，既然有不止一位学者倾向于将"tectonic"译为"营造"或者重视两者间关系的讨论，那么将"tectonic"与"营造"联系在一起的观点是如何形成的？在现有的认识中两者的关系究竟如何？两者间还可能存在哪些有待探寻的关系？这种关系的确立对于当代国内建筑学的发展会产生怎样的影响？这些都将是本节要着重讨论的。

5.4.1 国内学者对于"营造"与"tectonic（s）"关系的认识

1. "tectonic（s）"含义的解读与中文译名的确立

在国内学术著作的普遍共识中，之所以"tectonic（s）"与"营造"之间能建立起联系，在于两者的内涵存在有相通之处，而对于"tectonic（s）"内涵的理解在很大程度见诸于这一词汇中文译名的确立过程。在此有必要指出的是，当前被广泛认可的"tectonic（s）"的中文译名"建构"，就来源于弗兰姆普敦 *Studies in Tectonic Culture* 一书的中文译者王骏阳教授对

❶ "tectonics"与"tectonic"表面上看似是同一个词汇的名词与形容词两种形式，而实际上却反映出了英语文化背景下的学者对德语词汇的不同理解与翻译方式，在 *Studies in Tectonic Culture：The Poetics of Construction in Nineteeth and Twentieth Architecture* 一书中，弗兰姆普敦通常将一般看来应属形容词的"tectonic"用作名词的做法引起了笔者的注意。通过细读弗氏所引斯坦福·安德森（Stanford Anderson）的表述，可以发现使用"tectonic"并非是他的疏忽，而是有意为之，即以直译的方式将"tektonik"中的"k"替换为"c"，这在德语与英语的对译中时有出现，而其他人如马尔格雷夫的著述中则大多采用"tectonics"对应于"tektonik"。因此，本书中除针对某一语境中的具体个例之外，一般采用"tectonic（s）"的表述。

❷ "在卷首的一章中，弗兰姆普敦以细致的史料和分析，追溯了历史上营造概念的起源和演变，……"参见伍时堂.让建筑真正的研究建筑—肯尼斯·弗兰普顿《构造文化研究》简介[J].世界建筑，1996（4）：78.

❸ 参见莫天伟 卢永毅《由 Tectonic 在同济引起的一关于教学内容与教学方法、甚至建筑和建筑学本体的讨论》一文之注释 1。

"tectonic"含义作出的阐释。

作为该书的作者，弗兰姆普敦并未直接给出"tectonic"的含义，对此，王骏阳教授敏锐地注意到该书的副标题 *The Poetics of Construction in Nineteeth and Twentieth Architecture* 已经在一定程度上道明了弗兰姆普敦的"tectonic"观念即"建造的诗学"（Poetics of Construction），因此它包含着两个基本内容"建造"（construction）与"诗学"（poetics）：首先，"tectonic"与"建造"（construction）有关，而建造本身通常则属于一个结构技术性的问题。但是，"tectonic"绝不仅仅是一个建造技术的问题，因为它还有"诗学"的含义，是"诗意的建造"。❶ 对于"诗学"，弗兰姆普敦曾在书中的"绪论"部分有所阐述：

"Needless to say, I am not alluding to the mere relevation of the constructional technique but rather to its expressive potential. In as much as the tectonic amounts to the poetics of construction it is art, but in this respect the artistic dimention is neither figurative nor abstract." ❷

由此，"诗学"或许可解释为"结构技术以其所具有的潜在表现力而成为艺术，不过这种艺术性既非具象艺术又非抽象的艺术可以概括。"

在对"tectonic"含义作上述解读的基础上，王骏阳教授为其中文译名的确定做了大量的考证工作，并对一些可能选项审慎的进行取舍。为此，他分析了现有的关于"tectonic"的翻译方式，包括中文的一些译法"构造"、"营造"、"构筑"与日文的译法"结构术"，认为这些翻译虽然都存在与"tectonic"含义的关联性，但也各有其不可忽略的缺陷：例如"构造"在建筑学的中文表述中已经有了特定的含义，即对应于英文的"construction"，如果作此翻译，就会造成表意上的混乱；若译为"营造"，虽然两者在含以上有"异曲同工之妙"，但"从学术翻译的角度却不能令人满意，因为这种等同中完全可能忽略和抹杀二者之间的文化内涵和差异。"❸ 此外，对于"构筑"，虽然此译法可以突出"tectonic"含义中的"construction"，但却无法表达"poetics"。对于日文的翻译方法"结构术"，但"'结构术'在中文中的理解已经与'structure'密不可分，使其难以承载更多的寓意"❹，在比较上述译法后，王骏阳教授选择"建构"作为"tectonic"的中文译名，并阐述了采纳"建构"的两条理由：其一，在上海译文出版社的《英汉大辞典》中"tectonic"的解释通常为"建筑的"、"构造的"等，"建构"可以"在字面上将二者合二为一，同时具备'建筑的'和'构造的'，甚至包括'建造的'和'结构的'等与'tectonics/tectonic'相关的基本含义。"❺ 其二，"建构"在此前的建筑学中文表述中

❶ 参见 王骏阳.解读《建构文化研究》[J].A+D 建筑与设计, 2001（1）: 71.

❷ Kenneth Frampton. *Studies in Tectonic Culture. The Poetics of Construction in Nineteenth and Twentieth Century Architecture*. The MIT Press, 1996: 2.

❸ 王骏阳《建构文化研究》译后记（上）[J].时代建筑, 2011（4）: 143.
❹ 同上。

❺ 同上。

未曾使用过，这一特征，使其有可能被赋予新的含义。

正因为如此，王骏阳教授也将这一译法视为"中文建筑学对'tectonic'翻译的一种思考和努力"❶。在经过了深入细致的辨析与考证后，"建构"作为"tectonic"中文译名逐渐深入人心，并得到了大多数学者的认可。（下文中所提到的"建构"就是作为"tectonic"的中文译名。）

2. 对于"营造"与"建构"关系的现有认识

在分析国内学者现有的关于"营造"与"建构"关系的几种认识之前，有一点需要明确的是，国内学者对于"建构"的认知，大多来源于弗兰姆普敦在《建构文化研究——论19世纪和20世纪建筑中的建造诗学》（*Studies in Tectonic Culture: The Poetics of Construction in Nineteenth and Twenties Century*）一书中所阐述的"建构"观念，这是因为，弗兰姆普敦的"建构"观念是在考察了历史上各种"建构"观念并总结出其中的共性后逐步确立起来的，这一"建构"观随着该著作进入国内并产生了巨大的影响力，而其核心内容就是上文曾提到的"建造"与"诗学"。出于这种对弗兰姆普敦"建构"观的接纳，有必要对其形成的动因有所了解，以便明确其针对性与适用范围：

"我是出自一系列原因选择强调建构形式的问题的，包括对眼下那种将建筑简化为布景（scenography）的趋势以及文丘里装饰蔽体（decorated shed）理论在全球甚嚣至上现象的反思。"❷

因此，弗兰姆普敦一再强调建筑的本质是"建构"的而非"布景"的，而如何从"建构"而非"布景"的角度去理解建筑，即是形成其"建构观"的动因。

那么，为什么国内学者会将"营造"与"建构"这两种出自不同文化背景的思想意识联系在一起并加以讨论呢？首先，随着西方建筑学相关理论越来越多的被引入国内，许多建筑学者开始反思已经盛行了多年的"布扎"体系，认为其与中国的"建筑"传统有诸多不相适应之处，一味地套用这一体系的观点去阐释中国本土"建筑"就会出现许多"张冠李戴"的现象，从而与中国建筑传统的本质相去甚远。出于这一困惑，许多学者着手研究中国建筑传统的本质究竟为何，为此，他们从古代的历史信息中寻找答案，也从近代学者的研究成果中辨明真相，于是"营造"作为承载着古代至近代已赋予了众多含义的词汇逐渐走入了他们的研究视野中。第二，"建构"作为致力于揭示建筑本质的理论倾向，它将关注重心直指"建造"这一建筑的核心内容，而摒除了对另外一些附着于其上的衍生物（例如风格）的讨论。而"营造"因其在语言使用中常见的偏意现象，在一定程度

❶ 王骏阳《建构文化研究》译后记（上）[J]. 时代建筑，2011（4）: 143.

❷ 王骏阳. 解读《建构文化研究》[J].A+D建筑与设计，2001（1）: 71.

上影响着许多学者在对其内涵进行解读时，往往多偏重于对"造"的含义的阐释，如赵辰认为"营造"指的是为建造而从事的经营之道，或者为建造之艺术，戚广平则认为"营造"指的是我们的建造传统，❶于是"建造"也被认作是中国建筑传统的核心内容，两者间关注点的共同之处，使得"建构"与"营造"被顺理成章的联系在一起。第三，国内学者希望借助西方建筑理论的一些新近成果，去丰富认识自身传统的手段与途径，而"建构"在这方面正可恰到好处的发挥作用。

❶ 戚广平.非同一性的契机——关于"建构"的现代性批判[D].同济大学：博士学位论文，2007：242.

与"建构"不同，当下国内学者对于"营造"内涵的解读，其认识来源比较多样，这里面有些出自于对近代以来前辈建筑学者研究成果的认可，也有的出自于对建筑传统中一些未被涉及之研究领域的深刻体悟。比如，就中国建筑传统中的"建造"而言，是选取古代的官式建造体系或是选取民间建造体系作为观察的对象，往往会导致对"建造"的含义作出不同的诠释（如对材料选择，构件加工，构造做法的要求等，在民间与官式建造体系中往往差异明显）。在现有的对于"营造"与"建构"关系的讨论中，赵辰教授关注的就是民间的建造体系，并将其作为中国建筑传统中最根本的内容。也有一些学者关注的是官式"建造"，如戚广平教授在其博士论文中将梁思成先生关于官式建筑的研究成果作为"营造"的基本内涵与"建构"进行比较。赵辰认为"营造"与"建构"因其共有的对于"建造"的强调而具有基本内涵间的契合性，而这也是构成他关于"土木/营造之现代性"观点的诸要素之一；戚广平则通过两者在跨文化对话时必备的一组概念中的比较，将"营造"与"建构"既互相联系，又彼此区分，以此实现在"西方现代建筑的语境中强调中国'营造'固有的特性，尤其在中国当前建筑发展过程中的'自决性'（self—determining）"。❷

❷ 戚广平.非同一性的契机——关于"建构"的现代性批判[D].同济大学：博士学位论文，2007：255.

当然，还有学者如朱涛在《"建构"的许诺与虚设——论当代中国建筑学发展中的"建构"观念》一文中直接将"建构"一词运用到对中国建筑传统的评述中，认为中国本身就拥有丰富的"建构"文化传统，这种观点实际上隐含着将"营造"等同于"建构"的认识：

"毋庸置疑，我们拥有丰厚的'建构'文化传统。它既存在于纵向的、历时数千年中国建筑结构、构造体系的发展和形制演变中，也体现在横向的从官方到民间的不同建筑形制和建造文化的共时存在中。自1920年代起，梁思成及中国营造学社的一代先驱开辟了对中国建构文化传统的研究工作。这种工作几经中断，在今天又得到了某种程度的延续。但遗憾的是，对中国'建构'传统的基础研究工作——本来可说是中国建筑历史、理论研究中最具中坚实力的部分——却从来未能催发出具有现代意义的建构文化。"❸

❸ 朱涛."建构"的许诺与虚设——论当代中国建筑学发展中的"建构"观念[C]//彭怒，王飞，王骏阳.建构理论与当代中国.上海：同济大学出版社，2012.

这种将两者完全等同起来的认识在便于人们从"建构"的角度解读中国建筑传统的同时也存在着忽视对"建构"形成之文化背景进行考量的危险性。❶

"营造"与"建构"不应等同起来但却具有关联性，这种观点在陈薇教授于 2008 年在"'材料·观念'研讨会"上的发言中得以体现，在发言中她对于中建史领域内用"建构"来替代"营造"提出了不同看法，并明确指出了两者之间存在着"从材料出发而诞生出的从做法到观念上的差异"，❷这一表述简明而有力地揭示出了两者间可以确立起关系的一个重要支点"材料"。

与之约略同时的，戚广平在其博士论文《"非同一性的契机"：关于"建构"的现代性批判》中也曾专辟一节讨论两者的关系。在文中他首先借助于其他学者的观点，确立了跨文化交流与对话中会涉及的四个概念，分别是：认可（recognition），视界（horizon），前理解（preunderstanding）和差异（difference）。在这四个概念下又分别进行了更为细致的比较位置设定，从而将"营造"与"建构"纳入到不同层面不同角度的各种关系交织起来的网络中，以从中发现两者的联系与差异。在这些比较中，两者间的"认可"的建立是"营造"与"建构"关系的基础，对此戚广平教授从"理论模型"、"学科基础"、"体系论述"三个方面分析了两者间的相似性。对于观察两者"视界"的选择，则选取了"技艺层面"、"文化层面"和"知识状况"三种角度。至于两者间的差异,则针对"建造",将"建构"的"诗意建造"与"营造"的"主客交融"，以及"建构"注重"生产程序"与"营造"注重"过程体验"进行比较。❸

在完成一系列的关于"营造"与"建构"关系的阐述后，戚广平还提出了"建构"理论对于研究中国"营造"之意义的展望，他指出"在研究中国的'营造'时，以西方的'建构'为手段的方式可以在一定程度上诠释某些被我们过去所忽视的内容，从而对重新审视中国当代的建筑学因文化和地域的差异所具有的特殊性具有一定的建设意义"，比如从"建构"的角度去阐释中国建筑传统中的某些基础的内容，可以为中国学者提供新的研究视野，并为"在普世化的文明中建立起文化特殊性的地域建筑提供建设性的手段和可选择的方式"。❹应该说，戚广平教授就"营造"和"建构"所作的若干类比在总的立论基础层面是具备了较为充分的依据的，但是，就其中个别比较方式而言却仍有可商榷之处。诸如就"建构"与"营造"各自注重者为"生产程序"以及"过程体验"的观点，则是就工业化时代的"建构"与前工业化文明中的"营造"在生产方式的特征间作出比较。这种对处于不同发展阶段间的某些特征的比较，似乎欠缺足以支撑起这一比较的充分依据。

❶ 参见王骏阳《〈建构文化研究〉译后记》（上）之"tectonics/tectonic 的中文翻译问题"中的相关论述。
❷ "材料·观念"研讨会 [J]. 建筑师，2009（3）: 75.

❸ 参见戚广平在《非同一性的契机——关于"建构"的现代性批判》第三章第二节"'营造'——作为一种'建构'的边缘性话语"中的论述。
❹ 戚广平. 非同一性的契机——关于"建构"的现代性批判 . [D]. 同济大学：博士学位论文，2007: 244.

尽管如此，作为将东西方两种知识体系"建构"与"营造"中的若干细节特征进行详尽比较的探索，戚广平教授所努力创造出的新的认识视角仍然为"营造"内涵的进一步扩充提供了更趋多样的思维途径，并且正如其所努力践行的，这些理论探索所带来的观念上的更新已经深刻地影响到了以"建造活动"为内容的教学实践之中。戚广平及其所在的同济大学基础形态学科组开展的"建造活动"教学实践，其特色主要来自于两方面，一是侧重于西方"建构"的理论部分，二是侧重于中国"营造"的实践部分。"建构"的理论部分包括："建构"的哲学研究，建构的现代性批判，建构在当代语境中的发展和探索等内容；"营造"的实践部分则主要强调主客交融、建造过程的主观体验和社会实践等方面，[1]可以说在教学中的实践，基本上涵盖了他本人关于"建构"与"营造"关系类比中的几个理论关注点。这种注重"建造活动"本身的倾向在教学以至工程实践中所引发出的热潮，会有助于将"建构"理论引入到对于"营造"内涵的再次审视中，不过将"营造"立足于实践层面似乎也突显出了对于"营造"内涵之理论层面的认知仍旧较为缺乏的现状，因此这一审视不应仅仅局限于对"营造"之技术层面的思考，而应更加深入地发掘"营造"内涵中那些既不脱离技术又不拘泥于技术的内容，以使之能够上升到理论观念的层面，进而推动"营造"真正的实现与"建构"在各个层面上的对等对话。

❶ 戚广平. 非同一性的契机——关于"建构"的现代性批判 [D].同济大学：博士学位论文, 2007: 259.

5.4.2 "营造"与"tectonic（s）"（建构）关系其他可能性的思考

在回顾国内学者现有的就"营造"与"tectonic（s）"（建构）关系的若干认识后，会发现这样一个比较突出的现象，即在对两者间关系进行阐释时，大多针对建造中的技术这部分内容，而对技术的表现力这一关乎"艺术"或"诗学"层面的内容较少提及，正如赵辰教授所提出的"营造"作为"建造之艺术"，就这一"艺术性"如何体现的问题，他本人曾在教学实践中通过具体案例有所述及，但却未进行过详细的理论阐述。因此有必要将"营造"与"建构"在"结构技术的表现力"这方面内容中存在的关系作出比较，从而使对两者间的关系的探讨更加全面。

为此，笔者试图寻找"营造"与"建构"间在这方面关系的直接证据，为达此目的，也许只有将"建构"与"营造"各自的内涵逐步地聚焦到各自体系中的某一理论知识点上。比如将"营造"视为"建造之艺术"（赵辰教授观点），其中的"营"的含义即"为了使建造中的技术实现艺术性而进行的经营或谋划"，而在"建构"理论的诸多观念中，塞克勒在《结构，建造，建构》（*structure，construction，tectonics*）一文中对"建构"含义的界定是比较为多数学者所认可的，并且直接影响了弗兰姆普敦"建构"观的形成，在文中，对于结构（structure）、建造（construction）与建构（tectonics）这三个概念，塞克勒不仅对其进行语言意义的辨析，还通过具体建筑案例将三者清晰地区分开来，并由此对"建构"作出了比较确切的定义。尤其值得注意的是，塞氏在文中从"建构"角度对与中国同源的日本建筑中的斗栱进行了评价，这或许是"建构"与"营造"的第一次正面相遇，它完全有可能成为一条揭示两者关系中涉及"技术之表现力"这一关键因素的有力线索，故此值得倍加重视。以下将对该文的整体思路与重要论点进行详细的梳理，希望从中获取"营造"与"建构"间关系存有其他可能性的启示。

1. 在"结构（structure），建造（construction），建构（tectonics）"之间

爱德华·塞克勒（Eduard F. Sekler）作为"继波提舍与森佩尔之后为数不多的关注'建构'概念的学者"[❶]，他在1957年发表的《结构，建造，建构》一文虽然篇幅不长却对当代的建构理论研究产生了极其深远的影响，著名建筑理论家弗兰姆普敦的《建构文化研究》一书的诸多观点就深受其启发。与之前的理论家所不同的是，塞克勒通过几个相关概念关系的讨论，第一个从正面定义"建构"，从而使得这个概念不再如森佩尔理论中的那样涵盖宽泛，而是意指更加明确，轮廓更加清晰，以至于今天在重温这篇文章时，仍能强烈地感到其在研究视野与分析手段等方面非同一般的开创意义。以下将着重分析结构（structure），建造（construction），建构（tectonics）三者之间产生关系的前提条件，并且就将这种关系运用于案例分析时的适用条件等进行探讨，从而试图廓清"建构"作为一种处在普遍联系条件下的概念所应具有的建筑学的自主性特征。

就"结构（structure）、建造（construction）与建构（tectonics）"三者，塞克勒开篇即指出其"关系密切，但又截然不同。"对此塞氏接下来有明确的表述："结构通过建造得以实现，并且通过建构获得视觉表现。"此处"建构"的意义仿佛是一种为了实现"结构"视觉表现的行为过程而非与结构并列起来的目的，并且建构作为结构的视觉表现方式，其表现方式是否一定与结构自身的形态相一致，两者之间是否可以割裂开来，或者说建构是否可以脱离结构而独立存在呢？结构、建造、建构三者之间的关系究竟是怎样的？这些问题都将在下文进行着重讨论。

塞克勒对建构定义为："当某一结构概念经由建造得以实施，其视觉效果会通过一定表现性的品质影响我们，这样的品质显然与力的作用及建筑构件的相应安排有关，可是又不能仅仅用建造或结构进行描述。这类品质表现形式与受力之间的关系，对于它们而言，建构这个术语正有用武之地。"[❷]（按：相关表述亦可参见 Eduard Sekler defined the tectonic

❶ 王骏阳.解读《建构文化研究》[J].A+D建筑与设计，2001（1）：73.

❷ [美]塞克勒 著.结构，建造，建构 [J].凌琳 译.王骏阳 校.时代建筑，2009（2）：101.

as a certain expressivity arising from the statical resistance of constructional form in such a way that the resultant expression could not be accounted for in terms of structure and construction alone. 引自 K.Frampton，*Studies in Tectonic Culture*）可见，塞氏的"建构"概念是建立在与结构、建造两者关系的基础上的，并非来自于约定俗成的惯常表述。

此外，在讨论三者关系前需要明确的是，关于"建构"，塞克勒并没有局限于"tectonics"的初始意义，而是更多地借鉴了"建筑移情"的相关理论："移情是海因里希·沃尔夫林在其早年对建筑和艺术作品的杰出分析中运用的一个概念，后人对该问题的论述大多得益于此。沃尔夫林1886年完成的论文用了'建筑心理学导论'这样一个重要的标题，他在该论文中提出，建构是建筑移情的一种特殊表现形式。"❶可见对于塞氏来说，"建构"的意义在很大程度上是建立于"建筑移情"的理论上的。认识到这一点，对分析三者之间的关系十分必要。

❶[美]塞克勒 著.结构，建造，建构[J].凌琳译.王骏阳 校.时代建筑，2009（2）：101.

1）关于"结构、建造、建构"三个概念的组合类型

在《结构，建造，建构》一文中，塞克勒关于"三个概念丰富有趣的新组合"大致有以下几种：

（1）"建造违背结构原理，因为正如早期文明的案例显示的，适合于柔性材料的建筑形式被转化到砖石建筑中。""但真正重要的是建构的表述：庄严的姿态将力量间的作用、梁柱间的荷载与支撑关系呈现在人们的面前，唤起我们的移情体验。"❷相应案例：古希腊多立克神庙虽然从结构的眼光看不尽合理，但建造精良，建构表达了源自结构形式的静力学美感。

❷同上：102.
❸同上。

（2）"力的作用被表现的极具戏剧性，并且直接诉诸于移情效应。"❸相应案例：哥特教堂建造精良，但建构与结构并不完全是一回事。

（3）结构、建造和建构三者差异显著。相应案例：伊斯法罕的礼拜五清真寺西侧门廊。

❹同上。
❺同上。
❻同上。

（4）"刻意模糊不清的建构表现，使观者惊诧地感到跨度巨大的实体似乎不费吹灰之力就凌驾在空中。"❹相应案例：拜占庭教堂。

（5）"借助故意混淆视听的反建构形式来否定建构的做法，比如手法主义建筑。"❺

（6）建构上的夸大其词（tectonic overstatement），❻相应案例：日本纪念性建筑上繁琐的斗栱。

❼[美]塞克勒 著.结构，建造，建构[J].凌琳译.王骏阳 校.时代建筑，2009（2）：102.

（7）一些为数不多的建筑案例，结构原理的实施近乎完美，建造合理有效，同时兼具清晰直白的建构表现。❼相应案例：奈尔维的都灵展览馆。

然而，如果对上述类型仔细分析，则会发现塞克勒总结的这几种情况之间的界限并非如此的泾渭分明。因此，塞克勒关于三者关系的论述同样可以用他自己的话说"是富有硕果，但仍不够完善"，而有待于继续作深

入的探索。

2）"结构、建造、建构"三者关系的分析

（1）关于把"结构、建造、建构"三者联系起来讨论的方式是否合理

对这个问题可以从两方面着手讨论：第一，从文中探寻塞克勒将其联系在一起的理由；第二，如果这三者的联系是普遍存在的话，那么抛开上述理由，仅就普遍意义中的三者而言，它们是否应该联系起来讨论。

①在文中所阐述的将"结构、建造、建构"三者联系起来讨论的理由，大致有以下几点：

第一，语言文字对于建筑及艺术创作的作用：塞克勒指出艺术创作离不开一定原则的指导，而这些原则本身是概念的而非视觉性的（按：同样地，艺术评论也需要遵守一定的概念型原则）。

第二，口语中三者的模糊使用，使得在建筑批评时，有必要提高书面表达中的精确性：口语中的"结构"和"建造"在意义上混淆不清，而"建构"则很少被提起。比如时而说建筑是一种结构，时而又说建筑是一种建造，而并不在意两者的区别。在建筑批评中，语言文字的精确性对于提高文字的有效性——即"如实的反映事实和体验的状态"非常重要，所以如口语的那样松散和不确定的表达是不能被接受的。

第三，此前学者对其讨论的成果与不足：卡尔·波提舍（Karl Bötticher）与森佩尔认为"建构"的关键问题在于建筑的最终且富于表现力的形式与诞生于技术及建造必然性的原型之间的关系，由此展开的讨论是富有成果但并不完善的。沃尔夫林将"移情"概念与"建构"联系起来及此后杰弗瑞·司各特进一步直白的阐述，并且清晰地令人信服地辨析了"建造"与"建构"这两个概念，不过却未能同样的辨析"建造"与"结构"。

第四，单独讨论"建构"概念的孤立与片面：以分析为目的批评行为无论选择哪个话题，都是在孤立的看待问题。单纯从建构的角度谈论建筑就像单纯从空间的角度谈论建筑一样片面。……建筑批评也应该朝着把建筑体验作为一个整体进行阐释的方向前进。

②如果抛开上述理由所处的时代背景，仅就泛义的"结构"、"建构"与"建造"三个概念而言，将其联系起来进行讨论的方式是否合理？

首先，"建造（construction）"表示的是过程，而塞氏文中所研究的"结构（structure）"与"建构（tectonics）"是作为结果呈现的，即实为"visual outcome of structure"与"visual outcome of tectonics"。显然三者并不在一个层面上，具有先后顺序，如果就更完整的过程来看，正如文中所提及的"结构（structure）"与"建构（tectonics）"还存在着先于建造的概念阶段，即"concept of structure"与"concept of tectonics"，只有当"concept of tectonics"与"visual outcome of tectonics"一致，即作为建筑师的自主性

表达而并非仅仅出自观察者的判断时，关于"建构"的讨论才更有针对意义。

其次，"建造"（construction）的对象是什么，是"结构"还是"建构"？在《结构，建造，建构》一文中，塞克勒进行了"建造"与"结构"意义的辨析："建造（construction）的内涵指向某种有意识组织在一起的事物，而结构（structure）所指的组成部分之间的秩序安排则有更为广泛的意义。"然而，事实上英文的"construction"与"structure"显然是同一词根产生的不同形式，两者的意义同源，这就是为什么在塞氏文中提到在口语中两者之间区别模糊的真正原因。事实上，两者的差异并非如塞氏所进行的上述辨析，而更重在词性上的差异，具体地说，前者就过程而言，后者就结果而言，前者是"construct"的名词形式而非"to construct"的结果，是具有动词意味的名词，后者正是"to construct"的结果而非"to structure"的结果，不具有动词的意味。明确这一点，才能不致于陷入某种事先预设的想当然的思维模式中而难以自拔 [按：如果根据文中的表述"精巧实施（mastery of execution）与'建造'对应，'技术知识'与'结构'相关"就比较容易理解了]。

如该文中所述，既然"结构通过建造得以实现"，即"construction"对应于"structure"，那么对应于"建构"的形成过程又应该使用哪些具有动词意味的名词呢？结合文中所列案例，这里面可分为两种情况，一种是当建构作为表现形式与结构的本来面目融合一致时，"tectonics"与"structure"是同时作为"construction"的结果的。另一种情况，如果建构形式是与结构相异的状况呢？那么，"tectonics"就不再是"construction"的结果了，而要根据不同的"tectonics"的形成方式采用更加有针对性的具有动词意味的词汇对应之，其意义也不仅限于"construction"式的建造，还可以包括"ornamentation""decoration""fabrication""engraving""weaving"等，其中的一种具体方式可以在伊斯法罕的礼拜五清真寺西侧门廊中找到，在这个案例中，好的建造（construction）可以使结构设计得到合理实现，与此同时另一种好的建造（例如"fabrication"）则使建构的意图得到清晰的表达。

再者，"结构""建构"与"建造"各自的主导者：塞氏文中在表述三者各自的主导者时指出："建筑师未必可以如愿以偿地全面掌控结构和建造的条件，然而他能够无可争辩的成为建构表现的大师。在这一点上，他可以用他自己的语言进行演绎，他的个性和艺术特征也可以得到充分展现。"❶ 很明确，这就是文中要强调的"建构最具有建筑学意义上的自主性"。然而，无论古今中外，除去个别身兼数职的非凡人物，建筑师所具有的建构表现的自主性，个性与艺术特征的展现，都是受到种种限制的。在古代的专业分工状态下，建筑师与结构工程师的任务并无显著区别，通常由一

❶ [美] 塞克勒 著 . 结构，建造，建构 [J]. 凌琳 译 . 王骏阳 校 . 时代建筑，2009（2）：103.

人承担，即"结构"与"建构"的设计工作，而"结构"与"建构"的实现则还需要良好的建造，即施工者的参与。在现代专业分工的一般状况下，"建构"的设计取决于建筑师，"结构"的设计取决于工程师，"结构"的实现——即"建造"（construction）的过程多依赖于建筑师、工程师与施工人员者的配合，而"建构"的实现并不总是以建筑师的主观意愿为决定因素的，其形成过程有时需要工艺美术人员的参与，而最终"移情"的产生（比如处在时代隔膜中的今人对待古代建筑的评价）还可能受到评论者知识背景、洞察能力与解读视角的影响。比如，塞克勒所谓的日本纪念性建筑中"繁琐的斗栱"是"建构上的夸大其词"则多是从旁观者角度出发作出的评述，这种评述囿于时代的隔膜，文化的差异等，通常很可能是不完善，不全面的。

综上所述，"结构（structure）"、"建造（construction）"与"建构（tectonics）"三者之间既不在同一层面上，其关系也并非简单对应，在形成建筑物过程的任一阶段中，三者都无法同时呈现。如果不增加新的要素，比如针对于建构形成行为的要素，就不宜简单的不附加任何前提条件的并列起来进行讨论。

（2）关于"结构"与"建构"两者联系在一起的条件

如果"结构"与"建构"作为建筑完成状态下的要素是可以并列起来讨论的话，那么根据该文所举案例，它们之间的关系可以有如下几种：

①"结构"与"建构"是彼此分离的不同事物，这种关系正如文中指出的勒·柯布西耶一系列作品中的混凝土支撑结构所产生的建构表现，虽不能单纯用结构或建造的理由来解释，但也并非违反了结构逻辑。

②"建构"是基于"结构"（structure）体系的一种表现方式，与结构不可分离却呈现不同的形象，如伊斯法罕的礼拜五清真寺西侧门廊的正面与背面。

③"建构"是"结构"体系的直接体现，两者融合一致。建筑师兼具结构工程师的职责，奈尔维的都灵展览馆即是一例。

可见，如果"建构"是基于"结构"体系的表达方式的话（无论两者的呈现形式是否一致），那么两者结合在一起的讨论才具有针对性。反之若"建构"可以脱离"结构"而存在，或者说"建构"与"结构"是两种彼此独立的体系（比如森佩尔织物理论中的"建构"观）的话，那么是否需要联系在一起，换言之是否应该进行彼此独立的讨论就值得商榷了。甚至可以做如下的推想，脱离了"结构"的"建构"还是名副其实的吗？故此，作为两者联系在一起的条件，可以大致总结出如下两点：第一，"建构"不能脱离"结构"而独立存在。第二，"建构"应是建筑师（或承担建筑师职责者——针对古代状况而言）的自主性表达而非评述者的主观判断。

3）关于塞氏文中案例分析的几个商榷之处

（1）关于伊斯法罕的礼拜五清真寺西侧门廊：

就此案例塞克勒表述如下："站在庭院中间，面对它的门廊（liwan）——一个高大的拱顶凹龛——其结构原理一目了然：拱券和拱顶壮观的组合在一起，完全可与哥特教堂相媲美，然而它的建构表现却截然不同。它的建构性不仅在于尺度巨大的拱券，而且在于勾勒拱券轮廓的马赛克饰面的几何形态，还有它的拱顶，仿佛从拱腹悬挂下来，而非它的支撑结构。然而真正令人震撼的是，绕到同一个门廊的背面，建造的世界——一个砖拱和扶壁的组合——突然间变得一览无余，与正面的建构表现大异奇趣。"❶

❶ [美] 塞克勒著. 结构，建造，建构 [J]. 凌琳 译. 王骏阳 校. 时代建筑，2009（2）：102.

对于这座建筑来说塞氏从"建造、结构与建构"三个方面进行分析是恰当的，但问题就在于此例中什么是"结构"？从门廊的正面能体现出结构原理的一目了然吗？事实上，门廊的正面是"建构"的表现，背面是"结构"体系的真实状况，而"建构"是以"结构"为基础的，不过其外观与结构迥然相异。而塞氏所言的正面一目了然的结构原理，实际上应该是另一种可称为"结构"的体系，这里暂且采用"fabric"来表述这种"结构"。为什么用"fabric"区别于"structure"呢？因为前者作为建筑的一部分是不承担建筑主体受力的"结构"，后者则是建筑的主体"结构"。换言之，作为建筑的组成部分前者就其自身而言是一种结构，而后者的结构是就整座建筑而言的，而一旦离开"structure"，"fabric"是不能独立存在的。与此相应的，在此例中"建造"也应以两个词来分别针对这两种"结构"，"construction"对应于"structure"，而"fabrication"对应于"fabric"。

此外，在此例中关于结构与建造的两对概念间，不仅存在着上述的对应关系，还存在着彼此之间的逻辑关系，即此建造（fabriction）是彼建造（construction）的目的，此结构（fabric）是以彼结构（structure）为基础才能实现的。认清了这样的关系，就能更明确两个要点：第一，我们所研究的"建构"应该是在建筑师高度自主性的表现，是有意而为的，而并非仅仅出自观察者视角的移情体验，所以虽然"建构"能产生移情效应，但如果脱离了"建筑师的自主性表达"这个前提，移情仍然能够不依赖建构而产生（比如文中对希腊神庙与哥特教堂的描述，是具有鲜明的主观感情色彩的），换句话说，建构并不总是导致移情的基础因素；第二，建构（tectonics）应该是与结构（structure）密不可分的，不能脱离其所依赖的结构（structure）而独立存在（图 5-3、图 5-4）。

由此可见，上述两点使人认识到，此例中建筑师有意进行"建构"表现的是门廊的正面而非背面，而塞氏同样进行了与此相应的设身处地式的观察，这是很重要的，其意义就在于，假使抛开上述两点，脱离具体的语

图5-3　伊斯法罕的礼拜五清真寺西侧门廊正面
图片出处：[美]塞克勒.结构，建造，建构[J].
凌琳译.王骏阳校.时代建筑.2009（2）.

图5-4　伊斯法罕的礼拜五清真寺西侧门廊背面
图片出处：[美]塞克勒.结构，建造，建构[J].凌琳译.王
骏阳校.时代建筑.2009（2）.

境（时代的、文化条件下的自主性表达），仅就如观察着的视角而言，门廊背面的结构同样可以呈现出条理清晰、逻辑分明等建构的美感。甚至我们可以做如下的推想，如果门廊背面的结构体是不可见的话，那么塞氏是否会作出与诸如文中给予拜占庭教堂同样的评价呢？

（2）关于日本纪念性建筑中"繁琐的斗栱"是"建构上的夸大其词"：

由于塞氏并未援引具体例子，故而需要对此处文意进行分析，首先，必须明确"繁琐的斗栱"的文意究竟为何？这里可以有两种理解：第一种，即斗栱本身就是一种很繁琐的结构形式，合理的建构表达应该采用其他的比如梁柱直接交接的方式。第二种，即塞克勒所言说者为斗栱中比较繁琐的一种形式，合理的建构表达应该采用较为简洁的斗栱形式。上述两者哪一个更符合原笔原意，据笔者个人推断，或许前者可能性更大。原因在于，鉴于塞克勒的文化背景，在其笔下的日本建筑中的"繁琐的斗栱"若与中国建筑中斗栱形式的丰富多样性相比，可能根本谈不上繁琐，反而不过是斗栱诸形式中较为普通的一种。同样的，鉴于此处塞氏并未直接援引实例进行论述，故在此有必要列举若干例证，并深入到斗栱组成部分的一些细节中，来讨论是否如真塞氏所言为"建构上的夸大其词"。由于中、日建筑在斗栱构造做法上的亲缘关系，故此可将中国建筑中几种类型的斜栱为对象进行分析，而之所以选取斜栱，原因在于与普通斗栱相比，其形式显得更为"繁琐"，且所承担的结构作用也不尽相同。

"结构的过度表达"——里外跳布局对称的斜栱形式：

以平遥镇国寺天王殿当心间补间铺作的所见之斜栱为例，自栌斗外

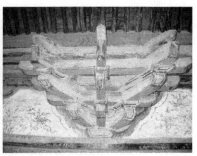

图 5-5　平遥镇国寺天王殿当心间补间铺作　　　　　图 5-6　平遥镇国寺天王殿当心间补间铺作后尾
图片出处：笔者拍摄　　　　　　　　　　　　　　　　图片出处：笔者拍摄

　　侧出三缝斗栱，正面一缝，左右斜栱各一缝。斜栱为五铺作双下昂，第一跳斜昂上，施瓜子栱，慢栱及罗汉枋各一层，第二跳斜昂上施令栱、橑檐枋、散斗、通长替木以承橑风槫。令栱与下层耍头相交，橑檐枋与上层耍头相交。具有特点的是，由于最外跳之令栱要与三个耍头相交，所以特长，从艺术角度出发，将其隐刻为三栱交手连隐式，避免了特长令栱单调乏味的形式。栌斗内侧系外侧斜栱与正心栱之后尾，不同之处在于斜栱为双抄，耍头形式则同外侧做法。在布局上斜栱在内外对称，在结构上起着支撑檐部重量，使得内外受力平衡的作用，并且其荷重分布较普通斗栱更为安全，是健全完整之结构，而且这两缝斜栱为橑檐枋增加了两个支座，从而减小了其底部受剪切作用的危险。在视觉表达上，外侧为双下昂，斫为昂形，里侧为双抄，为栱形。由此可见要表达的重点在外而不在内，外侧作昂形是为了唤起与早期真昂受力形象相近的视觉感受，表现出"飞昂鸟踊"一般振翅欲飞的动态与力量，而里侧则因室内光线效果等因素的限制，并无此意图。从"结构"与"建构"的关系来看，外跳是作为视觉表达的"建构"，里跳则展示出真实的结构，里外虽形象不同但实为统一之整体（图 5-5、图 5-6）。

　　这种"繁琐的斗栱"至多可因下昂的斫削等艺术处理程度之繁简而称为"结构的过度表达"而并非"建构的过度表达"，因为它与结构密不可分，而所谓的"过度表达"之处正是为了呈现出一种视觉品质。当然，要让这种表达方式使处在不同文化背景的人产生同样的移情效应似乎是强人所难的，这是设计匠心与视觉效果之间的偏差，不必苛求观点的一致，相反塞氏的判断不仅可作为一面镜子促使我们重新认识自身，更重要的是为我们提供了可资借鉴的方法。

　　"建构的过度表达"——里外跳布局不对称的斜栱形式：

　　对于这种类型从两处实例着手分析，第一例，是大同善化寺大雄宝殿次间补间铺作：仅于外侧出四十五度斜栱，其后尾并未延长于栌斗之后，呈现出内外不对称的布局，故外跳的两缝斜栱本身的结构机能已呈现衰退的态势，可能仅是出于为承托枋木增加支座的作用，且本身艺术形象不尽鲜明，故在视觉表达上可以说是一种"建构的过度表达"（图 5-7）。

第二例，善化寺三圣殿次间补间铺作：除正心出三抄外，自栌斗起在四十五度斜线左右各出斜栱三跳，而且在第一跳华栱跳头上左右各出四十五度斜栱两跳，在第二跳华栱跳头上左右亦各出四十五度斜栱一跳，在一组斗栱中，斜栱数目之多，层次之丰富为同时期罕见。对此，在刘敦桢先生、梁思成先生的《大同古建筑调查报告》中对此有过精辟的论述："……斜栱之用，亦见于善化寺大雄宝殿及普贤阁，然未有如此殿之累赘者。此庞大笨拙之斗栱，位于阑额之正中，匪特不足助檐部之支出，且其自身之重量，已使阑额有不胜任之虞，在结构上殊不合理。"[1] "此繁琐笨重之斗栱，既无美感可言，而徒增其本身重量，使阑额下垂，在结构上既不合理。"[2] 事实上不仅是结构的堕落，由于外侧斜栱的繁琐形式与次间的地位不相符合，在视觉表达上主次详略失当，"无美感可言"，故而其外侧的斜栱正是塞氏的所言的"建构上的夸大其词"了。所以，以上几个例子不过仅就斗栱众形式之一种——斜栱而言，对于其他的诸多类型，同样需要针对具体实例探索细部，相互比较，不能以偏盖全的作出结论（图 5-8）。

（3）关于密斯高层建筑的角部做法是否为"建构"表达

对于密斯在高层建筑中的角部做法，王骏阳教授在《从密斯的巴塞罗那馆看个案作品的建构分析与西建史教学的关系》一文中指出："在高层建筑中，由于钢结构的直接表现受到防火规范的限制，所以密斯的结构表现更多的是再现性的。"[3] 在这里"建构"与"结构"的关系变得不那么密切，"在很大程度上并非出于结构或建造的需要，"[4]"纯精神创造"的成分占了很大的比重。那么"建构"概念意义是否也因此产生了偏移，成为泛指的"能产生移情的视觉呈现之道"了呢？因为它与塞氏之前所述的建构是作为使结构获得视觉表现而存在的观点差异明显，此处，塞氏仿佛并未将自己定义的概念一以贯之，而概念一旦失去了具体的适用条件与针对性，那么自身也将走向消解（图 5-9）。

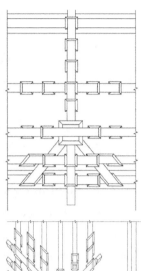

图 5-7 善化寺大雄宝殿次间补间铺作平面
图片出处：笔者摹绘自梁思成，刘敦桢.大同古建筑调查报告[M]//梁思成.梁思成全集（第二卷）.北京：中国建筑工业出版社，2001.

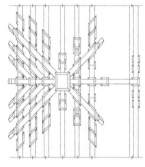

图 5-8 善化寺三圣殿次间补间铺作平面
图片出处：笔者摹绘自梁思成，刘敦桢.大同古建筑调查报告[M]//梁思成.梁思成全集（第二卷）.北京：中国建筑工业出版社，2001.

[1] 梁思成，刘敦桢.大同古建筑调查报告[M]//梁思成.梁思成全集（第二卷）.北京：中国建筑工业出版社，2001：136.
[2] 同上：163.
[3] 王骏阳.从密斯的巴塞罗那馆看个案作品的建构分析与西建史教学的关系[J].建筑师，2008（2）：54.
[4][美]塞克勒 著.结构，建造，建构[J].凌琳译.王骏阳 校.时代建筑，2009（2））：103.

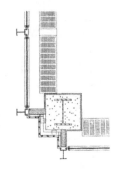

图 5-9　西格拉姆大厦角柱的本
体与再现图片出处：王骏阳.从
密斯的巴塞罗那馆看个案作品
的建构分析与西建史教学的关系
[J].建筑师，2008（2）.

❶[美] 塞克勒著.结构，建
造，建构 [J]. 凌琳 译 . 王
骏阳 校 . 时代建筑，2009
（2）：103.

通过对上述问题的讨论，笔者个人认为塞氏《结构，建造，建构》一文的不足之处在于：第一，未就"建造、结构、建构"三者联系在一起的前提条件进行分析。第二，关于"建构表达"（建筑师主导）与"移情产生"（同时依赖于观察着）之间的关系，实际上存在着立场与视角的不同，而这种差异在文中没有予以强调而显得比较模糊，导致了一些主观色彩较浓厚的判断（比如对日本纪念性建筑中斗栱的评价）。

不过，相对于不足之处，塞克勒所开创的研究方法所具有的积极意义更加显著，主要在于以下两点：

首先，正如《结构，建造，建构》文末所指出的，"单纯从建构的角度谈论建筑就像单纯从空间的角度谈论建筑一样片面"，❶只有把"建构"及其相关的概念（建造、结构等）联系起来，并且自始至终的使其处在这种普遍的联系之中，所作的讨论才能更有针对性，"建构"作为一个概念其意义才能更加鲜明，这种方法是与其他一些孤立的、片面的以至于无所不包式的"建构"分析所不同的，并且也优于通过从确立所谓"反建构"的概念进而确立"建构"概念的方式，沿着这条道路深入下去才能有更进一步的认识。第二，在建筑案例的评论中，提出词汇运用的精确性对于"如实地反映事实和体验的状态"具有重要的意义。第三，在分析具体案例时，并没有受制于某些经典理论家对"建构"观念的界定，比如即便是引入了沃尔夫林等人的移情观念的同时却并未引入其产生的机制，而是把"建构"作为普遍适用的"建筑师的视觉呈现方式"，进行了跨文化、跨地域的讨论，从而使得"建构"能够超越 19 世纪德国相关理论的局限，获得更为广泛地推广。这一点对后来者的研究特别是弗兰姆普敦影响很大。

以上就是塞克勒把"结构、建造、建构"这三个概念联系起来进行类比分析的开创意义所在，这一意义并不因某些缺憾而显得黯淡，相反由于它的开敞性与可持续性从而为后来者的研究奠定了坚实的基础。

2."营造"作为进一步联系"结构（structure），建造（construction），建构（tectonics）"关系的纽带

通过以上对于塞克勒所论述之"structure、construction、tectonics"三者关系的分析发现，"structure"与"tectonics"是作为制造之成果的要素，前者可视为"制造的物品"，后者可视为"制造的形象"，而"construction"就是制造物品的过程。那么如果要形成一个完整的意义链条，三者之间尚缺少一个表征制造形象过程——即"建构"形成过程的观念要素，此处"营造"正可作为这一要素发挥其用武之地。

作为"建造之艺术"的"营造"，其与"结构、建造、建构"三者的关系，可以表述如下：与"construction"仅仅对应于"structure"不同，"营造"作为一个表征建造过程的观念，不仅对应于"structure"的形成同时对应于"tectonics"的形成，也就是说，对于中国古代的"营造"而言，"结构"与"建构"通常是在建造过程中一体化考虑的，这一点可以通过研究《营造法式》的大木作制度得到有力的印证。

在此特别值得一提的是，关于西方建筑中的"建构"表达与中国"营造"之间关系的讨论，实际上早在营造学社时期前辈学者的研究论著中已经有所涉及，如在梁思成先生的《蓟县独乐寺观音阁山门考》一文中，他就曾敏锐地注意到了古希腊建筑与中国古代建筑在结构构件艺术表现力上的相似之处：

"梁横断面之比例既如上述，其美观亦有宜注意之点，即梁之上下边微有卷杀，使梁之腹部微微凸出。此制于梁之力量，固无大影响，然足以去其机械的直线，而代以圆和之曲线，皆当时大匠苦心构思之结果，吾侪不宜忽略视之。希腊雅典之帕提农神庙亦有类似此种之微妙手法，以柔济刚，古有名训。乃至上文所述侧脚，亦希腊制度所有，岂吾祖先得之自西方先哲耶？"❶

❶ 梁思成. 梁思成全集（第一卷）[M]. 北京：中国建筑工业出版社，2001：188.

只是囿于当年的时代背景，这一讨论尚未被纳入到"建构"理论的视野下，然而尽管如此，这一东西方建筑细节上的类比仍可视为是足以在"建构"与"营造"间建立起关系的理论肇始，而这种施之于构件的"卷杀"做法，在刘敦桢先生主编的《中国古代建筑史》一书中所总结的《营造法式》的几个特点之一就是"装饰与结构的统一"：

"……柱、梁、斗栱等构件在规定它们在结构上需要的大小和构造方法的同时，也规定了它们的艺术加工的方法。这种加工往往采用准确的几何方法而取得。例如柱、梁、斗栱、椽头等构件的轮廓和曲线，就是用'卷杀'的方法进行制作的。充分利用结构构件，加以适当的艺术加工，从而发挥其装饰效果，这是中国古代木构架建筑的特征之一，在《营造法式》中充分反映出来。"❷

❷ 刘敦桢. 中国古代建筑史 [M]. 北京：中国建筑工业出版社，1984：244.

上述的"装饰效果"能否被看作是塞克勒的"建构"概念，关键是要分析其是否满足塞氏"建构"概念的一个基本要素，即这种视觉表达方式是否与力的作用有关，或者进一步说，是否能展现出构件本身的受力形象。在弗兰姆普敦《建构文化研究》中对于塞克勒"建构"概念的注释里，曾引用了斯坦福·安德森（Stanford Anderson）的一段话：

the tectonics referred "not just to the activity of making the materially requisite construction that answers certain needs, but rather to the activity that raises this construction to an art form." In this formulation the "functionally adequate form must be adapted so as to give expression to its function. The sense of bearing provided by the entasis of Greek columns became the touchstone of the concept Tektonik." ❶

❶（美）肯尼斯·弗兰姆普敦.建构文化研究[M].王骏阳 译.北京：中国建筑工业出版社，2007：31.

其中明确地指出了"希腊柱式中的收分线所提供的承载感就是'建构'概念的试金石。"由此出发，通过对《营造法式》的"大木作制度"中相关构件艺术加工方式的分析，来判断其"装饰效果"是否具有建构表达的意义。

3. 探寻《营造法式》中的"建构"观

1）《营造法式》卷第一"总释上"

《营造法式》卷一"总释"为李诫"考阅旧章"所总结的各类文献中的关于建筑物类型及其组成部分的叙述，其中在"飞昂"条目下，引用了《景福殿赋》中"飞昂鸟踊"的描述，在"梁"条目下，又引用了《西都赋》中"抗应龙之虹梁"的描述。这种结构构件的受力状态与艺术形象间的吻合所产生的"建构"表达，通过比较重文采而又长于铺陈渲染的赋体一类文学形式得到提升，而对于具有一定文学修养的观察着也会产生更加显著的情感传递，也就是所谓唤起"移情"的体验。而这些构件究竟如何在制作、安装的过程中既能满足结构机能又能产生建构表达，则需要通过分析"大木作制度"中构件的相关做法有所了解。

2）《营造法式》卷第四"大木作制度一"

昂：

"一曰下昂：自上一材，垂尖向下，从枓底心取直，其长二十三分°（自昂身上彻屋内）。自枓外斜杀向下，留厚二分°；昂面中䫜二分°，令䫜势圜和。（亦有于昂面上随"䫜"䫜加一分°，讹杀至两棱者，谓之琴面昂；亦有自枓外斜杀至尖者，其昂面平直，谓之批竹昂）。" ❷

❷梁思成.梁思成全集（第七卷）[M].北京：中国建筑工业出版社，2001：92.

对于下昂的结构作用与艺术形象，梁思成先生曾专门作出阐释：

"下昂是很长的构件，昂头从跳头起，还加上昂尖（清式称昂嘴），斜垂向下；昂身后半向上斜伸，亦称挑斡。昂尖和挑斡，经过稍许艺术加工，

图 5-10　琴面昂（平遥文庙大殿）
图片出处：笔者拍摄

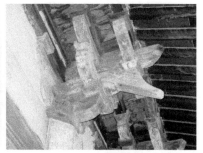

图 5-11　琴面昂（少林寺初祖庵大殿）
图片出处：笔者拍摄

都具有高度装饰效果。从一组斗栱受力的角度来分析，下昂成为一条杠杆，巧妙的使挑檐的重量与屋面及槫、梁的重量相平衡。从构造上看，昂还解决了华栱出跳与斜屋面的矛盾，减少了里跳华栱出跳的层数。"❶

　　从建构表达角度分析，琴面昂的形象产生出反翘向上的动势，体现出其受力状态可能产生的一种趋势，昂身在外者承受挑檐的荷载，昂身在内者承受屋面的荷载，作为一条保持内外受力平衡的杠杆，从一般观察者的错觉分析，室内荷载大于挑檐的荷载，而一旦平衡打破，那么这条杠杆外端必然向上翘起，琴面昂的反翘形象正是符合了这种错觉意识（图 5-10、图 5-11）。

　　斗：

　　"造斗之制有四：一曰栌斗。施之于柱头，其长与广，皆三十二分°。若施于角柱之上者，方三十六分°。（若造圆斗，则面径三十六分°，底径二十八分°）。高二十分°，上八分°为耳，中四分°为平，下八分°为㪩，开口广十分°，深八分°。（出跳则十字开口，四耳；如不出跳则顺身开口，两耳。）底四面各杀四分°，㪩颐一分°。……二曰交互斗……三曰齐心斗……四曰散斗……凡交互斗、齐心斗、散斗，皆高十分°，上四分°为耳，中二分°为平，下四分°为㪩。开口皆广十分°，深四分°。底面各杀二分°，㪩颐半分°"❷

　　关于栌斗、交互斗、齐心斗与散斗之"㪩颐"的建构表达，栌斗底四面各杀四分°，㪩颐一分°，交互斗、齐心斗、散斗底面各杀二分°，㪩颐半分°，这种艺术处理上的差异，表明了处在不同结构地位的构件在受力作用上的差异。显而易见，栌斗承载负荷大于交互斗、齐心斗、散斗等，所以前者㪩颐更显著，这也是"建构"的表达方式。此外，若联系到明清时期的坐斗、槽升子、十八斗、三材升等普遍斗底无颐的状况，也能体现出较之与唐宋，明清时期的斗在承载负荷作用上的显著下降（图 5-12、图 5-13）。

❶ 梁思成 . 梁思成全集（第七卷）[M]. 北京：中国建筑工业出版社，2001：92.

❷ 梁思成 . 梁思成全集（第七卷）[M]. 北京：中国建筑工业出版社，2001：92.

图 5-12 栌斗 "敵颁"（平遥文庙大殿）
图片出处：笔者拍摄

图 5-13 栌斗 "敵颁"（少林寺初祖庵大殿）
图片出处：笔者拍摄

梁：

"造月梁之制：明栿，其广四十二分°。（如彻上明造，其乳栿、三椽
栿各广四十二分°，四椽栿广五十分°，五椽栿广五十五分°，六椽栿以上并
六十分°止）梁首（谓出跳者）不以大小从，下高二十一分°。其上余材，
自科里平之上，随其高匀分作六分；其上以六瓣卷杀，每瓣长十分°。其梁
下当中颉六分°。自科心下量三十八分°为斜项（如下两跳者长六十八分°）。
斜项外，其下起颉，以六瓣卷杀，每瓣长十分°；第六瓣尽处下颉五分°。
（去三分°，留二分°作琴面，自第六瓣尽处渐起至心，又加高一分°，令颉
势圆和）梁尾（谓入柱者）上背下颉，皆以五瓣卷杀。余并同梁首之制。……
梁底面厚二十五分°。其项（入斗口处）厚十分°。科口外肩各以四瓣卷杀，
每瓣长十分°。" [1]

对于月梁，梁思成先生曾作如下注释：

"月梁是经过艺术加工的梁。凡有平棊的殿堂,月梁都露明在平棊之下,
除负荷平棊的荷载外,别无负荷。平棊以上,另施草栿负荷屋盖的重量。
如彻上明造,则月梁亦负屋盖之重。" [2]

关于月梁的形象，从"建构"表达的角度分析，在室内"彻上明造"
时，乳栿、三椽栿、四椽栿及更大跨度的梁栿均作月梁形式，由于月梁的
各部分的卷杀处理，产生了两端低，中间拱起的形象，如实的反映出了受
力的状态。在室内施平棊时，明栿与草栿在形象上的差异，虽然草栿不可
见，无需艺术加工，但明栿负荷远小于草栿，而艺术形象上却做夸张的处
理，这是一种出于夸大构件承载作用的建构上的"夸大其辞"，不过却符
合了通常状态下心理上的错觉，即在一组梁架的最下端者负荷理应最大，
这大概就是《营造法式》并没有将殿阁与厅堂两种结构体系中的月梁艺术

❶ 梁思成. 梁思成全集（第
七卷）[M]. 北京：中国建筑
工业出版社，2001：124.

❷ 同上：126.

图 5-14　五台山佛光寺大殿月梁
图片出处：笔者拍摄

加工方式作出明确区分的原因所在（图 5-14）。此外，通过分析关于梁表面不许剜刻的规定："如方木大，不得裁剪，即于广厚加之。……如月梁狭，即上加缴背，下贴两颊，不得剜刻梁面。"并结合上述月梁各部分"卷杀"的规定可以认识到，"卷杀"并没有减少构件自身承重所需要的断面大小，故此更加证明了对月梁的艺术处理在突出视觉表达的同时并未损害材料本身的机能。

柱：

"凡杀梭柱之法：随柱之长，分为三份，上一份又分为三份，如栱卷杀，渐收至上径比栌枓四周各出四分°；又量柱头四分°，紧杀如覆盆样，令柱头与栌枓底相副。其柱身下一份，杀令径围与中一份同。"[1]

❶ 梁思成. 梁思成全集（第七卷）[M]. 北京：中国建筑工业出版社，2001：137.

对于梭柱，如果把柱身等分为三段，其卷杀的形象大概有两种理解方式：一是柱身上、下两段均作卷杀，产生两头细，中间粗的形象；二是仅柱身上段作卷杀，中、下两段柱径相同。而实际上因为天然原木是有收分的，下粗上细，要使下一份径围同中一份，就需要加工"杀"。[2] 这两种形象均有实例，关于"梭柱"的建构表达，无论是哪一种实例其卷杀所形成的曲线与斯坦福·安德森关于希腊柱式的"entasis"所表达的承载感都是十分符合的。而梭柱之建构表达更显著于希腊柱式的是，梭柱柱头"紧杀如覆盆样"，与栌斗底的凹杀曲线相衔接，从而更是体现出了力的传递作用（图5-15、图 5-16）。

❷ 潘谷西 何建中.《营造法式》解读 [M]. 南京：东南大学出版社，2005：65.

以上主要从结构构件的力学性能与建构表达的关系入手，尝试探讨了《营造法式》"大木作制度"关于构件形制的做法中所蕴含的若干"建构"观念。

图5-15 梭柱柱头卷杀（平遥镇国寺万佛殿）
图片出处：笔者拍摄

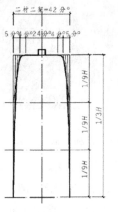

图5-16 梭柱柱头卷杀做法
图片出处：潘谷西、何建中.《营造法式》解读[M].南京：东南大学出版社，2005.

这种在"营造"与"建构"之间的对应关系，是在"建构"作为"与受力相关的视觉表达"这一狭义阐释的条件下实现的，这一"建构"观是建立在塞克勒及斯坦福·安德森等人理论的基础上的，在中国前辈学者的研究中也曾经有所论述，在此笔者仅仅是进行了点滴的延伸性理论探索。与现有的关于"营造"与"建构"关系的讨论虽然视角有所差异，但是其出发点却同样是力求找到"营造"与"建构"在内涵上的相通之处，进而借助于"建构"理论重新认识"营造"内涵中某些当下依旧值得传承的特质。

近年来在引入西方的"建构"理论的过程中出现一种研究趋势，那就是希望借助"建构"这一理论去反思中国建筑传统中的某些本质要素，在这一趋势中，被一些学者视为蕴含着中国建筑传统核心内容的词汇——"营造"，很自然地就会与着重探究西方建筑本质要素的"建构"理论间产生联系，并由此引发出关于两者间关系的诸多讨论。这里面既包含有对于两者在建造技术环节各个要素间关系的探寻，也存在着进一步拓展两者在技术的艺术表现力方面产生联系的可能性，具体而言，两者的相通之处在于：第一，同样强调建造的过程与结构技术；第二，"建构"中的"诗意"（结构具有的表现力或可称之为结构的艺术性表达）与"营造"体现出的"对结构构件进行艺术加工"这两者间的联系。然而，不论在"营造"与"建构"间哪一种关系的确立过程中，都会发现在"营造"的内涵中"营"与"造"间的地位并不对等，"营"的含义或许如语言中的惯常现象一样被忽略，又或许将"营"理解为在建造层面中以实现"建构"与"结构"一体化为目的所采取的"谋划"，而后者则可作为对"营造"内涵的又一种新的阐发。

5.4.3 "营造"与"tectonic（s）"（建构）关系之讨论的意义

尽管角度有所不同，但"营造"与"tectonic（s）"（建构）已经建立起的对话关系是不容忽视的事实，正如前文已谈到的，戚广平教授通过对两者的多层面类比，提出了对于彼此之研究所能产生的影响以及笔者通过对塞克勒《结构，建造，建构》一文的解读试图建立起两者间的另一种关

系可能性等，这些讨论所建立起的对话关系其目的都是为了给当今中国的
"建筑学"理论研究注入新的智力支持。

此外，如同一些学者将"tectonic（s）"翻译为"营造"的尝试已经
说明了两者在"建造"与"将建造提升为艺术"这些基础内涵上的吻合之
处，比较历史上曾经出现过的"营造"的几种翻译方法后，至少可以肯
定的一点是，将"营造"译为"tectonic（s）"将会比"construction"更
可彰显出其内涵的丰富性，而比起译为"architecture"或"building"时
更有针对性。不过必须认识到的是，在多数状况下，"建构"仍然占据着
"tectonic（s）"标准译名的事实也说明，两者之间存在着不可忽视的区别
之处，这一区别是不能简单地用东西方的文化差异来概括的，因为对于任
何一个外文词汇来说，只要是翻译为中国传统文化色彩浓厚的词汇，都会
有这种文化差异造成的误解产生。在笔者看来，这一对译最大的问题在
于，与"tectonic（s）"的不断与时俱进不同，关于中国之"营造"的内涵，
即使抛开本书曾着重讨论过的"营"与"造"作为两个前后相接的阶段这
样一个视角，仅就在惯常认识中的"营造"而言，可以取得共识的是，其
内涵仍停留在前工业化时代的范畴之内。换句话说，"营造"所具有的纯
手工业劳作的烙印过于深重，由此这一翻译会阻碍国人对于"tectonic（s）"
在近代工业化时代以来所逐渐衍生出的新内涵的认识和理解。然而，令人
颇感惋惜和无奈的是，历史的梳理告诉我们，实际上自近代"建筑学"传
入中国以来，国内的学者从来没有停止过将"营造"之内涵与建筑学若干
概念间实现沟通的探索，而且这一探索已经延伸到了实践的层面，只不过
由于各种内外因素所导致的中道止步，使得这些本可促进中国"营造"内
涵不断得到充实，进而催生出其本质内容向着工业化生产方式发生转化的
工作被忽视以至于被淡忘了。

因此，正是由于近代曾经发生过的将"营造"与"构造""结构"等
概念相联系的探索未能持续所造成的遗憾，在当今境况下的"tectonic（s）"
（建构）与营造关系的建立才显得更为必要。简而言之，建立这一关
系的意义在于，"tectonic（s）"（建构）的引入对于再次反思"营造"的内涵，
强化对其固有本质的认识，摆脱曾经困扰过建筑学界的所谓"风格""式样"
等问题，使建筑真正地回到其本体的道路上都可以发挥出不可估量的积极
作用，进而可以预期的是，这些理论层面的不断温故与创新，必然会有助
于中国建筑文化中的建造传统实现向现代化的转化。

5.5　着眼于建筑创作的"营造"内涵的新阐释

通过上述关于"营造"内涵在当今学术议题中发展演变状况的讨论，

会发现这些研究起始于理论上的探索，其应用之领域则多为建筑教学实践。而与此着眼点略有区别的是，作为对于当下建筑创作中的诸多问题如"建筑物"与"自然"的分离，"设计"与"建造"的脱节，以及传统的文人思考方式与工匠操作方式在当下的缺失等状况的深刻体察，一些学者试图通过观念上的更新以寻找到有效的应对措施，在这之中就包含着以下将要着重分析的王澍教授关于"营造"内涵的新阐释及其在建筑创作中的应用。

5.5.1 建筑创作中"营造"内涵之新阐释的缘起

事实上，在建筑创作中关于"营造"内涵所形成的新的认识倾向的源头，大致可以追溯到 20 世纪初建筑学起始于国内的时期，在中国营造学社的学者们集中精力于古代官式建筑"法式"的研究时，同样作为第一代建筑学者的童寯先生却以文人所特有的视角开辟了一条着力于古典园林的研究之路，与"营造学社"将"建筑学"的方式方法应用于研究有着明显区别的是，虽然有着深厚的"建筑学"素养，但童寯先生却更看重传统文人的生活方式、思维方式在园林建造中所发挥的决定性影响，不过令人遗憾的是，童寯先生虽一生致力于园林研究，生前却并未亲身实践造园。因此，文人园林如何在工业化生产条件下实现传承与发展的重任，就落在了其他学者们的肩上，这其中又以冯纪忠先生在 1970 年代末设计的方塔园最为学界内所普遍关注。在规划、设计以及建造层面上，方塔园均体现出"与古为新"的精神内涵，因而也被视为能够促发当代建筑师再次反思传统与现代化关系的开启心智之作。在前辈学者理论与实践的影响下，当代又涌现出一批从内在实质而非表面现象中去吸取传统营养的建筑师群体，如张永和、刘家琨、王澍、董豫赣、童明等，尽管他们对于传统精神实质的理解可能并不一致，但是他们却有着近乎一致的理想追求，那就是非常注意传统之于现代化的适应性的探索，而在这些建筑师中，又以王澍教授比较注重理论写作与建筑实践两者的结合，他通过一系列的著述将中国文化色彩浓厚的"营造"一词的内涵作出了新的阐释，并且以之为指导性的观念从总体到细节的贯穿于他本人的建筑实践，故此，本节将其作为研究的对象，对其观念的主要脉络作一详尽的梳理。

5.5.2 "追求自然之道"：从"营造"与"建筑"的辨析说起

王澍教授近年来提出了一种重建以"追求自然之道"为特征的当代中国本土建筑学的主张，这一主张的形成源于他对当前及今后中国建筑学发展趋势的忧虑以及对于本土建筑优秀传统的推崇，并在一定程度上发端于他本人对于"营造"与"建筑"这两个词汇间进行辨析与阐释的过程中，这里面包含着关于"营造"所涉及各个层面的众多新观点，它既是对传统观念的继承与反思，又具有强烈的前瞻意识，因而可视为"营造"的观念形态在当代的理论创新之一。

对于"建筑"，王澍曾言及他甚至一直回避这个词，原因在于"它前提在先的把造房子这件事搞得太重要了"。需要指出的是，此处的"建筑"是有明确的指代范畴的，用王澍自己的话说，指的是"'建筑中心主义'的现代主义建筑学"❶，在这种建筑学中，"建筑一直享有面对自然的独立地位"，而中国的"营造"则把"房子"当作是"自然山水中一种不可忽略的次要之物"❷，两者在"房子"与"自然"关系的处理中截然不同的态度是"建筑"与"营造"的重要区别："建筑"将房子作为独立于自然的产物，"营造"则把自然视为不仅远比房子重要，甚至于显现出高于人间社会的价值，而"房子"则作为一种人造的自然物，应体现出通过不断地向自然学习，使人的生活回到接近于自然状态的努力，这就是王澍所强调的对于"自然之道"的追求。为了形象地阐释何为追求"自然之道"的"营造"，王澍还常以一张中国古代的文人山水画为例，指出"在那种山水世界中，房屋总是隐在一隅，甚至寥寥数笔，并不占据主体的位置。那么，在这张图上，并不只是房屋与其临近的周边是属于建筑学的，而是那张画所框入的范围都属于这个'营造'活动的。"❸ 于是，从这张山水画中所呈现出的就是在"营造"时追求自然之道的态度，这种态度概括而言即"造房子，就是造一个与自然相似的世界"。在此，王澍通过"建筑"与"营造"的辨析所阐释的"自然之道"，是基于文人视野中对山、水、园林建筑的认知，并从初始的对待自然的"态度"出发，进而展开一系列的思考与策划，这些都是从属于"营——谋划"等思想意识层面的范畴，在此基础上，形成了王澍所倡导的中国"景观建筑体系"的理论。有意思的是，如将这一观点与本书第二章所列举的古代文学作品对于"营造"内涵的阐述进行比较的话，会发现两者在对"营造"活动涵盖范围的认识上非常接近，这或许是两者同样出于文人视野的缘故。而有关物质层面的建造中对于"自然之道"的追求，王澍认为突出地体现于中国乡村民居的"手工建造工艺"之中，涉及对原生自然材料的选择，材料的循环使用以及关注材料与自然环境的接触方式等内容，这些又是从工匠对待生活与建造的认知角度出发，通过对一系列"造"的方式方法进行研究，逐步形成了王澍对于民间"手工建造工艺"的体系性提炼。王澍所着意关注的"景观建筑体系"与"手工建造工艺"这两部分内容，各自从文人及工匠的角度相应形成了在"谋划"与"建造"两个层面上对于"自然之道"的认识、体验与回归，这两方面构成了他关于"营造"认识的核心内容，同时也是他所主张的"当代中国本土建筑学"的核心内容。

❶ 王澍. 一种差异性世界的建造——对城市内生活场所的重建 [J]. 世界建筑导报, 2011（6）: 112.

❷ 王澍 陆文宇. 循环建造的诗意——建造一个与自然相似的世界 [J]. 时代建筑, 2012（2）: 67.

❸ 王澍. 营造琐记 [J]. 建筑学报, 2008（7）: 58-59.

以下将就王澍关于"营造"内涵认识中的若干重要观点，包括与之密切相关的两个要素，"营"与"造"各自体系的要点以及"营"与"造"的诗意表达等内容进行逐一剖析与讨论。

5.5.3　与"营造"内涵密切相关的要素："生活"与"修为"

在王澍关于"营造"内涵之认识的形成过程中，有两个起到关键作用的因素——"生活"与"修为"，而如果要全面的把握王澍的观念，就必然离不开对于这两个因素的分析与解读。

1．"生活"作为"营"与"造"的起始要素

"营"与"造"起始于平静无声的生活中，这是王澍关于"营造"的一系列认识中的基础观点。在他看来，作为"营造"之重要一环的"造"不仅是指"造房子、造城、造园，也指砌筑水利沟渠、烧制陶瓷、编制竹篾、打制家具、修筑桥梁、甚至打造一些聊慰闲情的小物件，"而这些活动"是与生活分不开的，甚至就是生活的同义词"。[1] 因为不论是造房子、修筑桥梁等"土木之功"，还是烧制陶瓷、编制竹篾、打制家具等手工打造，它们都并未被当作是作品来创作，而只是广泛存在于民间的（在当下更多是乡村的）生活中，是出于实际生活需要的自发形成的产物，对王澍来说，这些东西是真正的，持续不断的营养。至于"打造一些聊慰闲情的小物件"则大概是出自王澍对于中国传统文人生活方式的推崇，比如他所欣赏的李渔，就是一位涉猎极广，亲自动手建造园林，敞开胸怀拥抱生活的文人，正是出于对这种生活方式的眷恋，王澍也常提及自己天生是一个文人，且同样生活在 17 世纪，只是碰巧才成为建筑师。不过，与关注民间生活中自发状态下的"建造"有所不同的，王澍对于文人生活的热情，更多的是投入到由生活而产生的"情趣"之中，这显示出文人的"建造"有时并不全出于物质需求，而是在相当程度上出于追求精神层面的"情趣"的需要。传统文人生活中的建造"情趣"集中的彰显于文人园林之中，文人园林就是在城市中建造的一个与自然相似的世界，它通过对自然的学习与模仿，使生活尽可能接近于自然的状态，而"情趣"就产生于师法自然的过程中，"情趣"推动着文人"自觉"从事而不是"自发"建造。因而，虽然同起始于生活，但民间的、乡村的建造与文人之建造的目的性却大有分别。正是基于这一差别，王澍对民间的乡村生活中的"建造"，更多的是着眼于原生态的技术层面，而文人生活中的"建造"，则更多的关注于"情趣"，建造技术倒反在其次了。就如同王澍在杭州住宅中的窗台，即为他借鉴江南园林中亭子摆放时以"情趣"作为建造动因的极好范例：

"在住宅的南窗下，这处每天最早被阳光照亮的空间，王澍在此嵌入了

[1] 王澍．营造锁记 [J]．建筑学报，2008（7）：58．

一个长方形的盒体，抬高地面，降低顶棚，使之正好嵌在阳台的梁底，并且不安分的在南北轴向上向西偏转90°，以迎接初升的阳光，并以一种运动随意开始的姿态打破既有结构的僵局，从而成为一间书房内的书房。这正是江南园林中一座亭子的基本摆法，以便在感官的愉悦中坐而论道。"❶

❶ 童明 . 零度的写作 [J].
建筑学报，2012（6）: 8.

由此，"'造'起始于生活"这一观点的形成大致就来源于王澍对于民间生活中自发建造的兴趣以及对传统文人生活方式的推崇，而如果从另一个角度来讲，这一观点的形成还反衬出王澍对时下普遍存在的工业化"建造"状态之缺陷的敏锐洞察，他一针见血地指出："本质上，现代建筑都是工程师似的建筑，从一种幻想出发，设定想要的材料，设定一种工作方式，即使这种材料远在千里之外也在所不惜，或者为了降低能耗，进行更复杂的材料与工艺制造……"作为对这种现状的批判，他"更喜爱工匠的态度"，因为他们"总是首先看看有什么现存物可以利用，什么建造方式对自然破坏最少。"❷ 也就是说，与工程师"建造"的空想状态不同，工匠的"建造"态度与方式是产生于日积月累的日常生活实践中的。

❷ 王澍 . 我们需要一种重
新进入自然的哲学 [J]. 世
界建筑，2012（5）: 20.

在王澍的心目中，不但物质层面的"造"起始于生活，处在思想意识层面的"营"同样起始于对生活中细节的观察与体悟，并因这种对生活细节的热切注目而萌生出关于景观体系、空间形态等的最初构思。为此，他常常通过引用的罗兰·巴特的话"生活是琐碎的，永远是琐碎的，但它居然把我的全部语言都吸附进去"来表述生活中的琐碎细节作为他本人谋划起始要素的重要性，对王澍来说，生活中一些不经意的细节，不仅是通过理性去理解的，也是通过身心去不太理性的享受的，他以一种17世纪文人式的缓慢生活节奏，捕捉着生活中不易被常人发现的细节，就如同被雨水在屋脊上的流向所动而触发的创作启示，又如面对宁波慈城一组经过剪辑拼贴的民居照片时，被这群平常而又不平常的房子所吸引一样，这些生活中的琐碎细节与片段场景往往能在他心中激起波澜，并成为谋划中基础的个人因素。

在王澍发表的众多理论著述中，《那一天》就是有关于此的，这篇文章以一种比较感性的文字去叙述生活中的琐碎细节是如何通过身体的感官体验进而成为他本人谋划起始要素的。全文由一个个生活中的片段组成，这些片段分别为一些彼此独立的场景或情节，在一种仿佛是松散无序、漫无目的的状态中，作者的身心完全打开从而全面的接触生活中一个个看似平常无奇的片段，在心灵与外部世界反复唱和的过程中形成了对自然与建筑关系以及空间形态的最初谋划。以文中多次提到的中国美术学院象山校区为例，这个校园规划与设计中各个层次的谋划就是缘起于多个生活场景中的感官体验，比如对绍兴青藤书屋庭院氛围的朦胧记忆唤起他本人在象山校园的庭院中关于"触感"的构思：

"那一天，我突然想再去绍兴看看青藤书屋。印象里那是我见过的最好的房子，一处小院，围起一团宁静气息。布局有些随意，甚至让我无法清楚记得它的格局。肯定是什么偶然原因，让我无法成行。后来又几次想去，都未成行，再后来就搁下了去的欲望。于是，那处遮满绿荫的院子，就蜕变为一个梦想，隐含在最后建成的转塘校园之中。"❶

对于王澍而言，重返到生活的点滴之中，以一种与自然融合的心态，去重拾那些被忽视或者被遗忘的细碎感官体验，始终是作为不可替代的要素，推动着他本人关于自然与建筑之"谋划"的开端。

2. "修为"作为"营"与"造"关系的纽带

在王澍关于"营造"的一系列观点中，"修为"被视为是连接"营"与"造"关系的纽带，这一观点的形成在于他把"修为"看作是中国哲学学人生活与研习一体化的方式，认为只有在这种方式中产生的文人才能做到"身心一致的谋划与建造"，这些文人在"营"与"造"的过程中十分注意与工匠的协作，不仅指导原则，而且参与到建造的实际操作中，因而可被称之为"哲匠"。

王澍对于"修为"的重视，首先来自于他对于古今不同时期能做到"身心一致谋划与建造"的文人的崇尚。对此，他常提及清代的袁枚、李渔："……袁枚购得（随园）后，并不大兴土木，而是伐恶草，剪虬枝，因树为屋，顺柏成亭，不做围墙，向民众开放……"，而"李渔是我欣赏的另一位会亲手造园的文人，他的文章涉猎如此广泛，饮食、起居、化妆、造房甚至讨论厕所，讨论西湖游船上窗格该用什么文雅图样……"袁、李二人的共同特征是"……敢开风气之先，甘冒流俗非议，反抗社会，但敞开胸怀拥抱生活。"❷在现代的文人方面，童寯先生是王澍非常敬仰的一位有修为者，王澍自言童先生对其影响最为深刻，不仅在于先生的学问，"更在于其身上那种中国传统文士的风骨和情趣。"❸此处的"风骨"或可看作是对"修为"的一种注解。而在当下，也有一些王澍认为具有"修为"或者"风骨"的文人，他们的为学与生活方式在彼此间的交往中互相影响着。然而与李渔、袁枚等古人亲身谋划与建造园林所不同的是，一生致力于园林研究的童寯先生，"生前却没有机会实践"，❹不过这种遗憾又给王澍留下了可以想象的空间，促使他以贴近先贤的心态去从事自身的谋划与建造。

在"有修为"的文人之外，王澍还从对《营造法式》的理解中认识到那些"有非常好的感觉"❺的工匠同样可以纳入"有修为者"的行列

❶ 王澍. 我们需要一种重新进入自然的哲学 [J]. 世界建筑，2012（5）: 20.

❷ 王澍. 造园与造人 [J]. 建筑师，2007（2）: 175.

❸ 同上。

❹ 同上。

❺ 王澍. 界于理论思辨和技术之间的营造——建筑师王澍访谈 [J]. 建筑师，2006（4）: 22.

中。在他看来，《营造法式》是具有"前思想"的理论著作，而不仅是"做法"的汇编，因为在这些做法中，实际上是浸透了真正有意味的思想，这些思想并不产生于先前的细致思考，而是从实践中，从具体的问题入手，通过亲自动手，逐步形成的"好的感觉"，是一种典型的"前思想"。富于操作经验的"工匠"就是具有这种前思想的"有修为者"。为了说明这种"修为"的形成，王澍专门提到了传统的木工师傅带徒弟的方式，在这个过程中，师傅并不是用语言去教徒弟，而是让徒弟们看他怎么做，并让他们做成他要求的样子，于是，一种看似和思想毫无关系的活动开始了，通过跟着师傅做，当从头至尾完成一件事后，就会有很深的体会，随着日积月累，"好的感觉"就会产生，"有修为"的工匠在面对实际问题时，大致都具有这种好的感觉，对此，王澍又以工匠制作斗栱端部的卷杀曲线时的方法为例，指出在理论中看似很难解决的问题，而工匠却以极为自然的动作，使其迎刃而解。这看似"工艺"实为渗透着思想的行为，也是王澍眼中的"修为"。

在王澍的设计项目中，由"有修为"的文人与"有修为"工匠配合完成的一个范例，当以"瓦园"较为典型。从建筑师出自文人视野中的"水意"的诞生，到先期在国内以解决技术难题为目的的模型试建，再到现场工匠与建筑师相互配合的高效建造，谋划与建造的过程真正实现了身与心的协调一致。"瓦园"的"水意"是王澍通过感悟五代时期董源的《溪岸图》中收获的启示，这是与他深厚的中国山水画修养密不可分的。《溪岸图》（图 5-17）对于王澍"瓦园"的构思至少起到了两方面的启示作用，一则是从风吹水面的层层波纹到巨大瓦面的肌理间的联系，再者则是如《溪岸图》这种中国早期山水画的"低角度俯瞰"对于瓦面折起坡度的影响，"低角度俯瞰"一直是王澍所欣赏的不同于明清山水画的一个典型特征，这即是文人在长期的艺术熏陶中逐渐形成的"修为"。"瓦园"的另一引人注目之处，即回收废弃瓦片进行循环建造的方式，则来源于工匠在长年累月的实际操作中形成的一种"修为"。而对建造中技术细节的推敲则需要两种身份间的互相配合（图 5-18、图 5-19）。

"文人"与"工匠"作为"有修为者"的两大身份主体，他们之间的关系决定着思想和技术能否融为一体，"营"与"造"能否在一种连续的状态下进行。正是从这个意义上说，"修为"作为连接"营"与"造"关系的纽带，在王澍关于"营

图 5-17　董源《溪岸图》局部（五代）
图片出处：王澍.营造琐记[J].建筑学报，2008（7）.

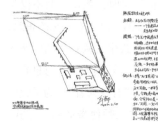

图 5-18 瓦园"构思"与"做法"说明
图片出处：王澍．优秀建筑艺术作品"瓦园" [C]// 中国建筑研究院建筑艺术研究所．2006 中国建筑艺术年鉴．北京：文化艺术出版社，2008.

图 5-19 瓦园局部
图片出处：王澍．优秀建筑艺术作品"瓦园" [C]// 中国建筑研究院建筑艺术研究所．2006 中国建筑艺术年鉴．北京：文化艺术出版社，2008.

造"的认识中同样具有举足轻重的地位。

5.5.4 "追求自然之道"指导下的"营"与"造"

在王澍看来，"营"与"造"始终出在"追求自然之道"这一总体原则的指导之下，只不过在具体执行的过程中二者又各自有着一些鲜明的特征。

1."营"——"追求自然之道"的谋划

1)"营"的层次

在"追求自然之道"这一原则的指导下，王澍在其所主持的项目中，通过若干层次的划分，实现了从宏观格局到微观场所的全方位的谋划，尤其是在中国美术学院象山校区中，关于"营——谋划"的层次得以清晰地展现：

层次一：山水格局的阐释

象山校区坐落于"一半山水一半城"的杭州，整座城市的观念就在于湖山景观与城市建筑各占一半的格局，而且湖山景观在城市构成中占据着主体的地位，这就意味着城市建筑要遵循自然山水的脉络如画卷一般的展开，因此城市的山水格局决定了校园总体格局的生成。

层次二：关注自然地形的整理

对于自然地形的整理与再造，这些作为追求"自然之道"的人工行为被赋予高度的重视，在象山校园里，由堤坝、河坎、池塘、水渠以及分成小块的农田构成的系统，在王澍的谋划中受到了充分的尊重而得到保留，并使其成为建筑物落脚的根基。

层次三：景观体系与建筑场所的融合

对于景观体系与建筑场所的融合方式，王澍充分借鉴了宋代文人关于杭州由"千个扇面"构成的描述，从中汲取出"人的目光和思绪可以很远，但人的身体接触和感知的范围是有限的"❶这一观念，由此采取了在连续

❶ 王澍 陆文宇．循环建造的诗意——建造一个与自然相似的世界 [J]. 时代建筑，2012（2）：68.

的转弯变化中，一块块分段构造场所的方式，在这些场所间既有清晰的界限又有着彼此的照应，建筑场所之间的关系为景观体系，比如"从建筑中观看山的方式"所左右。

层次四：建筑的尺度与空间状态

遵循传统园林中对建筑尺度的控制方法，将象山校园连绵的建筑群体压缩在场地的南北边界，使建筑的尺度与山体形态间产生对话关系，"建筑因此被转化为与自然山体类似的事物"。对于建筑与建筑间的空间状态，其尺度的对话关系则多是建立于"在一栋建筑内部再放一栋建筑进去"的方法之上。具体地说，象山校园二期内由 10 组大的建筑，以及随意散布于其间或放置于其内的 11 个小的建筑组成，这 10 组大的建筑的基本形态采用与当地有着深刻渊源的"山房""水房"与"院落"这三种类型，小的建筑则主要是高台或者单层"园林"的类型，虽然在尺度上与大的建筑相差明显，但王澍所认为"它们之间不是大小等级关系，而是平等的或者是园林与院落两种不同类型的并置关系"，而其追求的正是"尺度之间更细腻的对话"❶（图 5-20）。

2）"营"的诗意

关于"营"的诗意，仍以象山校园为例，作为上述四个层次谋划的基础，王澍所自始至终保持的以象山为沉思对象的态度，换言之，以对"自

❶ 王澍 陆文宇 . 循环建造的诗意——建造一个与自然相似的世界 [J]. 时代建筑，2012（2）: 68.

图 5-20　"山房""水房""院落"与"园林"的结合（中国美术学院象山校园二期总平面）
图片出处:引自王澍, 陆文宇 . 中国美术学院象山校园山南二期工程设计 [J]. 时代建筑,2008（3）.

然之道"的认识作为谋划出发点的态度，就是他所强调的"诗意"。至于这种诗意的表达方式，在"营"的层面上有些是比较形象的，比如建筑对山体地形的主动呼应和从建筑面对山的方向调整中感知回望象山方式的变化等，还有些是比较抽象的，比如王澍所言的"要在时间上产生一种超越地理限制的'遥远'感觉"[❶]等。两者结合起来，在谋划的各个层次中就建筑与自然山水的关系而产生出的种种诠释与凸显措施，均是王澍关于"诗意"的表达方式。

❶ 王澍 陆文宇. 中国美术学院象山校园山南二期工程设计 [J]. 时代建筑，2008（3）: 73.

2."造"——"追求自然之道"的建造

在建造的过程中，王澍对于"自然之道"的追求，首先是从深入总结中国传统建造体系的特征开始的，在此前提下，又通过建筑师与工匠相互配合的现场试验方式着力于对传统建造方法的继承与提升，使传统建造技术与现代工业技术两者得到结合，并在这一过程中追求实现材料与技术的诗意表达。

1）传统建造体系特征的认识与实践

（1）就地取材与"循环建造"

王澍认为"就地取材"是中国传统建造体系中最基本的特征，并因"就地取材"而产生了"循环建造"的方式。具体来讲，由于是选择身边可利用的土、木、石等自然材料，并采取预制装配的方式，使得建造可以快速地进行，并且在日后方便于材料与构件的替换和更新。而对于那些被替换下来的材料与构件，还会常常被赋予在建造中新的用途，这就是王澍所称之为的"循环建造"。当然，这种"循环"并不是说材料与构件可以被反复的替换和更新，而是说对于大量面临废弃的砖、瓦、石等材料，不应该持以置之不理的态度，这些材料完全可以通过其他的技术手段得到重生。王澍关于"循环建造"的认识与实践就是从浙江沿海地区工匠的"瓦爿"技术中得到的启发。

出于对上述特征的认识，在王澍的建造实践中，特别重视材料选用时与自然关系的处理，他热衷于如木、石、瓦、砖等比较有自然活性的材料，并且对材料与周边自然环境的接触方式保有浓厚的兴趣，因此不论是在宁波博物馆还是在象山校园里，这些材料都被大量的应用，并因其"会呼吸"的自然活性很容易与周围草木相结合而融为一体。而对于"循环建造"的实践，则集中的体现于他着力于复兴"瓦爿"技术的过程之中。王澍曾提到在之前，当地的工匠也只是约略知晓"瓦爿"技术的大致做法，原因在于他们也几乎没有机会再去砌筑这种墙体，于是他就把试验场地搬到了施工的现场，由于缺乏经验，建筑师和工匠必须深入的交流合作，在相互的指导与被指导中，经过亲手的操作，反复的试验，发展成一项与混凝土相结合的混合砌筑技术，才能被广泛用以大规模的建造。在象山校园里，

图 5-21　宁波历史博物馆"瓦
爿"墙体
图片出处：笔者拍摄

超过 700 万片的回收砖、瓦、石与陶
片，就通过"瓦爿"技术实现了做法
简单、造价低廉、节省能耗的"循环
建造"。在"循环建造"的实践中，王
澍还意识到，传统技术的复兴有时还
有必要借助于现代的工业技术，例如
在宁波博物馆中使用"瓦爿"技术时，
面对传统方式难以应对的高度挑战，
通过试验发展出一种明暗间隔 3 米的
钢筋混凝土托梁体系，保证了砌筑的
安全，而这就是传统建造技术与现代
技术相结合的"循环建造"（图 5-21、
图 5-22）。

图 5-22　象山校园"瓦爿"墙体
图片出处：笔者拍摄

（2）浅基础以减少对土地的破坏

　　王澍所提到的传统建造体系的第二个特征是建筑物的浅基础，他着重
指明了该特征的显著优势，即可以减少对土地的破坏，从而保护了生态环
境。比较具有意味的是，就这一特征，在 20 世纪 30 年代林徽因先生的《论
中国建筑之几个特征》一文中曾有所提及，不同的是，林徽因是把它作为
了中国建筑的一项重要缺陷加以指出："地基太浅是中国建筑的大病。普
通则例规定是台明高之一半，下面再垫上几步灰土。这种做法很不彻底，
尤其是在北方，地基若不刨到结冰线（Frost Line）以下，建筑物的坚实
方面，因地的冻冰，一定要发生问题。"[1] 有鉴于此，林先生特别提醒新
的建筑师要加以注意，并采取应对的措施避免或解决这个缺陷。可见，从

❶ 林徽因. 论中国建筑之
几个特征 [C]// 中国营造
学社汇刊. 第三卷一期，
1932: 187.

不同的角度出发，同一事物会呈现出正反迥异的两面性。不过，浅基础已经远不适用于当前的工业化的大规模建造，这确乎是一个不争的事实，所以王澍也并未在他的实践中纠结于此，他本人更关心的是如何通过其他的措施以同样达到节地、环保优势的发挥。在宁波博物馆的建造中，他就是通过集中式的平面布局，使平面落地面积最小，减少了施工建造方法对自然的破坏。

（3）以空间单元为基础构造单位的生长体系

王澍所提到的第三个特征是，这种建造体系以空间单元为基础构造单位，它几乎可以以任何尺度生长。这个特征在王澍的建筑中同样被利用起来，例如他在做方案时常运用木结构建筑中普遍的正交网格构框架体系，并且不论怎样加以扭转及摆动等变化，仍然在骨子里保存了这个体系的最基本特征。在这个框架体系中，再进一步去考虑柱、顶、墙的一系列关系，安排各种空间和功能。❶

2）"建造"的诗意

与"营"的诗意表达有所区别，王澍对于建造中的诗意，采取了非常直观且具体的表达手法，如用竹条模板浇筑混凝土的技术，追求的就是以竹子的自然活性使原本僵硬的混凝土产生了艺术效果。这种技术还有另一种表达方式，即在完成施工后不拆除竹模板，使之依附于混凝土墙体上，形成一种亲近自然的竹子外墙的视觉效果。又比如那些用拆迁遗址搜集来的废弃砖瓦砌筑成的"瓦爿"墙体，每一片砖瓦材料在建造之初就已经存在了很久的时间，因而墙体就具有一种与生俱来的历史沧桑感，进一步的，王澍还预见到了它的未来状态："它刚建成的时候肯定不是它最好状态的时刻，10年以后，当'瓦爿'墙布满青苔，甚至长出几簇灌木，他就真正融入了时间和历史。"❷（图5-23、图5-24）

综合"营"与"造"的两个方面，王澍始终保持着对"自然之道"的追求，这种追求"不仅体现在工艺、结构，也体现在建筑布局和空间结构对自然地理的适应和调整，甚至在生活世界的建造中，把真正自然的事物转变为某种建筑和城市构建的元素。根据对自然之道的理解，人们在建筑和城市中制造各种'自然地形'。"❸在这一过程中经由文人与工匠之间

❶ 参见 李翔宁 张晓春.王澍访谈 [J].时代建筑，2012（4）：98.

❷ 王澍.我们需要一种重新进入自然的哲学 [J].世界建筑，2012（5）：21.

❸ 王澍 陆文宇.循环建造的诗意——建造一个与自然相似的世界 [J].时代建筑，2012（2）：67.

图5-23　宁波博物馆竹条模板浇筑混凝土
图片出处：笔者拍摄

图5-24　宁波博物馆竹条模板浇筑混凝土与"瓦爿"墙的对话
图片出处：笔者拍摄

的密切配合，谋划、建造均以自然为指针，使得建筑与自然的关系被重新予以诠释。

王澍在致力于创立"当代中国本土建筑学"的理论与实践探索中对于"营造"形成了若干新的认识，其中比较突出的特点是，对于"营造"之"营"与"造"作出了突破既有观点的诠释："营"与"造"这两者起始于生活中的自发与自觉行为，统摄于共有的对"自然之道"的追求之中，并因王澍所提倡的建筑师贯穿"营""造"之始终的工作状态而使之密切联系起来，且两者间大体上保持着均衡的态势。这一系列认识中所确立起的对于"营"与"造"两者的定位与关系的阐述，一方面与自古至今形成的某些特定认识有着密不可分的渊源关系，另一方面融入了比较个性化的鲜明主张，而且可以有效地应用于其所针对的具体实践之中。显然，王澍的"中国本土的建筑学"其与一般认识中"建筑学"的关系在一些基本的立场上（如对待自然的态度及在其指导下的谋划与建造中所遵循的原则等）对于后者是处在抵抗与对立关系中的，然而在其内部的具体措施上（如并不完全排斥供工业化的生产方式与建造材料）却体现出了对于后者相当程度上的协调与适应。应该说，王澍对于"营造"内涵的重新阐释并非孤立的个人行为，与其约略同时期的国内建筑师中不少人都在自己的建筑作品中诠释了对于"营造"的理解，但是如王澍这般注重在文本写作中阐述自身观念者却并不多见，正基于此，有评论认为，他的写作与实践同样重要，甚至其重要性还要超过实践。❷ 这种源发于本土文化并着意于同建筑学保持着一定距离的做法在当今建筑理论界的稀缺更加突显出王澍关于"营造"内涵新阐释的价值，而这也正是本书条分缕析式的梳理其观念之主要脉络的一个重要缘由所在。

5.5.5　关于建筑创作中"营造"内涵之新阐释的思考

王澍教授关于"营造"内涵的新阐释既是基于长期的理论研究，同时又伴随着一系列的建筑实践而逐渐形成，作为其观念的直接载体，他本人的一系列著述与建筑作品同样受到了众多专业学者的广泛关注与热议，当然与广大使用者所表达出的两极化评价有所不同，作为专业视角的评价，在总体上多数学者对此持以赞赏却并不完全赞同的态度，赞赏多源自于对其观念出发点的肯定，而不赞同之处则多是针对于观念在实践中的落实状况，以下将从几个方面对此展开思考：

其一，关于自然与建筑物的关系：正如前文所述及的，王澍曾以中国山水画中房子与山水的关系来阐释他所追求的"自然之道"，概括而言即，房子隐于画面的一角，成为自然山水的一个组成部分，而其更像是一种人造的自然物，作为这种观念的实际应用，在象山校园建筑物的设计与建造

❷ 彭怒. 建构与我们——"建造诗学：建构理论的翻译与扩展讨论"会议评述 [J]. 时代建筑，2012（2）: 35.

中，王澍就通过四个层次的谋划以实现尽可能的保持对"自然之道"这个原则的遵循，然而在第三层次，即为建筑物与景观体系关系的处理上，尽管力图使建筑物与象山相比处在次要的地位，然而却仍然显得布局过于密集，尺度过于庞大，以至于"无论如何阐释建筑与象山的对话，如何描述类似园林的空间体验，都无法排除人们在水泥花园内漫步的直观感受，象山建筑群的丰富性更多来自建筑物自身的此消彼长，自然或地形在如此隆重庞然大物面前早已无地自容了。……"**❶** 不过对此问题，王澍在其谋划的第四层次，即关于建筑物尺度与空间的考量中，实际上已经尽其可能的通过谦卑的选址，尺度的多样变化，形态与山形间的呼应等措施，以使之在自然面前不再显得那么对立与突兀。

其二，关于文人的"情趣"在建造中的影响力：王澍对于"情趣"的执着追求几乎渗透于创作的各个层面，各个细节之中，这种"情趣"与他对自身的确切身份定位——"文人"着实是高度吻合的，特别是在实际的建造中也始终发挥着不容忽视的影响力，就如同他对于工匠技艺的自由发挥，对于出乎意料的效果所表现出的由衷热情，无论是在"瓦爿"墙体的砌筑方法上，还是在铺瓦屋面的压顶处理上（图 5-25），都能够得到清晰地体现，然而这种"情趣"却也会面临危险与挑战，因为"在现有人力资源下，它有可能会嬗变为对手工的浪漫化想象"，**❷** 而且从建造的品质看，似乎也偏离了多数富于成就的建筑师对于构造节点的精致化追求，对此，如果将王澍与其他同样关注传统之建筑师的作品比较后即可以得到清晰的印证。进一步的，由"情趣"而生的宽容的心态，对更多未知可能性的期待甚至会导致与普遍认同中的建造原则（如耐久、实用并给受众带来习以为常的舒适感等）间的矛盾与冲突。

其三，关于手工技艺与工业化建造的关系：在王澍已经完成的诸多建筑项目中，大量的民间手工建造技艺得以保持并充分的施展，不过当建造过程中，面对手工技艺无法独立应对的诸多问题时，工业化的建造方式就必然要被采纳，由此两者之间就会产生如何结合，哪一方应占据主导地位等诸多的问题，正如上文曾经提到的宁波博物馆高达 20 多米的"瓦爿"墙体，实际上体现出工业化建造条件对于手工技艺的适应性探索，墙体由四个构造层组成，分别为瓦爿墙、瓦爿墙衬墙、构造空腔和内隔墙（图 5-26），其中厚度为 15 厘米的钢筋混凝土"瓦爿"墙衬墙是主要的结构体，最外层的"瓦爿"墙体采用分区段砌筑，依靠明暗两种托梁承托而与整体结构无甚关联，因此可以认为这种手工技艺从原本状态中的结构体已蜕变为遮蔽结构的"面具"，然而其作为设计者着意表达的重点，其地位已凌驾于结构之上，结构体反倒沦为了服务于视觉表达的次要角色。在工业化建造条件下，传统的手工技艺的技术价值与艺术价值孰重孰轻，应

❶ 金秋野 . 论王澍——兼论当代文人建筑师现象、传统建筑语言的现代转化及其它问题 [J]. 建筑师 .2013（3）：161.

❷ 史永高 . 身体的置入与存留——半工业化条件下建构学的可能性与挑战 [J]. 建筑师 .2013（3）：161.

图 5-25　柏林"瓦剧场"压瓦钢筋节点
图片出处：张早.青瓦与反拱[J].建筑师，2013（1）.

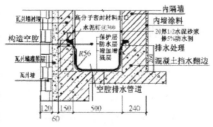

图 5-26　宁波博物馆"瓦片"墙体构造
图片出处：韩玉德，吴庆兵，陈海燕.宁波博物馆瓦片墙
施工技术[J].施工技术，2010（7）.

如何取舍裁度，这是值得引发思考的地方。

　　近些年来，关于王澍文本的解读与对其建筑作品的解读一样，视角丰富，观点各异，这其中也有学者将王澍的"循环建造的诗意"纳入"建构"话语的讨论中，提出了王澍"从设计出发，对传统建筑尤其是传统民间建筑的建造体系和意匠的挖掘与阐释，无疑于有益于中国'建构'文化传统的构筑"❶这样一种新的解读与认知视角。基于这种视角，至少可以在王澍本人观点中"营造"之"追求自然之道的建造"的部分再一次建立起与"建构"理论间的对话关系。

　　在对王澍就"营造"内涵之新阐释作出解读，并结合其他学者对其观点的评述的基础上，关于他本人提出的建立起一种"中国本土建筑学"的理想，笔者尝试提出如下的个人浅见：王澍的文本写作中或是建筑作品中所表达出的有别于一般的建筑学方法的最为典型之处在于，他的传之于李渔、受教于童寯等中国文人而非建筑师的心态。出于这种文人所独具的心态，他对于建筑物的宏观布局以至于细部节点无不彰显出一种推崇情感传递而非信奉尺度标杆的精神追求，这种精神重于物质的心态有时会导致与建筑学一般知识常识间的冲突，因而显示出某种意义上的"业余"性。正是由于文人先于建筑师的身份认同，才造就了"追求自然之道"甚于建筑物本身，"情趣"比"建造技术"更为重要这样一些观点，而理解了这些观点才能真正体悟到王澍所阐释之"营造"内涵的本质所在。

　　虽然王澍对于"营造"之内涵所阐发出的新观点，因具有强烈的个人主观色彩，且多以思想片段的形式呈现而使人不易得其要领，故此未必能在当下通行的现实操作中得到广泛推广。此外，作为最终所实现的效果也因未能处处尽如起始时的立意，从而招致了一些质疑与非议，但这些言辞犀利，意指明确的观点对于"营造"内涵中某些原本久已存在却长期未被重视的特质作出了深刻地剖析，并且已经较为有效地应用于他自身的建筑创作之中，仅就这一点而言就充分显示出"营造"这一古已有之的观念形态在跨越时代以应对新问题时，以其丰富的内核资源依然可以焕发出强大的生命力。

❶ 彭怒.建构与我们——"建造诗学：建构理论的翻译与扩展讨论"会议评述[J].时代建筑，2012（2）：35.

本章小结

在 21 世纪以来的近十多年间，随着建筑学国际学术交流的日益密切，作为内涵历经演变的观念，"营造"被赋予了新的认识视角，一些对中国建筑传统如何在当代得以延续并实现发展的问题保持高度关注的学者，开始了对于传统本质特征的再次认知。由此，作为能体现出建筑传统本质的词汇——"营造"就成为众多研究中的议题，在围绕其开展的一系列学术讨论中，"营造"的内涵又进一步发生了一些显著的变化，并产生了两种比较鲜明的理论趋势：一种趋势是将"营造"作为与国际上建筑理论某些新近趋势相沟通的纽带，通过对其内涵的再次阐述，强化其中曾经被忽视然则却具有与国际上建筑理论新近动向之间相吻合的特质。这种趋势以赵辰教授就"土木/营造"之"现代性"的思考以及其他学者关于"营造"与"tectonic（s）"（建构）关系的讨论为代表。另一种则是强调"营造"的中国固有属性，希望通过对其内涵的全新阐释，探索出一条不同于西方发展道路的中国本土的建筑学之路。这种趋势以王澍教授对于"营造"的两个阶段："营"——文人在以传统园林为典范的景观建筑体系中的谋划与"造"——遍布于乡村的工匠的手工建造技艺这两者的深入探究比较典型。然而，不论是将"建造"作为"营造"的根本内容，还是强调将"谋划"与"建造"作为两个同等重要的阶段，也不论是这些议题的研究成果所针对的应用领域是教学实践或是工程实践，对于这两种由重新审视并诠释"营造"内涵而引发出的对于中国建筑学"现代化"之路的展望来说，虽然经由的途径有所区别，但却有着一致的目标指向，那就是针对当下建筑学教育与实践中存在的问题，努力去探索中国"土木之功"传统中与当今世界上较为新锐的建筑理论或者建筑创作的趋势相适应的特质，并通过强化这些特质在各个实践层面的应用以实现传统的继承与发展，而这也正是当代关于"营造"内涵之探讨的积极意义所在。

不过，就本章所讨论的"营造"内涵在当代研究议题中的发展演变状况而言，其在具备显著积极意义的同时，也存在有一些不足之处，归纳起来主要有以下几个方面：第一，在阐释"营造"的内涵并形成新的观点时，缺乏就这一观点形成之过程的梳理环节，尤其是关于"营造"的新认识，其得以确立的依据究竟为何，又与历史上各个时期所形成的诸多含义相比有哪些传承与变化之处等问题，大多未能有考证过程的呈现，因而尽管研究者可能开展了此项工作，却往往仍给人以笼统定义的印象；第二，关于"营造"内涵之考证环节的缺失，还会使得当"营造"与外国相关概念发生联系时，容易引发两者之间的对接是否具有充分理论依据的疑问，进而有可能会降低确立这一联系之意义的说服力。第三，作为研究中的局限性，当前所开展的研究议题，其所涉及的内容不过出自于"营造"内涵在漫长历史演变过程中的个别片段，尚有许多未经关注或久被冷落的历史信息值得去进一步发掘整理，因此只有不断拓展研究的视野，才能从中汲取出更多的可以有效应对现实问题的有益经验。总体而言，在积极意义与不足之处两方面因素的共同作用下，作为尚处在初创阶段的研究思潮，当代关于"营造"内涵的阐释以及由此而引发出的理论探索与实践应用依然会有较为广阔的发展前景。

第六章

结语：关于"营造"内涵历史
演变的思考

本书以古代本土以及近代以来的建筑学视野下，文本中所呈现出的对于"营造"这一词汇内涵的认识为研究对象，考察了"营造"所承载的观念从逐步确立到渐趋发展演变的过程，着重讨论了在不同历史时期经由对于"营造"内涵的阐释而形成的关于"土木之功"核心价值的不同认知，并就其中的若干案例对理论或工程实践所产生的影响作了相应的阐发。

古代、近代及当代由对于"营造"内涵的认识所形成的观念，作为其载体的文本形式有着比较明显的差异，在古代主要包括官方典籍、文学作品以及"土木之功"的相关专著，近代是以对学术事件产生缘由所作的文字阐述为主，而在当下则是以特定研究议题所形成的著述为代表。这些"营造"的观念载体间的差异表明，在前期关于"营造"的认识逐步成为多数人的共识甚至被作为常识之后，任何新的观点的出现以至被接纳都需要经过更进一步的详尽分析与诠释。因此，"营造"这一词汇所承载的观念在演变过程中所体现出更趋细节化，更具思辨性，而且兼顾着传承与创新这两个方面的要求。以下将对"营造"的内涵在历史进程中发生演变的若干典型特征做出总结，并就对于"营造"内涵进行传承与发展的意义以及对"营造"内涵的历史演变过程进行反思的意义作相应的阐发。

6.1 "营造"内涵历史演变中的若干特征

6.1.1 古代"营造"内涵演变的若干特征

1. "营"与"造"含义的丰富与变迁

在古代的漫长历史时期内，"营造"内涵在发展演变中的总体特征是，"营"与"造"的含义不断得到丰富与增生，两者的关系也随各自含义的迁延而发生变化，但是这种发展演变并非是线性的新观念取代旧观念的过程，而是呈现出新旧观念之间互相影响的复杂多样的状况。而且由于不存在如"建筑学"这样的专业学科环境，因此所谓普遍社会文化与专门领域间并不存在确切的界限，例如对于"营"而言，虽然早期"营"在"土木之功"语境中有具体的含义——"度量尺寸、布局位处"，但是随着它被逐渐应用于其他的语境中之后，"营"的含义也出现了趋于宽泛且抽象化的"规度、谋划"之意，而当这种衍生出的含义再次影响到"土木之功"时，"营"就不再仅仅是独立于"造"的一个环节，而是产生了作为在"造"过程中的"谋划"之意，故此"营造"既可以视为两个环节的相加，也可以视为是对于"造"之特征的高度提炼与概括。又如对于"造"而言，从《考工记·匠人为沟洫》与《营造法式》对于"建造"所作阐述的要点进行比较后可以了解到，"造"的含义同样也在发生变化的同时不断得以丰富，早期的"造"所注重者多集中于确保技术的可靠性与"建造物"的稳固性等较为基础的层面中，而后世随着技术的日臻成熟，"造"的关注更趋多样化，涉及由技术经验的总结而促发的一系列新的着眼点的形成，例如《营造法式》各作制度中所常见的表达约束性和灵活性的用语，实际上就是针对技术的适应性范围或者与技术相关的审美需求所设定的，而"……造"的广为使用则可视为是将技术经验成法加以强调使之成为规范化的"制式"以便于推广普及的举措。

2. 文人与工匠对于"营造"内涵的传承与发展

在古代使"营"、"造"含义不断丰富与变迁的推动者主要来自两类身份群体，即文人与工匠。在促使各文化层面中"营造"之内涵的形成与发展中，文人通过语言的运用所起到的作用固然非常显著，而在"土木之功"这一特定领域内，文人同样发挥了重要的作用，但是受到其视野的限制，古代文人往往多注重"营"却罕有关注"造"的意识，这种关注点的偏重可以从《考工记》"匠人营国"篇与《营造法式》在古代社会主流文化中影响程度的差异中清晰地感知到，个中的原因可归纳为：《考工记》成为《周礼》的一部分而上升为"经学"的层面，必然在古代儒家占主体的学术体系中具有举足轻重的地位，因而其内容成为多数文人士大夫所研究的重点，并引发出一系列关于宫室制度的考证著作的产生，使得在后世的工程实践中，往往能稽参旧章，引经据典，且有所创新。而对于以技术为主要内容的《营造法式》，大多数文人未能如李诫一样重视工匠智慧的总结并用文字、图像予以详尽整理记录，相反大多采取了一种漠不关心的态度，使得《营造法式》的成就也在后世长期少有问津。

与之相比，工匠则在"造"之技术层面的传承与发展中发挥了主要的作用，但正如梁思成先生在《中国建筑史》中总结"中国建筑之特征"时所指出的，工匠传承"赖口传实习，传其衣钵，不重书籍"，[1] 实践经验往往缺乏文字记载，长此以往造成了在后世的工程实践中，一些前期技术中的优势因无所因循而无法被传承，只有采用当时比较通行的技术，这一点又可以从《工部工程做法》与《营造法式》中建造技术的显著差异中得到证实，究其原因就是在于对"造"的技术缺乏系统研究与理论提炼从而给传承发展造成了障碍。然而尽管如此，仍能从为数不多的文本实例中探寻出若干传承与发展的脉络，比如关于屋架举高与进深的比例，从春秋时期以至宋代的文本中均有阐述，其间的传承性在于大致保持了瓦屋四分的比例，而发展之处则体现为在这一大致比例的控制下，依据瓦类型的不同，相应地规定了举高的细微调整尺度，而且屋面坡度的形成方式也有了细致的规定，即《营造法式》中在"举屋之法"外，又增加了"折屋之法"，从而形成了完备的"举折制度"。不过此方法并未被后世长久传承，这一点可以从清代的"举架"方法与"举折"的明显区别中得到印证，这就是

[1] 梁思成.中国建筑史[M].天津：百花文艺出版社，2005: 13.

以文本为载体的经验总结与实际操作经验之间往往不能实现结合所造成的传承的中断。此外，传承与发展还体现在基于技术经验之上的有关审美问题的考量之中，例如《木经》"营舍之法"关于柱高与台基高度的比例设定，以及所提及的斗栱、槫、梠也要遵循一定的比例的内容，到了数十年后的《营造法式》中则明确以"材份"来规范上述的比例问题，而这些内容就包含有可与西方"建筑学"的"立面"设计中某些控制比例的方法相媲美甚至更趋于理性的思想意识。令人遗憾的是，这些本可以生发出中国本土"建筑学"的思想却由于文人与工匠两界的长期分野而只能停留在雏形的阶段。

6.1.2 近代以及当代对"营造"内涵认识中的若干特征

从近代起，以中国营造学社的成立为重要发端，国内学者开始有意识的对"营造"的内涵进行分析与讨论，基于各自所应对的问题，他们对于"营造"进行阐释与解读时的视角也各有不同，并相应地也形成了对其内涵的不同认知，从这些林林总总的观点中可以总结出如下的较为突显的特征：

首先，就形成关注的背景因素而言，近代以来"营造"历次受到关注的时代环境特征虽有所不同，但都是出现于东西方文化激烈碰撞的背景之下，并且均与当时的"建筑学"体系间发生着各种各样的关系。如近代主要是将"营造"内涵中的某些特质融入到建筑学体系中，或者运用"建筑学"的方法去探寻"营造"的内涵，而当代则多为通过重新认识"营造"内涵，以实现对"建筑学"既有体系的一定程度上的修正或者抵抗。其次，由于关注的视角不同，使得每一项以"营造"为名的学术事件或研究议题都是针对其内涵中某一部分要素的捕捉进而作创造性的阐发，且往往发轫于理论的探究进而应用于不同的实践领域之中。

在总体特征之外，近代以来就针对于"营造"之基本内涵"营"与"造"各自含义的关注来说，则大致表现为"变"与"不变"两个特征，所谓"变"即针对"营"而言，从重视程度上可大致分为关注与忽视两种截然不同的倾向；所谓"不变"则是指对于"造"而言，从是近代以至于当代，每一位关注于"营造"的学者对其都保持了高度的重视。当然在总体特征之下，对于"营"与"造"的认识各自还分别有一些细节化的特点：

1. 侧重于"造"之技术层面的研究

1）侧重于研究"造"的原因

在近代以来国内学者对"营造"内涵的阐释比较多的是侧重于"造"这一领域，产生这种状况的原因可以从两个方面来分析。第一是受到了词汇语义演化惯性的影响，正如在古代自"营"、"造"相连使用进而成为习以为常的惯用搭配后，在社会文化的一般情况下，"营造"中"营"本应有的含义有时被弱化以至消解，而"造"的含义则相应地得以强化，两者语义的此消彼长，使"营造"的语义愈发向"造"倾斜，这种现象从近代以来代表性辞书对于"营造"释义的变化中可以得到证实，如1931年出版的《辞源续编》中"营造"释义为："经营建筑"，而到了1979年版的《辞源》中"营造"的释义则为："制作，建造"。据此，在较晚近辞书关于"营造"的释义中，"营"的含义逐渐地被消解了。由于"营造"语义的这种演变逐步在社会文化中成为一种常识，因而虽说不具备专业层面的权威性，却也能在一定程度上影响研究者的认知视角。第二，也是起到决定性作用的因素，即"建筑学"的影响促成了关于"营造"之研究视角的确立，由于建造技术在"建筑学"体系中同样是重要的内容之一，因而"营造"的这部分内涵就与"建筑学"产生了直接的关联，并可通过运用"建筑学"的方法有效地研究本国的传统建造技术。也就是说，"造"更具备与域外知识体系相适应的质素，以"营造学社"的研究状况为例，虽然在成立之初，由创始人朱启钤先生提出了"营造学"的总体构想，但是以《营造法式》为重心的"实质之营造"的研究始终占据着主体的地位，而《营造法式》的核心内容"造"所涉及的两个层面之一"如何造——各作制度中对建造技术的阐述"因其可直接应用于实践故而成为学者们所着力的重点，自此随着这方面研究成果的深入人心，"造"进一步成为了"营造"内涵中最受关注的部分，甚至于"营造"一词"逐渐成为带有民族主义色彩的，专指中国传统建筑技术的用词。"❶

2）对于"造"关注点的变化——由"官式"技术转向"民间"技术

在侧重于对"造"之技术层面的研究这一总的趋势中，近代与当代学者对于"造"的关注点也发生了比较明显的变化，体现为在"营造学社"时期，大量实物调查的主要目的之一就是为了揭示两部古代官方术书——宋《营造法式》与清《工部工程做法》的内容，因此对于"造"的研究着重探究的是古代官式建筑的建造技术，而当代学者则将对"造"的研究拓展到民间建造技术之中，这一转化有着思想认识上的深层次原因，正如本书第五章对于赵辰教授"土木／营造"之"现代性"思考中的重要观点形成之脉络进行梳理时提到的，官式建筑与民间建筑两者中究竟哪一方更能体现出"营造"的核心价值这一问题，又如王澍教授在阐述民间手工建造技艺的特点时曾指出其对于生态环境的重视是符合当今国际上建筑发展的主流趋势的。这些思想认识上的更新都部分地促成了对"造"研究的关注点由"官式"技术开始转向"民间"技术。不仅如此，从"官式"转向"民间"的这一变化，还反映出一些当代学者对于所谓"活的传统"的推崇，"官式"建造技术已经随着其所依附的社会制度的瓦解成为博物馆中的文物，而"民间"的建造技术有些至今仍然存在于生活之中，并且具有旺盛的生

❶ 诸葛净.中国古代建筑关键词研究[J].建筑师，2011（5）：77.

命力，这一传统以往通常被忽视，被压抑，但却能体现出诸多值得借鉴传承的可贵价值。

2. 关于"营"含义认识中的两个特征

1）重视"营"在实现技术之艺术表现力中的含义

虽然对于"营造"内涵的研究总体上侧重于"造"的方面，但是近代以来仍有学者对于"营"保持了高度的关注，这其中也出现了一种比较典型的认知倾向，即将古已有之的"营"作为针对"造"之"谋划"的潜在含义加以强化，这种倾向以赵辰教授将"营"作为"为建造而从事的经营之道，或者为建造之艺术"的观点具有代表性，并且不乏与之近似的观点。❶"营"与"造"的这种关系定位还使得"营造"之内涵与"建构"理论中的重要代表性观点"建造的诗学"之间产生联系的可能性被极大的增加了，如所谓建造的诗学中的"诗意"指的就是将建造上升为一种艺术，即实现结构技术的潜在表现力，以使其具有艺术性，而对于形成这种表现力的"谋划"正可与"营"在此时的含义相契合。

2）对于"营"含义的重塑

近代以来，关于"营"含义认识的另一个特征表现为对"营"含义的重塑，所谓重塑，即"营"虽然仍保持着部分在古代观念中的大体地位，即被视为与"造"对等的两个阶段，但是"营"原有含义中的一些具体内容已不再被遵循，而为新的内容所取代，新的内容则来源于两个途径：一则是将"建筑学"中关于"建筑物"选址、布局等方面的设计方法引入其中，再者是将古代其他文化层面的思想与方法（如山水画、文人园林等）移入到"营"的含义中，当然后者在古代的"土木之功"之"营"的环节也曾被运用，只是多数情况下未受到重视，而这里所谓的重塑也可指重拾那些被淡忘的传统以增益"营"之内涵的举措。对"营"之含义进行重塑的第一种途径可以梁思成先生在构思创立清华大学"营建学系"时对"营"含义的阐释与课程体系的设置为代表，即"营"作为"适用与美观的设计"，虽然与古代时"营"作为"土木之功"之独立环节时的指向一致，针对的是规划、设计等的内容，但就"营"的具体方法则是在教学内容中引入了体现西方建筑学理论新近成果的课程，这是与古代"营"的方法大相径庭的。至于对"营"含义进行重塑的第二种途径则可以当代学者王澍教授所倡导的"追求自然之道的景观建筑体系"为代表，在这一体系中所强调的关于建筑物与自然环境关系处理中若干层次的谋划就是深刻汲取了中国早期山水画与文人园林观察自然、感悟自然进而师法自然时的各种方式方法。

近代以来出现的这两种阐释"营"的含义时的倾向还表现为一个共同之处，即对于"营"作为独立之环节时所具有含义的关注程度常常不及于"造"。这不禁引发了笔者对导致这一状况原因的思索，是否是由于古代专

❶ 注：如诸葛净副教授在《中国古代关键词研究》一文中指出："'营''造'连用，前者取度量经划之意，后者为物品创制，被用来泛指各种器物的制作。这类工作的特点是以手操作，使用特定的材料，需要经过一段时间的培训，掌握特定手艺的工匠才能完成"。显然，此处的"营"，是针对物品创制的度量经划，因而是从属于"造"这一阶段的。

著中就"营"的阐述无章法可循，从而给研究造成很大的障碍，抑或是古代"营"的方法已经不在适合当今的实际应用呢？

对于第一个问题，可作如下的分析，与古代专门述及"造"之内容的术书可制定相关条文，形成制度不同，有关"营"的著述通常无规范化的条文可循，《考工记》"匠人营国"重在对若干史实的陈述，从中很难找出可以直接拿来付诸实践的一定之规。即使是文中所述道路、城垣的等级制度也因必须与客观条件相适应故此并未呈现出绝对严格的等级差序，而文中在述及"营"的方式方法时所列举的尺度数据与布局样式不具有任何约束性，这些特点从后世皆不拘泥于原文而着重传承其原则的实践举措中可以有所了解。而原则与数据之间的矛盾性使研究者感到困惑，不过也正由于此才会在古代社会中引发历代学者对"匠人营国"内容不知疲倦地反复讨论，尽管这种仅仅见诸于文字的研究以建筑学的视角评述是存在严重缺陷的，但是在无实物可考的状况下确不失为一条可行的途径。这种从纷繁文献中辨明实质的考据之学虽然在"营造学社"中仍可发挥作用，然自那时起就已经饱受争议，被称为"钻故纸堆"，再加之外部社会环境因素的影响，使得学社中"文献组"的地位愈发不及"法式组"。这一趋势随时间的延伸使一些建筑历史研究者的文献分析能力大不如前，●因此对于《考工记》"匠人营国"篇这种看似无章可循，需要通过分析辨别才能探寻出其中"营"之含义的著述，在研究中就会遇到很大的困难。

对于第二个问题，实则与西方建筑学教育在中国的广泛推行密切相关，自建筑学教育进入中国起，其中属于方案设计的课程（以"建筑图案"课程为代表）逐渐确立起一套行之有效的方法并广为推行，于是与这种设计理论出发点相去甚远的古代"营"的方法就很难再有用武之地。况且古代对于功能的考量，等级的划分与近代以来的实用性要求相去甚远，因此"营"在古代的含义往往被弃之一旁。总之，在建筑学的知识体系中，中国古代的"造"——"技术层面"的内容仍可占据一席之地，然而古代"营"的内涵却因基本立足点的差异在其中难以容身，也正基于此，才会出现将建筑学中与"营"相对应的内容移植过来重塑其含义的探索。鉴于上述的原因，"营"虽然也曾被近代以来的建筑学者给予关注，但始终没有达到与"造"同等的受关注程度。对于古代"营"的研究远不及对"造"的研究。然而事实上，古代"营"的方法中的一些重要特质从当前的建筑设计的角度去分析，确是具有可资借鉴之处的。诸如针对各类尺度确定时的总的原则"各因物宜为之数"中确定房屋与庭院尺度时所采用的方法——"室中度以几，堂上度以筵，宫中度以寻"；确定道路尺度的方法——"野度以步，涂度以轨"，均是以实际的使用功能为基本依据的，又如峻、平、慢三种台阶类型的划分所依据的是人的行为活动方式，而城垣等的尺度单位"雉"，

● 参见 刘江峰，王其亨，陈健的《中国营造学社初期建筑历史文献研究钩沉》所言："梁思成和他的弟子们在其后的半个多世纪中，使中国古代建筑学不断深化和强大。然而在逐渐完善的同时，它和文物考古、历史文献的距离也越来越远，很多从事古代建筑学的研究者们也从此丧失了从文物考古的角度作研究的能力。"

则是建立在筑城技术的基础上的，这些与功能、行为和技术密切相关的"营"的观念依然可以在当今的建筑设计中发挥作用。

6.2 对"营造"内涵进行传承与发展的意义

近百年来，自"建筑学"引入中国并不断发展的过程中，虽然对其施加影响的因素为数众多，但有两个基本的命题，即"本国传统"与"现代化"两者的要求，却始终在左右着其发展的道路。近代以至当代众多学者关注"营造"的内涵，从中汲取营养以应用于实践的种种探索在很大程度上都是着意于有效地协调传统与"现代化"两者间的关系，以使中国"建筑学"的发展既可保有自身特质又能与国际上的先进趋势相适应，故此对"营造"之内涵进行传承与发展的意义就在于它能够肩负起协调这两大命题的重任，具体地说，"营造"的内涵中既体现出中国"土木之功"的优秀传统，又具有使中国建筑学走向"现代化"的特质。"营造"自近代受到专业层面的关注以来，其不断与"architecture"（建筑）、"构造"、"construction"（结构）、"tectonic（s）"（建构）等概念发生着联系，这些联系的形成，就充分体现出了中国学者们开放的研究心态，以及希冀中国传统实现向"现代化"转化的执着理想，而"营造"在与外部交流沟通的过程中，也并未完全丧失掉自身的立场，这又说明了中国学者们对于自身传统的信心与推崇。

1. "营造"内涵体现出中国"土木之功"的优秀传统

"营造"内涵的丰富性使得其既可从物质实体之层面，又能从思想意识的层面体现出中国"土木之功"的优秀传统，前者可直接应用于创作之中，后者则可对创作者的素养产生潜移默化的影响。所谓"优秀传统"，在近代以及当代的界定有所不同，近代时期特别是 20 世纪 20 ~ 30 年代在民族文化热情空前高涨的背景下，为了彰显这种民族的自豪感，当时社会中自上而下普遍的将"宫殿式"建筑视为"国粹"，受到这种氛围的影响与个别因素的促使（以《营造法式》的发现与重刊为代表），当时国内的建筑学者对于"营造"内涵的研究多侧重于"官式"建筑的层面中，其中又以"官式"的建造技术为最重要的内容，而有关于此的理论著述也不断涌现并部分地应用于工程实践之中。近数十年间，作为对近代学者研究道路的修正与补充，一些建筑学者在反思前人成就与不足的前提下，更加注重本国文化中仍大量存在于民间的"活的传统"，并将其视为最可珍视的优秀传统，由此对于"营造"内涵的阐释也多集中于民间层面，其中大量的存活于乡野之中的建造技术以及与之密不可分的对待自然生态的思想意识受到了当代学者的高度重视，并进一步促发了若干关于"营造"内涵的新的见解，这其中就包括赵辰教授将体现出人本精神的民间建造视为"营造"

本质的观点以及王澍教授将"追求自然之道"作为统领"营"与"造"两个环节之主旨的观点。可见，不论是基于"官式"或者"民间"的视角，"营造"的内涵中都深刻地体现出中国"土木之功"的优秀传统。

2."营造"内涵中具有使中国"建筑学"走向"现代化"的特质

所谓"现代化"的意指同样在近代和当代有所不同，对于近代"建筑学"在中国的初创时期而言，来自西方的科学意识于建筑文化中的体现即在很大程度上代表着"现代化"的趋势。在营造学社时期对于古代结构技术的研究中，梁思成先生就敏锐地注意到中国传统建筑的结构方法与当时盛行之"国际式"建筑间有着相同的基本原则，并由此认为中国传统建筑具有向"现代化"转型的潜质，在此观念指导下，开展了将中国建筑的结构特征与现代结构技术加以结合的工程实践探索，然而这一有可能极大推助中国建筑学之"现代化"进程的创新举措，自刚起步就受到战争等外部因素的干扰而不得不中止。

当代建筑学者对于"现代化"的认识则更为多元化，其中不仅包括世界上"建筑学"的领先发展动向，而且也包含着对自身传统中具有领先因素的认可。随着国际上建筑理论发展进程中对于建筑本质认识的不断深化与更新，以"空间"或是"建造技术"作为建筑本质的争论日益凸显，尤其是近几十年来后者受关注的程度愈发提升，对此诸如"建构理论"在国际间引发的热潮正是在这一趋势下应运而生，作为对这一趋势的积极响应，中国的学者也开始尝试探索"营造"内涵中的"建造技术"因素与之可能发生的内在关联，并就此议题取得了令人瞩目的研究成果。于是，"营造"因其内涵中具有的与国际上建筑理论若干发展趋势相契合的因素，又部分地担负起了使中国建筑学走向"现代化"的重任。与此同时，还有一种对"营造"内涵的重新阐释可以称得上与之殊途同归，那就是重在发掘其在历史中未被重视或者被压抑的内容（如将建筑物作为自然山水组成部分的景观体系的谋划以及在建造中注意对生态环境的保护），而这些内容中的生态意识正是与国际上建筑实践发展的方向不谋而合。在这两种通过对"营造"内涵的再次阐释而累积形成的新观念中，"营造"不仅仅是中国"土木之功"优秀传统的体现，同时也可在中国建筑学的"现代化"进程中发挥重要的推动作用。

正因为"营造"内涵中具有了这两大基本特质，才使得近代学者可以将其中在当时看来最具传承价值的内容经由"建筑学"视野下的研究而加以强化，以实现对于"国粹"的传承与发展。到了近些年，当代学者又可以借助于建筑学理论的新近视野重新阐释"营造"的内涵，以有效地应对长期以来既有体系中涉及建筑历史理论、设计教学、建筑创作等多个方面所存在的一些典型突出问题，从而实现对于"活的传统"之价值作出全新认知基础上的传承与发展。由此可以看出，近代以来关于"营造"之内涵的不断深入探讨，始终围绕着如何定位中国本土的与"建筑学"相对应之知识体系与西方建筑学两者间关系这样一个核心问题，并且可以预见到的是，通过对"营造"内涵的继续反思与发掘，中国的建筑学将在进一步明确自我认知的基础上以更加积极的姿态与国际上建筑学的新近趋势之间展开对话。

6.3 反思"营造"内涵历史演变过程的意义所在

"营造"这一词汇所承载的观念，从古代本土以自发状态为主的认知到近代以来"建筑学"视野下的自觉性研究，在历史潮流的洗礼下经历了若干次的变革。在古代"营造"代表着中国文化对于"土木之功"特征的高度概括，它的内涵所及并未存在有确切的界限，大到可作为"土木之功"的代称而近乎无所不包，小到可作为对建造中某一特定问题的细致考量，因具体的语境而各有不同。而到了近代，随着"建筑学"进入中国，"营造"这一具有强烈传统文化色彩的词汇，首次得到了建筑学专业层面的关注并被有针对性地作为学术事件的名称，这些名称中的"营造"虽然各自应对的问题不尽一致，但是均有继承传统且面向外界产生沟通关联的特征。到了当代特别是近十多年来，在中国建筑学界能够接触到更加多元化的外国建筑理论的背景下，"营造"在一些具有批判思维与前瞻意识的建筑学者的视野中，又成为能够直面具体问题，承托起反思过往经验教训且主动顺应长远发展趋势之立场与观点的代表性用语。因此也可以说，近代以来"营造"内涵的演变，始终是与中国学者不断变化着的对于"建筑"概念的认识与解读相伴随的，其中既有将"营造"与"建筑"形成对等关系的倾向，也有将"营造"纳入到"建筑学"体系内以对其发挥影响的倾向，无论是何种倾向，"营造"的内涵作为直面"建筑学"在中国发展进程中诸多问题的观念载体，其发展演变的过程，从一个侧面也揭示出了中国人对于"建筑学"从初识、接受再到不断深化认知的心路历程，而这一历程至今仍在持续着。由此，关于"营造"内涵历史演变过程中具体案例之兴衰、起落的反思，将会有助于改变那些曾经困扰过我们的误读与误解，汲取那些被忽视、被淡忘的有益探索的价值，从而可能会为更加有效地应对当下建筑学发展中亟待应对的问题与挑战提供若干新的思考路径。当然，作为反思本身来说，并不能提供"立竿见影"的解决良方，而其意义则是在于提供了寻找良方的路径。

首先，通过对"营造"内涵在古代，近代与当代演变状况的回顾，可以认识到这三个阶段中的若干观念载体及其兴衰起落的原委始终，对于当今的建筑学依然具有借鉴意义，这一点在各章以及本章的前文中已经作出了相应的论述。特别是对于漫长的古代社会而言，虽然"土木之功"的完整体系早已分崩离析，但是一些片段材料仍能为构建中国当代建筑学添砖加瓦。除此之外，另有一些在历史长河中曾经被忽视的，与主流保持着一定距离的传统也同样值得去重新发掘其对于当下的意义，比如中国文人所特有的对待自然，对待生活，对待物质世界与精神世界关系的态度等等，这些似乎是老调重弹，但是当重新走入历史中的某些细节的时候，其中所蕴含的勃勃生机仍然会使人怦然心动，深受启发。

接下来，通过反思这一演变的过程，会进一步发现这三个阶段对于当下所呈现出的意义虽各有不同，但三者之间存在有若明若暗却不可割裂的联系。具体而言，尽管在演变过程中"营造"的内涵不断发生着各种消长变化，然而，关于其内涵的三种主要认识视角：即"营"与"造"彼此分开讨论，"营"作为从属于造的一个要素，以及"营"趋近于"造"之意，却在大体上一直保持下来，第一种注重的是其内涵的宽泛性，后两者则是强调其内涵中更易于为人认知且传承发展的部分。特别是到了近代以来，这三种认识视角在不同历史时期不同研究者的解读中各有侧重，彼此应对问题的层面也有所不同，但大多与国际上"建筑学"的发展趋势保持着密切的联系，并直指国内学科发展所必须或亟待应对的问题，国内外学者所提出的"营造"的几种英文对译方式，如"architecture""construction"，"building""tectonic（s）"等，事实上就取决于彼此不同的认知视角。因而反思"营造"内涵在近代以来的演变过程，可以使我们重新去感知每一位研究者在开展此项研究时的思想脉动，体悟其中值得汲取的经验，检讨应当有所规避的教训，进而有助于扭转此前及当下对于这一历程之认识中的某些误区。

举例来说，当年中国营造学社所确立起的"营造学"这一框架下的关于"文化史"及"实质之营造"的研究，可以说既与"建筑学"密切联系，又在一定程度上传承了本国学术研究的传统，因此与"建筑学"处在平行而非从属关系的地位上，它的主要精力虽然重在对本国"营造史"的会通，但是其研究的指向却始终与时代的发展密切相关。尽管从其成效看并未能很好实现这一目标，因而饱受争议，但是其中所产生出的如同"润物细无声"一般的影响力是不应该被忽视以至于被抹杀的。正是基于此，我们有理由认为，刘敦桢先生所主持的"文献组"的工作有力地奠定了关于这门本土"绝学"之研究的坚实基础，离开了这一领域的研究，就会出现完全归化为西方"建筑学"的可能性，就会丧失物质层面之外的对于文化层面传统的持续自信心。而其长期被忽视的原因在于，此一类研究对研究者的学术造诣要求甚高，且无法直接地应用于建筑创作，故而才会逐渐走向衰微。但是当今天再次回首这段历程的时候，会发现实际上它带给后人的滋养，仍可以为我们开展不同于当前已经有所开展的中国本土"建筑学"研究提供另外的一些思路。而这种"文化史"的研究虽然明显的有别于如当代学者王澍所从事的道路，但是在本质上却又有着相近之处，即对于中国传统文人思维方式、表述方式的崇尚与热忱，而其区别之处则多是出于文人在朝或在野时心态上的差异（如刘敦桢先生在《大壮室笔记》中对于各种房屋类型的文献考释与王澍所提及的宋代《山水纯全集》中关于各种类型之"山"的描述方式之间的关系）。对于这两种研究的评价，前者得到的关注寥寥无几，而后者则日益受到关注与赞许，两相比较，令人心生惋惜与慨叹。或许这是由于传统中存在着许多比较难以为今人所认知、理解、运用并付诸于"现代化"转型之实践的内容，但是这些内容真的是无法实现向着"现代化"的有效转化吗？

而在"实质之营造"的方面，以梁思成先生为主所开创的中国建筑两部"文法课本"的研究，因未能很好地解决中国建筑文化传统走向现代化的问题而受到了一些争议，然而经过本书中对着这一过程的反思，可以认识到造成这种困境的缘由是与特定的社会背景因素密切相关的。梁思成先生早年接受的是"布扎"体系的建筑学教育，但他并未墨守成规地予以长期因循，相反他很注意与国际上建筑学发展的主流趋势相适应，如以斗栱之结构机能作为建筑物价值的判断依据，将古代建筑的结构方法与现代主义建筑结构方法进行类比的思考，并进而引发出将古代建筑的"词汇"、"文法"应用于现代结构体系的初步探索，又如"营建学系"的构想和初步实施则是对当时的领先教育理念的一种主动呼应，只是这些探索因外部因素的干扰而过于短暂，所以未能引起后来者的真正深刻的认识。故此客观的说，造成这一困境的缘由首要的并不取决于他个人的学术倾向性，也正因为这样，当再次回望他当年的思想创见时，仍能感受到这种强烈的以实现中国建筑之现代化转型为目的的进取意识。问题在于，传统的现代化转型可以从哪个角度入手，又或是应该从哪个角度入手。出于这个问题，引起了一些关于梁思成着意于"官式"建筑研究的质疑之声，而当代有关于传统转化的研究与实践则大多从汲取民间建造经验入手，但这并不足以作为当年道路之无法施行的充分依据。正如本书第三章在讨论第《营造法式》之"造作制度"的若干特征时所提出的"官式"与"民间"特征的种种并存之处，又如第四章所着重提到的赵辰教授关于中国的官式建筑与民间建筑并不存在着类型间的对立关系，而是与尺度，结构类型相关的一系列级别间的差异关系的这一论断等诸如此类的研究，促使我们再次去认识"官式"与"民间"的关系一样，关于1930年代时梁思成所尝试开创的中国建筑现代化转型道路的评价，应当抛开对所谓"官式"与"民间"这一非本质问题的纠缠，真正回到建筑的本体，去深入探寻在这一转化中"中国固有特征"所指为何，其与现代结构体系之间如何建立起关系等切中本质的问题。传统向着现代化的转化不应也不会只有一条道路，一种模式，当代学者与当年之学者彼此间选取了不同的研究切入点，但这并不能成其为研究本身之高下优略的判断标准。在近代民族文化自觉性勃发的健旺势头中，那些体量宏大、结构严谨、形制庄重的所谓"官式"建筑在刚刚具备了建筑学理论知识的青年学者看来，确实是足可以与西方古典主义建筑争胜的民族自信心、自豪感的物质载体，因而他们对研究对象的选取是无法脱离当年的时代背景与自身文化素养的所界定之视角的，故此今天当我们再次以冷静的眼光反思这段历史时，既不能盲目的不加辨析的一概推崇之，也不应以苛责的态度去求全责备。相对于传统中所存在的问题，或许对于后来者来说更值得加以审视的是看待传统的态度以及认知历史的角度。"逝者如斯，而未尝往矣，"正是出于上述的理由，关于"营造学"指导下学术研究的回顾与反思与对当代有关"营造"之研究的反思一样，都具有面向将来的启示意义。

　　"营造"这个词汇作为漫长历史进程中层层累积同时又不断消长着的观念的载体，与其他一些传统观念有所不同的是，对于"营造"的内涵而言，从其演变过程来看，不论是在普遍的文化层面或是在建筑学的专业领域内，自古至今并未有哪一种观念认识占据绝对的主导地位，这虽然为把握其内涵历史演变的过程增加了一定的难度，却同时也为从不同的角度去反思历史提供了若干新的可能性，其原因在于一方面这是由于"营造"内涵的丰富性使得对其可作多角度的诠释，另一方面则由于其内涵中还具备与外界交流以实现自我持续更新的潜在活力，而且尤为重要的是自近代以来，"营造"的内涵无论发生了怎样的演变，有两个基本认知却贯穿始终，其一即为对于本国文化传统的强烈认同感，其二则是对于传统能够实现向着"现代化"的自我更新与转型的坚定信念。从这个意义上来说，着实很难找寻到比"营造"更恰切的词汇来承托起如是的认知，故此对致力于使中国建筑学在走向"现代化"的进程中能同时保持本国优秀传统的各种探索来说，通过重新认识"营造"之内涵必将带来更多的富于借鉴价值的有益启示。建筑学的"现代化"之路离不开传统的滋养，而"营造"则正可在其中发挥出举足轻重的作用。

附录 1

古代以"营造"为名的文学
作品选登

德庆府营造记 ❶

（宋）李昂英

❶[宋]李昂英.文溪集（四库全书·集部·别集类）.卷二.

高皇帝受命中兴，亿万载鸿业基于康州，得为府，宜与国初之应天府并，官府非壮丽，无以重龙。藩镇侏儒、菌蠢然已非称，欹弗支，罅弗补，岂惟风雨之忧，抑国之羞！邑赋例，郡家自督庸资，吏贪肥己，安得余力及土木！虽德庆逾百年，仍昔之康耳。鄞冯侯光衷左鱼来驾，左朱喜其俗醇真，用古循吏法，摩以简静民，各安其天而心化。徐索财计源，柢搜斯抉，渗斯窒，汛斯裁，赢斯累，锐欲起百废而力副其志。乃抚乃址，乃才乃工，故陋撤去尽而新是，图仪门，辟棨戟，严丽谯，巍鼓角，壮外薄，雄楼悬永庆军扁，而双门其下，宣诏、颁春之亭，翼然东西向。犴院与廒仓皆二，鼎鼎峻整，屏藩之体貌隆矣。阁焉宸章焕，殿焉素王俨，庑焉从祀序。讲堂宏宏，灵星崇崇。射有圃，童有校。又相观香山下，流泉注其前，收览其胜，著贡院数十间，由是青衿思乐乎！芹泮白袍，踊跃于戟闱，士气张百倍矣。除地旷百亩如砥，阅武榭弹压之。鼓行旗舞，行阵以疾徐进退，军威畅千里矣。庙城隍而饰其像，邃岩殊诡，灵赫凭依，以福其士人，所以敬神也。近郊侈绎邸，来迎往饯，高车大辆息焉，所以礼宾也。城之外西北隅，限以关庄，逶画如枰，各华表其冲，幢幢者知所趋，所以使民不迷也。亭山西之麓，碧溪环带，事隙一登眺，领僚佐诵觞咏其间，所以与邦人共乐也。几人传舍，眠苟秩终去。官帑未尝羡，役百兴，费万计，兹不见其窘？庸者受欺，贪者自欺，不能者与不为者之失，均清白守，秋毫必公家用，而财足以自办，顾何事不可为？侯睟然，德人望之，已可敬疏通，而密察事大小，悉中节，盖天恣近道者。衔右大夫，萧然如布韦生胸，中古今流，笔下催璨可观，则其绪余耳。若吏若民若走卒，交颂不容口，贤哉！教授郑君梦翀书来，俾识营缮次第，昂英曰：'东南旺气聚兴王地，云龙五色，常郁葱亘天。臣子任藩，翰寄铺张发挥，当极其崇大，今轮奂突其干霄，翀漆辉其耀日，山川改观，可以占国祚、灵长尊，国大节也，宜特书。'淳祐二年（公元1242）夏五月朔，朝奉大夫、直秘阁主管建康府崇禧宫李昂英记。

邛州白鹤山营造记 ❷

（宋）魏了翁

❷[宋]魏了翁.鹤山集（四库全书·集部·别集类）.卷五十.

临邛虞侯叔平以书抵靖曰：州之西直治城十里所有山曰白鹤，林麓苍翠，江流萦纡，蔚为是州之望，山故为浮图之宫，自清庙迄今，庵院凡四十所，远有胡安先生授易之洞，近有常公谏议读书之庵。泉有滴珠，树有木莲，白鹤有台，玉兔有踪，中峰信美，平云之观；西岩翠屏，万竹之境，皆山中胜处。壁间绘像率范琼、杜措、丘文播诸人令闻名笔，虽丹青剥落而笔法俱在。山门之外有明月桥，两山对峙，危蹬矗立，阁道周复，大殿中峙，方等院之应真殿居其后，与山门直如引绳，半有覆坏之忧。郡人郭侯起振、兴元同游兹山，相与浩叹，若有所属予，乃佽功鸠材，败者易之，坚者因之，又将拓而大之。或以谂予曰：费大役劳，君将悔焉。予曰：节用而不敛民，虽费无伤也，庸工而役民，虽劳无怨也。于是寺之后殿更其不可易者，翼之修廊，达以複道，前为法堂，后为飞阁，旁为丈室、僧庐、庖厨次第为之。寺在唐名鹤林，乃更名鹤林禅寺，请于今部使者厉公题其颜。经于八月日，讫于明年月日，昔者吾友苏和父过我，尝谓我叙所以作，今以属记于予，某执书慨然曰：世无不可为之事，不可为之时，顾无必为之志，能为之材耳。且儒流而墨习，若非其事，时屈而举赢，若非其时，而侯定规于立谈之倾，复言于期岁之间，侯之风力亦可概见，然而侯非若世俗之溺志于异端以徼福规利者之为也。侯始守长宁，崇学校，缮官宇，甓修涂，矼四谿，清盐筴之弊，创贡士之宫，陶覆茅之庐，其守普也，缮馆城郭皆为一新，其守蓬也，自学校至于桥梁靡不毕举，而抑豪夺戢谰辞，境内肃清，又以余力为池台与民乐之。盖侯视荒莱必除，颠危必支，苟可以从民欲者，率勇为之。今卷卷是山，亦曰一州之望，而庸僧败屋，污秽杂袭，风气壅底，山川弗宁，吾可坐而视而弗之恤乎？推乎是心也，见善而迁，有过而改，必将如风厉雷迅不暇刻安也。匹夫匹妇有不被泽，必将如救焚拯溺不须斯舍也。忠肃公当金炀之变，不过受督府记犒师趣将无于乎战守也，而奋身顾行以社稷为己任，其后并唐、邓、海、泗与陕西新复诸郡，公守外藩，亦无与乎朝论也，而以死争之多者，至有九疏。呜呼，以其事则非己责，以其时则莫我知，皆无一可为也，而义理所关，则利害祸福有不暇计，是所谓必为之志，能为之才。顾愿侯之充拓以用之于所当事者而后为无忝焉。此忠肃公传心之要而亦吾州之民之愿也。予为浮图氏作记，实昉乎此。诗曰：为桑与梓，必恭敬止，言父母之所植，不敢忽也，是用敬恭以承。侯命云侯名方简，郭侯名正孙，厉使者模，和父名君钟，予则古鹤山魏某也。绍定二年四月甲子记。

靖州营造记 [1]

（宋）汪藻

　　国家承六世积累之余，开拓土疆过成周广轮之数。于是极楚越之南陬，皆列为郡县。熙宁九年增筑唐之城州为渠阳军，建中靖国二年又移军于渠阳江之西，赐名靖州。初，夷人散居溪谷间，各为酋长。及上版图职方氏为土氏，与彼之山川壤比疆连，犬牙相入也。虽岁久，声教所罩，去椎结之俗而饰以冠巾，转侏离之音而通字画，奉官吏约束一如中州，然此州实初郡新民，庶事漫无纪律，重以连遭饥馑之灾，斗米千钱，弄兵之民乘势抢攘，五十年间凡六七作，发卒击之而后定为民，上者救过不给，间与忧

[1][宋]汪藻.浮溪集（四库全书·集部·别集类）.卷十九.

虑，则趣办目前而以，遑暇及市、朝、道、巷、门、渠之制哉？绍兴十九年，大梁刘侯临是州，营丘王侯为通守。二侯，今之材吏也。相与戮力，不鄙夷其民，有惠有威，抚善良如赤子，去佞慝如良莠，州人翕然信服。渠阳旧为芟舍板屋，虽官屋、帑庾亦然。侯一新之，聚材、瓦于场，募工于市，又以三者非渠阳所出，经营于数百里之外，其勤可谓至矣。绍兴已巳孟冬，遂甓州之通衢七百余丈，行者免于崎岖、沮洳之艰，而望之绳直，循之砥平，为无穷之利。咸欣然相告曰：自有此州，阅府守丞不知其几，莫克为之，今一朝谈笑而成，非二侯之泽欤？且是役也，不期年毕工，其费出于二侯唱始之俸与四方乐输之金，无秋毫及民。集其事者，进士陈大有，僧世遂、祖能也。尝谓天下事无大小，如不萌苟且之心，鲜不成者。昔叔孙昭子所馆，虽一日必葺其墙屋，去之日如始至，《春秋》称其贤，况分符竹为州，有社稷、人民之寄，师旅之屯，宾客之奉，而通衢者憧憧往来之会，肩摩毂击，朝夕是由，岂可漠然不加之意乎？故薛惠为彭城令，桥梁邮亭不修，兄宣知其不能。陈道弗不可行，单襄公知其必亡。政之能否，国之存亡，皆于此而见，则二侯经渠阳者，其泽岂不远哉？后人求营造之因，当有所稽考，盖不可以不书。绍兴二十一年四月左大中大夫提举江州太平兴国宫汪藻记。

灵祕院营造记 [1]

（宋）陆游

[1][宋]陆游.渭南文集（四库全书·集部·别集类）.卷二十一.

出会稽城西门，舟行二十五里曰柯桥。"灵祕院"，自绍兴中僧海静大师智性筑屋设供以待游僧，名"接待院"，久而寖成，始徙废寺故额名之"海静"，年九十坐八十三夏而终，以其法孙德恭领院事，恭少尝学于四方，有器局，殆今二十年食不过一箪，衣不加一称，而惟众事是力，夕思昼营，心揆手画，施者自至，魔事不作用。能于二十年间或改作，或增葺，光明伟丽，毫发无憾。上承先师遗志，下为子孙基业。宏堂杰阁，房奥廊序，楼钟之楼，棟经之堂，馆阁之次，下至疱厨、福浴无一不备，为屋逮百间。自门而出，直视旁览，道路绳直，原野砥平，一远山在前，孤峭奇秀，常有烟云映带其旁，卜地者以为在法，百世不废，且将出名僧。今院才一传，其兴如此，后乌可量哉！院之崇成也，恭来请记曰：先师之塔，公实与之铭，今院当有记，非公谁宜为哉？予报之曰：子庐于此，凡东之会稽、四明与西入临安者，风帆日相属者，彼其得志于仕宦，获利于商贾者，宁可计邪？有能家世相继支久不坏如若之为若父子者乎？有能容众聚族燮和安乐如若之处兄弟者乎？至于度地筑室，以奢丽相夸，斤斧之声未停，丹垩之饰未干而盛衰之变已遽至矣。亦有如若之安居奠处，子传之孙，孙又传之子者乎？此无他，彼其初与若异也，虽曰有天数，然人事常参焉，人事不尽而诿之数于乎其可哉？嘉定元年夏五月庚申记。

附录 2

近代以来部分辞书中的"营造"
释义选摘

辞源（丙种）. 上海：商务印书馆，1915 年.

【营】①军垒曰营。②兵制以五百人为一营。③谋为也。[诗]经之营之。④姓。[风俗通]周成王卿士营伯之后，汉有京兆营郐。

【造】①作为也。[易]大人造也。②建设也。[书]用肇造我区夏。③始也。[书]造攻自鸣条。④建筑曰造，如营造，修造。⑤制备器用曰造。[礼]不得造车马。⑥虚构也。[周礼]七曰造言之刑。⑦秦汉时爵名，如大良造，少上造。⑧姓。姓苑云：造父之后有造氏。元史有造敏。姓氏寻源云，西羌壤有造头，是造又羌姓。⑨成就也。[诗]小子有造。⑩来也。[书]其有众咸造。⑪至也。如深造，造诣，言功夫所至之地位也。⑫纳也。[礼]大盘造冰。⑬比也。详造舟条。⑭猝也。见造次条。⑮祈祷之祭名。[礼]造乎祢。⑯两方之人谓之两造。如审判之原告、被告。[书]两造具备。⑰时代也。[仪礼]夏之末造也。注：末造，犹言末世。

【经营】犹言建筑。[诗]经之营之。后通称谋作事物曰经营。[史记]欲以力争经营天下。

辞源续编（丙种）. 上海：商务印书馆，1931 年.

【营造】经营建筑也。[北史·齐后主纪]：诏土木营造，金铜铁诸杂作工，一切停罢。

符定一 编. 联绵字典. 北京：中华书局，1954 年

【造作】造亦作也。《汉书·王褒传》："朝夕诵读奇文及所自造作。"《汉书·毋将隆传》："国家武备，缮治造作，皆度大司农钱。"《汉书·外戚孝成许皇后传》："诸官署及所造作。"《汉书·王莽传·上》："造作二统。"（定一按）《周礼·天官·膳夫》注：造，作也。

辞源（修订本）. 北京：商务印书馆，1979 年.

【营】①围绕而居。《孟子·滕文公下》："下者为巢上者为营窟。"《管子·霸言》："重宫门之营，而轻四境之守。"②军垒，军营。《史记·绛侯周勃世家》："（文帝）将军（周）亚夫持兵揖曰：'介胄之士不拜，请以军礼见。'"③经营，谋画。《诗·小雅·黍苗》："肃肃谢功，召伯营之。"谢，邑名。笺："营，治也。"《楚辞·屈原·天问》："鲧何所营？禹何所成？"④谋生。《世说新语·文学》："康僧渊初过江，未有知者，恒周旋市肆，乞索以自营。"⑤围绕。《公羊传·庄二十五年》："以朱丝营社。"《汉书·七五·李寻传》："日且入，为妻妾役使所营。"注：营谓绕也。⑥由东到西的方向、横线和横路。《楚辞·汉刘向＜九叹·离世＞》："经营原野，杳冥冥兮。"注：南北为经，东西为营。言已放行山野之中，但见草木杳冥，无有人民也。⑦惑乱，通"荧"。《荀子·宥坐》:"言谈足以饰邪营众。"⑧姓。周成王卿士营伯德后代。见《通志·二七·氏族三》:以邑为氏。

【营建】建造，兴筑。《后汉书·三十·下·郎𫖮传·状对尚书七事》:"又西苑之设，禽畜是处，离房别观，本不常居，而皆务精土木，营建无已。"引申指事业的缔造、创立。《世说新语·言语》:"温峤初为刘琨使来过江，于时江左营建始尔，纲纪未举，温新至深有诸虑。"

【营造】①制作，建造。《宋书·张永传》:"又有巧思，益为太祖所知，纸及墨皆自营造。上每得永表启，辄执玩咨嗟，自叹供御者了不及也。"《魏书·源子恭传》:"若使专役此功，长得营造，委成责办，容有就期。"这指宫室的营造。②构造，制作。《陈书·傅𬘭传·明道论》:"倾代浇薄，时无旷事，苟习小学，以化蒙心，渐染成俗，遂迷正路，唯竞穿凿，各肆营造，枝叶徒繁，本源日翳。

【经营】①建筑，营造。《诗·大雅·灵台》:"经始灵台，经之营之。"《书·召告》:"卜宅，厥既得卜，则经营。"②规画，创业。《诗·小雅·北山》:"旅力方刚，经营四方。"《战国策·楚·一》:"夫以一诈伪反复之苏秦，而欲经营天下，混一诸侯，其不可成也明矣。"③周旋往来。《史记·一一七·司马相如传·上林赋》:"酆镐潦潏，纡馀委蛇，经营乎其内。"

【造】①到，去。《书·盘庚·中》:"诞告用亶其有众，咸造勿亵在王庭。"《汉书·六八·何武传》:"武每奏事至京师，(戴)圣未尝不造门谢恩。"引申为及于。《淮南子·氾论》:"柯之盟，(曹沫)揄三尺之刃，造桓公之胸，三战所亡，一朝而反之。"②成就。诗·大雅·思齐》:"肆成人有德，小子有造。"③起始。《书·伊训》:"造攻自鸣条，朕哉自亳。"④容纳。《礼·丧大记》:"君设大盘造冰焉。"⑤世代。《仪礼·士冠礼》:"公侯之有冠礼也，夏之末造也。"⑥讼事两方，犹今原告、被告。《书·刑》:"两造具备，师听五辞。"⑦祭名。《礼·王制》:"天子将出，类乎上帝，宜乎社，造乎祢。"《周礼·六祈》，二曰造。⑧比连。见"造舟"。⑨仓卒。见"造次"。⑩愁貌。《韩非子·忠孝》:"舜见瞽瞍，其容造焉。"《孟子·万章》作"其容有蹙"。⑪旧时星命术士称人的生辰干支。(明)郑仲夔《耳新·八·命相》:"萧鸣凤，素善星相，以比部郎罢归，道遇张永嘉璁，张使为己推造。"⑫创建，制造。《书·康诰》:"用肇造我区夏。"《礼·玉藻》:"大夫不得造车马。"著作亦称造。(汉)王充《论衡·案书》:"新语，陆贾所造。"

参考文献

【中文著作】

[1] [汉]司马迁.史记[M].北京：中华书局，1959.

[2] [汉]班固.汉书[M].北京：中华书局，1962.

[3] [晋]陈寿.三国志（四库全书·史部·正史类）.

[4] [宋]范晔.后汉书[M].北京：中华书局，1965.

[5] [梁]沈约.宋书（四库全书·史部·正史类）.

[6] [北齐]魏收.魏书（四库全书·史部·正史类）.

[7] [梁]萧子显.南齐书（四库全书·史部·正史类）.

[8] [唐]姚思廉.梁书（四库全书·史部·正史类）.

[9] [唐]姚思廉.陈书（四库全书·史部·正史类）.

[10] [唐]李延寿.南史（四库全书·史部·正史类）.

[11] [唐]魏征.隋书（四库全书·史部·正史类）.

[12] [后晋]刘昫.旧唐书（四库全书·史部·正史类）.

[13] [宋]欧阳修 等.新唐书（四库全书·史部·正史类）.

[14] [宋]薛居正.旧五代史[M].北京：中华书局，1976.

[15] [元]脱脱.宋史[M].北京：中华书局，1976.

[16] [宋]徐梦莘.三朝北盟会编（四库全书·史部·纪事本末类）.

[17] [宋]陈均.九朝编年备要（四库全书·史部·编年类）.

[18] [明]陈邦瞻.宋史纪事本末[M].北京：中华书局，1977.

[19] [明]李濂.元史[M].北京：中华书局，1976.

[20] 赵尔巽.清史稿[M].北京：中华书局，1976.

[21] [清]阮元 校刻.十三经注疏（清嘉庆刊本）[M].北京：中华书局，2009.

[22] 李学勤.周礼注疏（十三经注疏）[M].北京：北京大学出版社，1999.

[23] [宋]李焘.续资治通鉴长编[M].北京：中华书局，1992.

[24] [清]徐松 辑.宋会要辑稿[M].北京：中华书局，1957.

[25] [清]黄以周 辑.续资治通鉴长编拾补[M].北京：中华书局，2004.

[26] [唐]李林甫.唐六典[M].北京：中华书局，1992.

[27] [唐]长孙无忌.唐律疏议[M].北京：中华书局，1983.

[28] [宋]王钦若.册府元龟[M].北京：中华书局，1989.

[29] [宋]李昉.太平御览[M].北京：中华书局，1960.

[30] [宋]王应麟.玉海[M].北京：北京图书馆出版社，2006.

[31] 天一阁博物馆.天一阁藏明钞本天圣令校正（附唐令复原研究）[M].北京：中华书局，2006.

[32] [宋]宋敏求.唐大诏令集[M].上海：学林出版社，1992.

[33]　[元] 马端临 . 文献通考 [M]. 北京：中华书局，2011.

[34]　[明] 申时行 . 明会典 [M]. 北京：中华书局，1989.

[35]　[清] 张廷玉等 . 皇朝文献通考（四库全书·政书类·通制之属）.

[36]　[清] 允裪等 . 钦定大清会典（四库全书·政书类·通制之属）.

[37]　中华书局编辑部 . 宋元方志丛刊 [M]. 北京：中华书局，1990.

[38]　[宋] 沈括 . 梦溪笔谈 [M]. 胡道静 校注 . 北京：中华书局，1957.

[39]　[宋] 汪藻 . 浮溪集（四库全书·集部·别集类）.

[40]　[宋] 陆游 . 渭南文集（四库全书·集部·别集类）.

[41]　[宋] 魏了翁 . 鹤山集（四库全书·集部·别集类）.

[42]　[宋] 李昂英 . 文溪集（四库全书·集部·别集类）.

[43]　[明] 计成著 . 园冶注释 [M]. 陈植 注释 . 北京：中国建筑工业出版社，1981.

[44]　[宋] 李诫 . 营造法式 . 上海：商务印书馆，1933.

[45]　中国营造学社 . 中国营造学社汇刊（第一卷——第七卷）.

[46]　明鲁般营造正式 [M]. 上海科学技术出版社，1985.

[47]　新镌京版工师雕斲鲁班经匠家经 . 明万历刻本 .

[48]　[晋] 郭璞注 [宋] 邢昺疏 . 尔雅注疏（四库全书·经部·小学类·训诂之属）.

[49]　[汉] 刘熙 . 释名（四库全书·集部·小学类·训诂之属）.

[50]　[宋] 戴侗 . 六书故（四库全书·经部·小学类·字书之属）.

[51]　[清] 段玉裁 . 说文解字注 [M]. 上海：上海古籍出版社，1981.

[52]　辞源（1915 年版）.

[53]　辞海 [M]. 上海：上海辞书出版社，1979.

[54]　朱启钤 . 营造论：暨朱启钤纪念文选 [M]. 天津：天津大学出版社，2009.

[55]　梁思成 . 梁思成全集 [M]. 北京：中国建筑工业出版社，2001.

[56]　刘敦桢 . 刘敦桢全集 [M]. 北京：中国建筑工业出版社，2007.

[57]　刘敦桢 . 中国古代建筑史 [M]. 北京：中国建筑工业出版社，1984.

[58]　郭黛姮 . 中国古代建筑史（第三卷）[M]. 北京：中国建筑工业出版社，2003.

[59]　王璞子 . 工程做法注释 [M]. 北京：中国建筑工业出版社，1985.

[60]　潘谷西，何建中 .《营造法式》解读 [M]. 南京：东南大学出版社，2005.

[61]　杨鸿勋 . 营造：第一辑（第一届中国建筑史学国际研讨会论文选辑）[M]. 北京：北京出版社 文津出版社，2001.

[62]　李允鉌 . 华夏意匠 [M]. 天津：天津大学出版社，2005.

[63]　喻学才 . 中国历代名匠志 [M]. 武汉：湖北教育出版社，2006.

[64]　崔勇 . 中国营造学社研究 [M]. 南京：东南大学出版社，2004.

[65]　徐苏斌 . 近代中国建筑学的诞生 [M]. 天津：天津大学出版社，2010.

[66]　赖德霖 . 中国近代建筑史研究 [M]. 北京：清华大学出版社，2007.

[67]　王贵祥 . 中国建筑史论汇刊（第一辑）[M]. 北京：清华大学出版社，2009.

[68] 范景中，曹意强 . 美术史与观念史 III[M]. 南京：南京师范大学出版社，2006.

[69] 东南大学建筑学院 . 刘敦桢先生诞辰 110 周年纪念暨中国建筑史学史研讨会论文集 [M]. 南京：东南大学出版社，2009 .

[70] 符定一 . 联绵字典 [M]. 北京：中华书局，1954.

[71] 王贵祥 . 中国建筑史论汇刊（第三辑）[M]. 北京：清华大学出版社，2010.

[72] 马炳坚 . 中国古建筑木作营造技术 [M]. 北京：科学出版社，1991.

[73] 贺业钜 .《考工记》营国制度研究 [M]. 北京：中国建筑工业出版社，1985.

[74] 李国豪 . 建苑拾英（第三辑）[M]. 上海：同济大学出版社，1990.

[75] 陈明达 . 陈明达古建筑与雕塑史论 [M]. 北京：文物出版社，1998.

[76] 贺业钜 . 中国古代城市规划史 [M]. 北京：中国建筑工业出版社，1996.

[77] [美] 肯尼思·弗兰姆普敦 . 建构文化研究——论 19 世纪和 20 世纪建筑中的建造诗学 [M]. 王骏阳 译 . 北京：中国建筑工业出版社，2007.

[78] 丁沃沃 胡恒 . 建筑文化研究（第一辑）[M]. 北京：中央编译出版社，2009.

[79] 赵辰 . 立面的误会 [M]. 北京：生活·读书·新知三联书店，2007.

[80] 王澍 . 设计的开始 [M]. 北京：中国建筑工业出版社，2002.

[81] 《中国建筑教育》编辑部 . 建筑的历史语境与绿色未来：2014、2015"清润奖"大学生论文竞赛获奖论文点评 [M]. 北京：中国建筑工业出版社，2016.

【学位论文】

[1] 钱锋 . 现代建筑教育在中国（1920s-1980s）[D]. 上海：同济大学，2006.

[2] 成丽 . 宋《营造法式》研究史初探 [D]. 天津：天津大学，2009.

[3] 王凯 . 现代中国建筑话语的发生——近代文献中建筑话语的"现代转型"研究（1840-1937）[D]. 上海：同济大学，2009.

[4] 王颖 . 探求一种"中国式样"——近代中国建筑中民族风格的思维定势与设计实践（1900-1937）[D]. 上海：同济大学，2009.

[5] 温玉清 . 二十世纪中国建筑史学研究的历史、观念与方法 [D]. 天津：天津大学，2006.

[6] 戚广平 . 非同一性的契机——关于"建构"的现代性批判 [D]. 上海：同济大学，2007.

[7] 张帆 . 梁思成中国建筑史研究再探 [D]. 北京：清华大学，2010.

【中文期刊与会议论文】

[1] 高瑞泉 . 观念史何为 [J]. 华东师范大学学报，2011（2）.

[2] 路秉杰 . 建筑考辨 [J]. 时代建筑，1994（4）.

[3] 徐苏斌 . 中国建筑归类的文化研究——古代对"建筑"的认识 [J]. 城市环境设计，2005（1）.

[4] 诸葛净 . 中国古代建筑关键词研究 [J]. 建筑师，2011（5）.

[5] 常青 . 世纪末的中国建筑史研究 [J]. 建筑师，1996（2）.

[6] 王贵祥 . 关于建筑史学研究的几点思考 [J]. 建筑师，1996（2）.

[7]　陈薇.关于中国古代建筑史框架体系的思考[J].建筑师,1993(4).

[8]　曹汛.中国建筑史基础史学与史源学真谛[J].建筑师,1996(4).

[9]　常青.建筑学的人类学视野[J].建筑师,2008(12).

[10]　刘江峰,王其亨,陈健.中国营造学社初期建筑历史文献研究钩沉[J].建筑创作,2006(12).

[11]　王骏阳.解读《建构文化研究》[J].A+D建筑与设计,2001(1).

[12]　王贵祥.明堂、宫殿及建筑历史研究方法论问题[J].北京建筑工程学院学报,2002(3).

[13]　[美]塞克勒.结构,建造,建构[J].凌琳 译.王骏阳 校.时代建筑,2009(2).

[14]　王骏阳.从密斯的巴塞罗那馆看个案作品的建构分析与西建史教学的关系[J].建筑师,2008(2).

[15]　[美]肯尼斯·弗莱普顿.千年七题:一个不适时的宣言——国际建协第20届大会主旨报告[J].建筑学报,1999(8).

[16]　朱涛."建构"的许诺与虚设——论当代中国建筑学发展中的"建构"观念[J].时代建筑,2002(5).

[17]　彭怒."建构学的哲学"解读[J].时代建筑,2004(6).

[18]　王骏阳.从密斯的巴塞罗那馆看个案作品的建构分析与西建史教学的关系[J].建筑师,2008(2).

[19]　王骏阳.《建构文化研究》译后记(上)[J].时代建筑,2011(4).

[20]　王骏阳.《建构文化研究》译后记(中)[J].时代建筑,2011(5).

[21]　王骏阳.《建构文化研究》译后记(下)[J].时代建筑,2011(6).

[22]　王骏阳.《结构,建造,建构》导读[J].时代建筑,2009(2).

[23]　赵辰.关于"土木/营造"之"现代性"的思考[J].建筑师,2012(4).

[24]　赵辰.中国木构传统的重新诠释[J].世界建筑,2005(8).

[25]　冯金龙,赵辰.关于建构教学的思考与尝试[J].新建筑,2005(3).

[26]　常青,赵辰.关于建筑演化的思想交流:常青/赵辰对谈[J].时代建筑,2012(4).

[27]　王澍.界于理论思辨和技术之间的营造——建筑师王澍访谈[J].建筑师,2006(4).

[28]　王澍.造园与造人[J].建筑师,2007(2).

[29]　王澍.营造琐记[J].建筑学报,2008(7).

[30]　王澍,陆文宇.循环建造的诗意——建造一个与自然相似的世界[J].时代建筑,2012(2).

[31]　王澍.我们需要一种重新进入自然的哲学[J].世界建筑,2012(5).

[32]　彭怒.建构与我们——"建造诗学:建构理论的翻译与扩展讨论"会议评述[J].时代建筑,2012(2).

[33]　金秋野.论王澍——兼论当代文人建筑师现象、传统建筑语言的现代转化及其它问题[J].建筑师,2013(3):161.

[34]　史永高.身体的置入与存留——半工业化条件下建构学的可能性与挑战[J].建筑师,2013(3).

[35]　张早.青瓦与反拱[J].建筑师,2013(3).

[36]　韩玉德,吴庆兵,陈海燕.宁波博物馆瓦片墙施工技术[J].施工技术,2010(7).

[37]　焦洋.从审名开始[C]//纪念中国营造学社成立80周年学术研讨会论文集.北京:清华大学,2009.

[38]　焦洋.时空交错中的碰撞[C]//2009世界建筑史教学与研究国际研讨会论文集.北京:清华大学,2009.

[39]　焦洋.探寻如意斗拱[J].华中建筑,2010(8).

[40]　焦洋.从"东西厢"到"东西堂"[C]//2011中国建筑史学术年会论文集.兰州:兰州理工大学出版社,

2011.

[41]　焦洋 . 在"结构，建造，建构"之间——读爱德华·塞克勒《结构，建造，建构》一文有感 [J]. 建筑师，2014（5）.

【外文著作】

[1]　Gevork Hartoonian，Ontology of Construction：On Nihilism of Technology in theory of Modern Architecture，Cambridge University Press，1994.

[2]　Mari Hvattum，Gottfried Semper and the Problem of Historicism，Cambridge University Press，2004.

[3]　David Watkin，A History of Western Architecture，Calmann and King，2000.

[4]　Adrian Forty，Words and Buildings：A Vocabulary of Modern Architecture，Thames and Hudson，2000.

[5]　David Leatherbarrow. The Roots of Architectural Invention：Site，Enclosure，Materials. Cambridge：Cambridge University Press，1993.

[6]　Gottfried Semper. The Four Elements of Architecture and Other Writings. trans. Harry Francis Mallgrave and Wolfgang Herrmann. New York：Cambridge University Press，1989.

后 记

这本小书是在我的博士论文的基础上修改而成的,从毕业到如今,每当回忆起论文的写作过程,仍不时会重新审视其中的问题进而寄希望于通过不断的学习与实践找寻到新的思路,因而对我来说,这项研究只有进行时,没有完成时。况且对于"营造"这个内涵丰富到足可谓之浩繁的词汇来说,因笔者自身的目力和水平所限,所做工作可说是挂一漏万的。因此,书中必有不少舛误与偏颇之处,在此恳请大家给予批评指教。

首先,请允许我向导师王骏阳教授表达由衷的谢意。在博士学习的每个阶段,以及在论文工作的过程中会不时受到内在和外在的压力,愈是如此,就愈是感受到来自王老师的热情关怀和深切鼓励,可以说,日常的每一次指导,论文的每一处批语,无不渗透着王老师的辛勤付出,老师不仅是我学业上的良师,更是指引学术信念的领路人。

感谢常青教授,感谢卢永毅教授长期以来的关怀与教诲。感谢路秉杰教授,感谢东南大学陈薇教授,感谢南京大学赵辰教授,感谢李翔宁教授,感谢彭怒教授,各位前辈师长在论文的各个阶段中给予了多方面的指导,在此一并致以深深的谢意。在论文的写作过程中还有幸得到了清华大学王贵祥教授的指导以及中国美术学院王澍教授的首肯,在此一并致以由衷的感谢。感谢周鸣浩老师,王凯老师的关心和帮助。感谢在论文工作以及本书修订过程中给予过热心帮助的每一位老师、同学,论文以及这本小书的形成离不开诸位老师与同学们的关心与指教。感谢中国建筑工业出版社何楠同志为本书出版所付出的辛勤工作。

特别感谢我的父亲和母亲,无论在学业和生活中遇到什么样的艰难险阻,父母总是成为我坚强的精神支柱,三十多年来,父母不仅养育了我,更是以广博的学识,崇高的人格培育了我,这种精神财富将永远伴随着我,成为心中永恒的力量。

谨向所有关心并给予关爱的朋友们致以深深的谢意!

2019 年 1 月 6 日于重庆

图书在版编目（CIP）数据

"营造"：从古代本土到近现代建筑学视野下的观念演变＝
"YINGZAO": THE EVOLUTION OF IT AS AN IDEA FROM THE AN-
CIENT NATIVE PERSPECTIVE TO THE MODERN ARCHITECTURAL
ONE/焦洋著.—北京：中国建筑工业出版社，2019.12
（话语·观念·建筑研究论丛）
ISBN 978-7-112-24287-0

Ⅰ.①营…　Ⅱ.①焦…　Ⅲ.①建筑史－研究－中国
Ⅳ.①TU-092

中国版本图书馆CIP数据核字（2019）第211537号

责任编辑：何　楠
责任校对：赵　菲

话语　·　观念　·　建筑研究论丛

"营造"：从古代本土到近现代建筑学视野下的观念演变
"YINGZAO": THE EVOLUTION OF IT AS AN IDEA
FROM THE ANCIENT NATIVE PERSPECTIVE TO THE
MODERN ARCHITECTURAL ONE
焦洋　著
＊
中国建筑工业出版社出版、发行（北京海淀三里河路9号）
各地新华书店、建筑书店经销
北京点击世代文化传媒有限公司制版
北京建筑工业印刷厂印刷
＊
开本：787毫米×1092毫米　1/16　印张：16¼　字数：313千字
2020年11月第一版　2020年11月第一次印刷
定价：**56.00**元
ISBN 978-7-112-24287-0
　　（34787）